目　次

人工智慧可與人腦匹敵嗎？

羅仁權

　　人類，這個相當聰慧的物種，發揮了他與生俱來的本能：大量的累積知識及經驗，並從中汲取智慧，經由時間一代代的演化與傳承，形成了今日的人類社會。然而，智慧到底是什麼呢？

　　在這個技術日新月異的時代中，人們藉由靈巧的雙手為自己和他人製造了各式各樣的工具，這些種種的工具之中，幫助人們從 3D —— Difficult（困難）、Dirty（骯髒）和 Dangerous（危險）——工作中解脫出來。我們知道，這些工具的出現帶來了快速及大量的發展，帶來了許許多多經濟的繁榮。然而，人類又是如何打造出如此多實用的工具？

　　我們都知道，任何成就當中必然有其道理，在這本書《人

工智慧的未來》當中，作者就以相當巧妙的方式，帶領讀者一探人類的發展脈絡，從這些脈絡中可以發現，人們藉由接收外界資訊開始，學會以各式各樣的特徵來辨識種種資訊，從簡易的方塊等圖案特徵到複雜的物體辨識，甚至到更高層級的雙關語、幽默及內心嫉妒等心理變化的辨識，其背後的道理看似複雜，但若以本書特有的角度來觀察，又似乎一切都能水落石出。

在本書作者用心的引領下，從幾個著名的思想實驗帶出觀察的重要性，透過仔細全面的觀察，搭配各式各樣的實驗來探究驗證理論的可信度，就是這樣的精神，才讓人們用物理來描述這個世界，探討物理中極小的原子互動而形成各式化合物，開啟了化學之篇章；再藉由化合物長時間的互動，形成了萬眾矚目的DNA；再藉由DNA長時間的演化，形成了決定人類各種機能的蛋白質；最終合成了能讓人類如此聰慧的大腦本原（神經元）。就是這樣有效及神祕的神經元，在我們人類接收外界各式各樣的的資訊後，產生了非常複雜的神經元激發動作，經由作者的仔細觀察及探討，發現這些激發動作其實是分成許多層次的，大腦藉由每個不同層次的輸入資訊分別配給相應的語句去描述，這就形成了人類的語言。

人類的大腦新皮質中總共約有300億個神經元。現在，成千上萬名科學家和工程師正努力進行人類機器文明史上最為重

要的工作，企圖理解人類大腦這個智慧發展的最佳範例。IBM 開發的超級電腦華生已經閱讀過幾億網頁，並掌握這些文件中包含的知識。到最後，機器將能掌握網路上的所有知識。就是透過這樣的知識，讓人們得以產生各式各樣的工具，然後再配給每個工具一個名稱，因此而產生多樣化的術語（如網路有VPN工具，就會產生各種關於VPN的對話），也就是產生了更大量的知識，然後利用這些知識來幫助人們理解整個社會，完善了人類在社會中大腦的種種功能，也產生了各式各樣的心理狀態（如思維及愛情等）。

人們希望藉由對自己大腦的更深層了解，幫助自己建立更聰明有智慧的機器工具，甚至賦予機器能行動的能力，也就是家喻戶曉的機器人！這樣的機器人，若能整合發展數十年的人工智慧，將能成為人類社會中極其重要的伙伴。藉由本書作者的引領探討，加上生動活潑的描述法，讓人們深刻體會到從不同的角度就能推論出不同的結果，如同大家深感大腦之複雜，作者就針對複雜做了描述，答案要看你用什麼角度看待這個問題。如此看來，人工智慧也並不是複雜到無法實現，而是需要對我們人類本身有更深刻的知覺與認識，藉由這些認識，幫助人類建立更多工具（如機器人）來節省人們更多時間和降低工作上的危險，還能大大地加深和人們互動的能力（如當今熱門的Pepper Robot），可以為人們帶來歡樂，也可以勝任祕書等種種事項，更能讓機器人學會做各式各樣的瑣事來讓護理師們

能大量減輕她們繁雜的工作項目，能幫助她們專心於人性關懷上才是。

　　本書非常值得深讀，就讓作者引領我們一探智慧的樣貌，這林林總總不勝枚舉的大腦、意識、思想、身體結構、研究工具介紹，能為讀者帶來一番全新的體驗及感受，期盼大家將來都能為這社會發揮自己擅長之處，開發各種更有智慧的工具來幫助這個社會。我想，這才是作者撰寫此書，心中殷切的期盼與傳承。

（本文作者為國立台灣大學電機系講座教授暨終身特聘教授；歐盟產業發展指導委員會委員）

〔推薦序〕

人腦 vs. 電腦：智慧究竟是什麼？

于天立

許多學者認為在21世紀人工智慧將會有重大突破。為何這樣認為呢？其一是網際網路的蓬勃發展，造成了大數據，使得學習範例充足。其二是分子生物、神經科學的發展，促成認知學延伸至認知神經學，使我們更能了解大腦的功能（如果如大部分學者所相信的，大腦是認知的中樞）。您可能知道約翰・希爾勒（John Searle）將人工智慧分為「弱人工智慧」及「強人工智慧」（本書內有描述）。大數據有助於弱人工智慧的發展，也就是讓電腦能做到人類所能做到的事，而認知神經學則有助於強人工智慧的發展，也就是讓電腦能像人類一樣思考。強、弱人工智慧之間似乎存在著不少差異，然而人工智慧從1950年代左右發展到現在，我們是否真能跨越這道鴻溝呢？

我在寫這篇推薦序時，人正在美國Redmond參加微軟的

Faculty Summit，今年的主題正好是人工智慧，因此有幸聽到人工智慧界的知名學者們對人工智慧未來的看法。有趣的是，意見很兩極。樂觀的學者認為我們很快就要解開智慧之謎，但也有不少與會學者認為未來仍有漫漫長路，我們至今仍無法掌握人類思考的關鍵。而本書《人工智慧的未來》作者雷・庫茲威爾（Ray Kurzweil），無疑地是屬於前者。我覺得他就像是人工智慧界的萊特兄弟，在人類對流體力學、動力學的認知正在萌芽、發展的時代，就相信人類總有一天可以征服天空，而且毫不遲疑地馬上著手進行。事實上，我們直到今天仍然無法完整地用數學嚴謹地證明飛機可以飛，而飛機已經成為非常普遍的交通工具了。

　　隨著深度學習等技術以及大數據的出現，我們現在可以利用統計、迴歸的方法，針對某個問題在資料庫中組合出最合適的答案。也可以利用比對的方式，組合詞彙，來對照片自動產生描述，其精確度甚至可以超過人類。這樣的做法常常招致的批評是「電腦真的有了解問題／照片嗎」？然而雷・庫茲威爾認為諸如統計、比對等功能，正是人腦在做的。他這些話可不是隨便亂說的，而是基於近年來我們對人腦的了解。在1950、60年代左右，人腦常常被認為是大量的平行運算，這也促成了類神經網路的發展。然而，熟悉演算法的讀者可能知道，像是視覺三度空間建模這樣複雜的演算法，無論有多少個運算單元，是不太可能在幾十個步驟內完成的（大約是人腦一秒鐘內

可激發神經元的縱向深度）。再加上神經科學的發展，現在大部分學者相信，人腦的主要功能在於記憶／統計、預測／推論、及辨識／比對。而人腦僅在事物不合乎預測時，才會進行運算。例如談完話之後，很少有人能記得對方打什麼樣式的領帶。但是對方若是打赤膊的話，相信你很難不注意到。

然而要擁有像人類的智慧，僅僅研究學習的演算法是不夠的。畢竟人類從出生開始，並非真的如「一張白紙」，而是已經帶有了大量的訊息（大部分的訊息來自基因，無論來源是億萬年的演化，或是神或其他生物所造）。關於人腦的逆向工程計畫，其實已在進行中。這部分本書也有許多說明，雷‧庫茲威爾並提出他自己獨到的見解和理論。他認為即使人腦的構造是複雜的，要重現人腦的功能——思維運作——卻不見得會一樣的複雜。因此作者樂觀地認為人腦的逆向工程，有助於創造出更有智慧的電腦。

最後讀者可能還是會想問，我們真的可以製造出比人聰明的電腦嗎？許許多多有關人工智慧的電影，最後總是邪惡的電腦要毀滅人類，這事真的會發生嗎？談這個問題前，可能得先定義何謂「聰明」。我非常認同作者的觀點，畢竟電腦是為人類工作的。我們在設計下西洋棋的程式／電腦時，就是希望它西洋棋能下得好，而不是希望它有一天會想去吃冰淇淋。只會下西洋棋而不會想去吃冰淇淋的電腦真的聰明嗎？這部分其實

每個人見解都不太一樣，作者在本書第11章及後記都有提到他自己的觀點。我個人倒是很懷疑到底真的有多少人希望有「自我意識」的電腦產生。想像有一天按下冷氣開關，冷氣說其實天氣沒有很熱，咱們省點電吧……

　　如果您是第一次接觸到雷·庫茲威爾的作品，您一定會對他的博學多聞印象深刻。更重要的，他能在許多看似不相關的理論、數據之中，找出關聯，進而得到許多大膽但同時又深具說服力的推測。無論您是否同意作者的大膽預測，他在本書闡述了許多人腦運作的原理以及人工智慧的發展史／目前的狀況／未來的展望。想一窺人腦思維奧祕或是想多了解人工智慧的讀者，相信您會和我一樣喜愛上這本書。

（本文作者為國立台灣大學電機系助理教授）

人工智慧的潛力，無可限量

楊千

從小至今我對於人腦的運作就很著迷。《人工智慧的未來》這本書的前六章，談的都是人腦有複雜褶皺的新皮質的功能與特色，讀來令我想起三十多年前讀 Douglas Hofstadter 所寫的《哥德爾、艾雪、巴哈》（*Godel, Escher, Bach*）的感動。若不是讀這書，我無法聯想分別為數學家、畫家與音樂家的三位有何關聯。

大學期間我對於電腦的運作也很著迷，甚至還取得美國華盛頓大學的電腦科學博士學位。但是中年之前我是看不上所謂的人工智慧，因為那時我所知的人工智慧都是不成熟的。成熟的電腦科學領域像是資料結構、演算法、圖形識別等，都獨立出去成了學科。

16世紀時，麥哲倫率領船隊環繞全球，至今還不到500年。

20世紀初，本來是賣腳踏車的萊特兄弟，在1903年底實驗滑翔機能飛三公尺高、100多英呎遠，距今也才一百一十多年。

但是人類在1969年就登陸了月球；2004年人造衛星已進入土星軌道研究土星；美國在未來20年內還想將人送上火星表面。人工智慧出現之後，世界變化更為加速。

最早的電腦科系是美國普渡大學於1962年成立的；我1970年在交通大學唸書時的電腦還是以真空管為電子元件。在人類的工具發展史上，電腦還是很幼稚的。現在的機器人平均六秒左右就可以搞定一個魔術方塊，將它的人工智慧下載到一萬個機器人，每個機器人都能平均六秒左右就可以搞定。但是我們如果要確保一萬個人都平均六秒左右就可以搞定一個魔術方塊，那實在是不可能。根據作者相信的加速回報定律（law of accelerating returns）來說，人工智慧可以進步的空間太大了。

由於近半個世紀以來電子學與半導體的進步，處理器的速度與記憶體的容量，讓當年不成熟的人工智慧都逐漸實現。這本書後五章談的都是以電腦為工具的人工智慧以及一些反對聲浪。現在的我看人工智慧的未來，是大有可為。

以前的人工智慧（1980年代我在唸人工智慧時）要機器翻譯不同語言是件很難的事，現在一年比一年容易而準確，Google Translate就是一個例子。

過去六年來，Google無人車在各種路況下實地測試，開了超過一百萬英哩只累積出11個無人受傷且極輕微的事故，其中

有7件是街上有人看到無人車好奇或出於惡意去撞它的屁股。難怪2015年3月，電動車製造商Tesla的董事長伊隆・馬斯克（Elon Musk）說，或許有一天，為了避免人為疏失的車禍發生，將不准人類開車。

　　用人類科技文明的發展眼光來看，人工智慧的未來不只是大有可為，可以說是無可限量、超乎想像。

（本文作者為國立交通大學EMBA榮譽執行長）

獻給我的孫兒

李奧・奧斯卡・庫茲威爾（Leo Oscar Kurzweil）：

你正進入一個充滿驚奇的世界。

前言

大腦，比天空遼闊
因為，把他們放在一起
一個會輕易將另一個
包含，而且還能包含你

大腦，比海洋深邃
因為，對比它們，藍對藍
一個會將另一個吸納
就如，海綿和桶子一般

大腦，和上帝的重量相當
因為，秤一秤，一磅對一磅
他們，如果有區別
就像，音節不同於聲音

——美國詩人艾蜜莉·狄金森（Emily Dickinson）

　　智慧可以超越自然的侷限，依照本身的想法改變世界，是宇宙間最重要的一種現象。智慧幫助我們人類克服生物遺傳的侷限，並在演化過程中改變自己。而且在所有物種中，唯有人類能做到這一點。

　　人類智慧這個故事要從「能對資訊進行編碼」這件事開始說起，這也是讓演化得以發生的促成因素。宇宙為何如此運轉，這件事本身就是個有趣的故事。物理學的「標準模型」必須精準設定幾十個常數，否則就不可能產生原子，也不會有恆星、行星、大腦，更不會有跟大腦相關的書籍出現。讓人覺得不可思議的是，物理學定律和常數竟能夠精確到如此程度，讓資訊一路演化發展。而且根據「人擇原理」（anthropic principle，譯注：以人類為中心的一種宇宙觀，它主張宇宙的狀態，包括一切物理常數的數值大小，都是為人類的存在而設計），如果物理學定律不是這麼精確的話，我們就不會在這裏談論此事了。有些人認為，上帝創造了這個世界；有些人則認為，這世界不過是具有豐富資訊的許多平行宇宙之一員，那些不具資訊的無聊宇宙已經在演化過程中滅絕。但是，無論我們的宇宙是如何演化到今天這個模樣，這個故事依舊可以從以資訊為基礎的世界開始講起。

　　演化的故事還延伸到更抽象的層面。原子──尤其是碳原子，能以四種不同方向的連結，創造出豐富的資訊結構──形成更多複雜的分子。結果，物理學催生了化學。

　　十億年後，名為DNA（去氧核糖核酸）的複雜分子演化完

成，能被精確編碼為長串的資訊，並利用這些「程式」描述生物。因此，化學催生了生物學。

生物以快速增長的速率演化出所謂的神經系統，負責溝通與決策等功能，並能協調日益複雜的生理結構與維生行為。神經元組成的神經系統集結成大腦，而且大腦能夠做出更加明智的行為。如此一來，隨著大腦成為儲存與處理資訊的最重要部位，生物學就催生了神經學。因此，我們從原子擴大到分子，再到DNA，再延伸到大腦，下一步就是獨一無二的人類。

哺乳動物的大腦有一種特有的天賦，這種天賦在其他動物身上尚未發現，那就是我們能夠進行層級思考（hierarchical thinking），也能理解由不同成分、依照某種模式所組成的結構，並以一種符號代表這種結構，再利用該符號做為更複雜結構中的一種成分。這種能力發生於被稱為大腦新皮質（neocortex）的結構中。人類的這種能力已經發展到某種複雜和理解的階段，因此，我們可以將這類模式稱為想法（idea）。透過一種無止盡的反覆循環過程，我們可以構建更為複雜的想法。我們將這種遞迴連結的龐大想法稱為知識（knowledge）。知識基礎是智人（意即現代人）才有的，而且人類透過本身演化，讓知識呈現指數成長，並代代相傳下去。

人類的大腦還創造出另一層級的抽象意識，因為我們在利用大腦智慧的同時，還使用另一種促成因素（一種與大腦相對的附屬物），也就是運用雙手來掌握環境並製造工具。這些工具代表一種新形式的演化，因此神經學催生出技術。而且，人

類也因為這些工具，才讓知識基礎能無限制地發展下去。

　　口語是我們人類的第一個發明，口語讓我們能用不同的話語來表達想法。之後發明的書寫語言，又讓我們能用不同的形式來表達想法。書寫語言庫讓我們在沒有外力援助的情況下，大幅延伸大腦的能力，讓我們能夠維持並擴充遞迴結構式想法的知識基礎。

　　至於像黑猩猩等其他物種在語言上是否也具備表達層級想法的能力，這個問題仍存在一些爭議。黑猩猩能夠學會有限的手語符號，牠們能使用這些符號跟訓練人員進行溝通。然而可以確定的是，黑猩猩能處理的知識結構，其複雜度有所限制。牠們能表達的語句僅限於「名詞－動詞」這種簡單語序的句子，無法像人類這樣無限延伸地表達各種複雜事物。關於人類語言的複雜性，可以舉一個有趣的例子做說明。只要看看馬奎斯（Gabriel García Márquez）所寫的故事或小說，就會發現許多驚人的冗長文句，甚至一個句子就長達好幾頁。馬奎斯寫過這篇六頁內容的故事〈鬼魂的最後旅程〉（The Last Voyage of the Ghost），整篇故事就只有一個句子，而且這個故事的西班牙文譯本和英文譯本也相當流暢。❶

　　我之前出版過三本跟技術有關的書：《智慧型機器時代》（*The Age of Intelligent Machines*）寫於1980年代，於1989年出版；《心靈機器時代》（*The Age of Spiritual Machines*）寫於1990年代中期到後期，於1999年出版；《奇點臨近》（*The Singularity Is Near*）寫於21世紀初，於2005年出版。這三本書

主要闡述一個本身不斷加快的演化過程（因為抽象的程度不斷提升所致），以及這個過程的產物其複雜度和能力都呈現指數成長。我把這種現象稱為「加速回報定律」（the law of accelerating returns, LOAR），這個定律跟生物演化和技術發展有關。有關加速回報定律最受人矚目的例子就是，資訊技術的能力和性價比都呈指數成長，而且這種成長速度是可預測的。技術發展過程勢必讓電腦能力不斷提升，電腦能力的提升大幅擴展我們的知識基礎，讓我們能夠透過某個領域的知識，跟另一領域的知識進行大規模的聯繫，達到觸類旁通的效果。網路本身就是說明層級系統之能力的最佳實例。網路包含大量的知識，同時又維持固有的結構。我們所處的世界也跟網路一樣，內部是依照階層劃分，比方說：樹有枝、枝有葉、葉有脈。建築物裏面有樓層，樓層有房間，房間有門、窗、牆壁和地板。

　　我們也開發出其他工具並利用這些工具，讓我們現在能以精確的資訊術語理解人類的生物學。同時，我們正迅速運用逆向工程（reverse engineering），分析包括大腦結構在內的生物學構成資訊。我們現在擁有以人類基因體形式存在的生命目的碼，這項成就本身也是發展呈指數成長的一個顯著實例。過去二十年來，全球已定序的基因資料數量呈指數成長，每年幾乎是加倍成長。❷ 我們現在可以利用電腦模擬，判斷鹼基序列如何形成氨基酸序列，再折疊成三維結構的蛋白質，所有生物結構就由此衍生。隨著電腦資源持續呈指數成長，我們對於蛋白質折疊複雜度的模擬能力也跟著穩步提升。❸ 現在，我們也可

以利用原子力顯微技術，模擬三維結構蛋白質之間的相互作用。我們對於生物學的日漸理解，就是發現演化賦予人類智慧奧祕的一個重要面向，因為有了這些理解之後，我們就能運用生物學啟發的典範，創造出更有智慧的科技。

　　現在，成千上萬名科學家和工程師正共同參與一項重大計畫，這群人努力理解智慧發展的最佳範例：人類大腦。這可說是人類機器文明史上最為重要的工作。我在《奇點臨近》一書中提過，加速回報定律的一個必然結果就是：其他智慧物種可能不存在。簡單講就是，想想看人類在相當短的時間內，就能從只具備落後技術（1850年時在美國國內傳遞資訊的最快方式是透過驛馬快信），發展到擁有能到達其他星球的技術；那麼，如果真有其他智慧物種存在，我們應該早就發現他們了。❹從這個角度來看，對人類大腦進行逆向工程可能是全宇宙最重要的計畫。

　　這項計畫的目標是要了解人類大腦究竟如何運作，然後利用這些新發現的方法，進一步了解人類本身並在必要之時修復大腦；而跟本書主題最密切相關的部分就是，利用這些新發現的方法，創造出更有智慧的機器。記住，工程學能做的就是將一個自然現象明顯放大。舉例來說，伯努利定律（Bernoulli's principle）這個相當微妙的現象，它指出運動中的彎曲表面比平坦表面的空氣壓力要小。雖然科學家仍未充分解決關於伯努利定律如何產生機翼升力的數學問題，但是工程學已經接受這個觀點，並全力開創整個航空界。

　　在本書中，我提出一個名為「思維模式辨識理論」（pattern recognition theory of mind, PRTM）的觀點，我認為這個理論描述了大腦新皮質（主要負責感知、記憶和批判性思考的大腦區域）的基本演算法。在這本書的前幾章，我會說明近代的神經科學研究和人類所進行的思想實驗如何產生這項必然的結果：大腦新皮質所運用的正是思維模式辨識這一套方法。而思維模式辨識理論和加速回報定律的結合意謂著：我們將能巧妙利用針對大腦運作所發現的這些原則，大幅擴展人類本身智慧的力量。

　　實際上，這個過程已在進行當中。以前必須仰賴人類智慧才能完成的許多工作和活動，現在已能完全交由電腦執行，而且電腦執行的精準度更高，規模也更龐大。當你每次寄發電郵或撥打手機電話時，智慧型演算法都能為傳遞資訊找出最適路徑。心電圖檢測結果就跟醫生診斷結果一樣，血液細胞造影的情況也是如此。智慧型演算法能自動辨識偽造信用卡，能駕駛飛機起降，指導智慧型武器系統，協助設計智慧型電腦輔助設計的產品，能追蹤及時庫存水準，還能在機器人工廠裏組裝產品，而且還會下西洋棋，甚至挑戰大師級程度的棋賽。

　　幾百萬人見識到 IBM 那部名為「華生」（Watson）的超級電腦，在《危險境地！》（_Jeopardy!_）這種使用自然語言比賽的益智問答節目中，華生的總得分竟然贏過該節目兩位紀錄保持人加總起來的分數。值得注意的是，華生不但能讀懂和「理解」該節目中的提問（包括雙關語和比喻），還能從維基百科

（Wikipedia）或其他百科全書等數億頁自然語言文件中，汲取答題所需的知識。華生必須精通人類各領域的智慧成果，包括：歷史、科學、文學、藝術、文化等。現在IBM正致力於在新一代的華生超級電腦上，開發文字語音自然轉換技術（Nuance Speech Technologies，這是我的第一家公司「庫茲威爾電腦產品公司」〔Kurzweil Computer Products〕發展的技術）。新一代的超級電腦華生利用Nuance公司的臨床語言理解技術，將能閱讀醫學文獻（幾乎包括所有醫學期刊和最重要的醫學部落格），成為診斷大師和醫學顧問。有些觀察家認為，華生並未真正「理解」《危險境地！》當中的益智問答或它所閱讀過的百科全書，因為這部超級電腦只是在進行「統計分析」。在此我要描述的關鍵是，人工智慧領域所涉及的數學技術（譬如被用在華生、Siri和iPhone助理上的那些技術），在數學上都跟大腦新皮質涉及的生物學演化方法極為類似。如果透過統計分析理解語言和其他現象不算真正的理解，那麼人類也沒有真正理解什麼事情。

　　華生運用智慧掌握自然語言文件中的知識，這種能力很快就商品化，成為你我身邊常用的搜尋引擎。人們已經用自然語言跟自己的手機對話（譬如透過Siri，這當然也要歸功Nuance語音辨識技術）。當人們懂得更加善用華生這類模式的做法，而華生這類超級電腦本身也在不斷改進之際，這些自然語言輔助工具很快就會變得更有智慧。

　　Google的無人駕駛汽車已經在加州繁忙城鎮行駛二十萬英

哩（等到這本書出版上架時，這個數字鐵定會高出許多）。當今世界有關人工智慧的其他實例多到不勝枚舉，未來還會有更多實例出現。

有關加速回報定律的進一步實例，比方說：腦部掃描的空間解析度和我們針對大腦收集的資料，每年都加倍遞增。人類也正在證明，我們可以將這類資料轉變成運作模型，模擬大腦區域的運作。另外，我們已經運用逆向工程，順利取得處理聲音資訊的聽力皮質、處理圖像的視覺皮質，以及處理一部分技能形成（譬如接住飛來的球）的小腦之關鍵功能。

理解、建模和模擬人類大腦這項計畫的最先進部分就是：對大腦皮質進行逆向工程，而大腦皮質正是我們進行遞迴層級思考的部位。大腦皮質佔據人腦的80%，是一個高度重複性的結構，允許人類隨意產生具有複雜結構的想法。

在思維模式辨識理論中，我將以一個模型說明人腦如何利用生物演化設計的巧妙結構，達成思維模式辨識這項關鍵能力。雖然在這種皮質運作機制中，有些細節我們現在尚未徹底了解，但是我們對皮質運作機制所需執行的功能已有足夠的了解，並且可以設計出演算法達到相同的目的。在開始了解新皮質前，我們現在已經準備好大幅擴增新皮質的能力，就像航空界大幅擴增伯努利定律的力量那樣。新皮質的運作原理可說是世界上最重要的思想，因為它能代表所有的知識和技能，也能創造新的知識。畢竟，每部小說、每首歌曲、每幅畫作、每個科學發現和其他人類思想的各式各樣產物，全都是由新皮質創

造出來的。

　　現在，神經科學領域亟需一個理論，將報章媒體每天報導的那些極為分散又涵蓋廣泛的活動結合起來。畢竟，在每個重要的科學領域，建構一個統一理論是相當關鍵的必要條件。我會在第1章描述兩位思想實驗家如何分別將生物學和物理學的理論統一起來，之前這兩個領域的理論極其多變又各不相同。然後，我會解釋如何把這種理論應用到大腦結構上。

　　今天，我們時常可聽到對於人類大腦複雜性的頌揚。在Google上以「人類大腦複雜性」之類的關鍵字進行搜尋，就有大約三千萬則連結的搜尋結果。（不過，我們在此無法將這項資料轉化為準確的連結數字，因為有些連結網站的連結涵蓋多次引用，有些網站則一次引用也沒有。）諾貝爾生理醫學獎得主詹姆斯・華生（James D. Watson）自己就在1992年寫道：「大腦是最新、最偉大的生物尖端領域，是我們在宇宙中所發現最為複雜之物。」他進一步地解釋自己為何相信「大腦內部有幾千億個細胞，這些細胞透過幾兆個節點互相連結，大腦讓我們深感困惑。」❺

　　我同意華生認為大腦是最偉大生物尖端領域的看法，但如果我們可以輕易辨別出包含在細胞和節點中容易理解（並可再創造）的模式，那麼大腦包含的幾千億個細胞和好幾個兆節點未必會讓研究大腦的主要方法變得複雜，尤其是有大量冗餘（redundant）模式存在的情況下。

　　我們就來想想看，什麼是複雜。我們或許會問，森林複雜

嗎？答案要看你用什麼角度看待這個問題。你會發現森林裏有好幾千棵樹，每棵樹都不一樣。然後你發現每棵樹有好幾千個分枝，每個分枝也完全不同。接著你可能進一步描述每個分枝的複雜特性。如此一來，你的結論可能是：森林的複雜性遠超過我們的想像。

但是，把森林看成許多樹，這種方式其實是錯誤的。當然，樹和樹枝在分形結構上極為不同，但要正確理解森林的概念，你最好先辨別出其中隨機出現的冗餘結構。這樣我們就可以說，森林的概念比樹的概念更為簡單。

大腦也是這樣，大腦有類似的龐大冗餘組織，尤其在新皮質結構中。就像我在這本書所做的描述，單一神經元的複雜度甚至超過整個新皮質結構的複雜度。

我寫這本書的目的當然不是要老生常談人腦有多麼複雜，而是要讓大家知道，原來只要辨別出人腦思維的簡單模式，就能揭發複雜人腦的奧祕。我會藉由說明一個巧妙的基本機制——大腦如何進行辨識、記憶、預測模式，來讓大家知道思維的奧祕。這些行為在大腦新皮質裏不斷重複，讓我們產生各種不同的想法。如同核基因與粒線體基因的遺傳密碼組合出令人歎為觀止的生物多樣性，新皮質思想模式辨識感知器裏的連接及突觸所產生的意見、思想及技巧，也同樣令人嘖嘖稱奇。韓裔美籍麻省理工學院神經學家承現峻（Sebastian Seung）博士相信：「基因無法決定一切，大腦神經元的連接才是人類身為智慧生物的最重要部分。」❻

　　我們必須懂得分辨真正的構造複雜性和表面複雜性。由法國數學家本華・曼德布洛特（Benoit Mandelbrot）率先提出的曼德布洛特集合（Mandelbrot set）圖像，一直是講述複雜性的好例子。為了理解其表面複雜性，我們可以把圖像放大（詳見本章注釋7的連結）❼，其中錯綜複雜無法計數，而且變化都不盡相同。但曼德布洛特集合的設計（意即所使用的公式）卻非常簡單，只有6個字元：$Z = Z^2 + C$。其中Z代表複數，而C代表常數。我們不必徹底搞懂曼德布洛特集合的函數，就能知

曼德布洛特集合示意圖，應用一個不斷重複的簡單公式。將此圖放大時，圖像的複雜性將持續不斷地變化。

道它的簡單性。這個公式在不同階段一直被反覆使用，人腦的運作也是如此。雖然人腦不斷重複的構造不像曼德布洛特集合的公式那麼簡單，但也不像先前我提到以Google搜尋人腦複雜性得到的結果那麼複雜。新皮質構造在每個概念階層都不斷重複。愛因斯坦曾說：「任何聰明的蠢才都可以把事情搞得更大更複雜……但是化繁為簡的功力卻需要很大的勇氣才能辦到。」這段話也為我撰寫這本書的目標做了最佳詮釋。

　　到目前為此，我的話題一直圍繞著大腦打轉。然而，思維運作又是怎麼一回事呢？舉例來說，負責解決難題的新皮質是如何取得意識？當我們討論這個話題時，我們大腦裏出現多少意識思維呢？有證據顯示，大腦裏出現的意識思維可能不止一個。

　　另一個跟思維有關的問題是：什麼是自由意志？我們是否擁有自由意志？有實驗顯示，在我們意識到自己做出什麼決定前，我們早已開始採取行動了。這是否意謂著，自由意志只是一種假象？

　　最後，我會在書中探討究竟大腦裏的哪些特質造就自我認同？現在的我，跟六個月前的我是同一個人嗎？顯然，我已經不是以前的我，但我還是我嗎？

　　我們會檢視思維模式辨識理論如何解釋這些存在已久的問題。

第1章

史上知名的思想實驗

　　達爾文的物競天擇（natural selection）理論，在思想史上出現得很晚。

　　這個理論遲遲未出現的原因，是因為它駁斥了神所啟示的真理？因為它本身是科學史上一個嶄新的概念？因為它反映的只是生物特徵？還是因為它只強調目的和目的因（final cause），而未曾假定一種創造行為？我認為這些都不是原因。達爾文只是發現物競天擇所扮演的角色，那是一種跟當時推拉式科學機制十分不同的因果關係。各種奇妙生物的起源由此得到解釋，因為有許多可能隨機出現的新特徵，讓生物得以存活下來。當時物理學和生物學幾乎沒有預見到，物競天擇是一種因果原則。

　　　　　　　　——行為主義心理學家史金納（B.F. Skinner）

唯有自身心靈的健全才是最神聖的。

——美國詩人愛默生（Ralph Waldo Emerson）

思想實驗 1：地質學的隱喻

19世紀初期，地質學家們絞盡腦汁思考一個重要問題：像美國大峽谷和希臘的維科斯大峽谷（Vikos Gorge，據說是全世界最深的峽谷）這樣的大洞穴和大峽谷遍布全球，這些宏偉奇觀究竟是如何形成的？

儘管這些自然構造中都出現水流經過，但在19世紀中期以前，人們根本無法相信這些平緩水流就是形成如此壯觀峽谷峭壁的原因。不過，英國地質學家查爾斯・萊爾（Charles Lyell, 1797-1875）提出，正是水流的長期作用造成地質結構出現這些重大改變，基本上也就是滴水穿石的力量創造了自然奇觀。萊爾剛提出這個觀點時飽受譏笑，但是這個觀點在二十年內就獲得普遍認同。

當時，英國的自然學家查爾斯・達爾文（Charles Darwin, 1809-1882）密切關注科學界會對萊爾的全新觀點作何反應。1850年時生物學領域的情況大致如下：整個領域十分複雜，研究對象涉及無數複雜難懂的動植物物種。大多數科學家都拒絕為變化多樣的自然界建立一個通用理論，因為這種嘗試難度太高。更何況，暫且不論科學家們是否有智慧做到此事，這種多樣性向來被當成是上帝造物的偉大證明。

達爾文利用萊爾的觀點進行類推，建構了一個跟物種有關的通用理論，解釋物種特徵隨著許多世代繁衍而演變。他在自己的知名著作《小獵犬號航行記》（*Voyage of the Beagle*）一書中，將這種觀點融入自己的思想實驗和觀察中。達爾文認為，能夠繁衍下一代的個體，最有機會存活。

1859年11月22日，達爾文的《物種起源》（*On the Origin of Species*）一書開始發售，他在書中明確表示自己深受萊爾的啟發：

> 我很清楚，以上述虛構事例做說明的物競天擇學說，一定會像查爾斯・萊爾先生當初提出的高見「以地質變化說明地球如今的變化」一樣，引發許多反駁聲浪。不過，如今這股反駁聲浪已經平息，人們都知道水流在大峽谷和內陸狹長懸崖峭壁的形成過程中發揮重要作用。同樣地，物競天擇也是一個積少成多的過程，唯有透過不斷選擇有利的細微改變，並且將其加以保存和積累才能實現。既然現代地質學幾乎已經摒棄大峽谷是由單一洪積波開鑿而成這類觀點，那麼物競天擇也應該如此。如果這個原理是正確的，那就應該摒棄新生物持續出現，或者生物結構突然出現重大轉變等看法。❶

重要的新觀點提出時總會因為諸多理由而受到抵制，達爾文的情況也不例外。達爾文主張人類並非上帝創造的，而是從

查爾斯‧達爾文,《物種起源》作者,這本巨作奠定了生物演化的
基礎。

猴子演化而來,之前則是毛毛蟲,許多評論家根本無法接受這
種說法。況且,這意謂著我們養的狗,就跟毛毛蟲和毛毛蟲爬
過的植物一樣,都跟人類有親戚關係。雖然可能只是相當遠房
的親戚,但還是親戚啊。對許多人來說,這種說法根本褻瀆人
類,也對上帝大不敬。

　　但是,這個觀點很快傳播開來,因為它把以往看似互不相
關的眾多現象聯繫起來。1872年,也就是《物種起源》第6版
出版時,達爾文在書中加上這段文字:「我保留以上內容做為
先前事態的記錄……其中有幾句話暗示自然學家們相信每個物

種都是獨立創造出來的，我則因為提出演化論的觀點受到諸多非難。但毫無疑問的是，那是人們在這本書第1版出版時的普遍看法……不過，現在情況已徹底改觀，幾乎每位自然學家都承認這個重要的演化原則。」❷

　　在接下來的一個世紀裏，達爾文讓生物學理論得以統一的這個想法獲得更多的支持。1869年，距離《物種起源》第一版出版只相隔十年，瑞士醫學家弗雷德里希・米歇爾（Friedrich Miescher, 1844-1895）就在細胞核中發現一種他命名為「核酸」（nuclein）的物質，核酸就是後來所說的DNA。❸1927年，生物學家尼古拉・科佐夫（Nikolai Koltsov, 1872-1940）描述被他稱為「大遺傳分子」（giant hereditary molecule）的物質，是由「兩條對稱鏈組成，以一條鏈做為樣板，依照半保留的方式進行複製」。科佐夫的發現也受到諸多指責。共產主義份子認為他的說法是為法西斯做宣傳，科佐夫後來意外身亡也被認為是蘇聯祕密警察所為。❹1953年，達爾文這部影響深遠的巨作出版將近一世紀後，美國生物學家詹姆斯・華生（James D. Watson, 1928-）和英國生物學家弗朗西斯・克里克（Francis Crick, 1916-2004）第一次對DNA的結構進行精確描述，形容DNA是由兩個長分子纏繞而成的雙螺旋結構。❺值得注意的是，他們的發現是以知名的「51號照片」（photo 51）為基礎，這張照片是他們的同事羅莎琳・富蘭克林（Rosalind Franklin）利用X射線晶體繞射法拍攝而成，這是人類首次取得展現雙螺旋結構的圖示。由於華生和克里克的發現是從富蘭

克林拍攝的照片引伸而出，因此一直有人認為富蘭克林應該跟
華生和克里克共享諾貝爾獎才對。❻

　　隨著電腦編碼程式將分子生物學帶入全新的階段，生物學
的統一理論也得以確立。這項理論為所有生命確立了一個簡潔
的基礎。只要依據細胞核中組成DNA鏈的鹼基對（base pair，
從更低層面來說就是粒線體〔mitochondria〕），就能判斷有機
體可能成長成為一株草或一個人。這個見解並未排除掉人們樂
見的自然界多樣性，但我們現在知道，自然界驚人的多樣性是
源於這種能加以編碼的通用分子，組合成各式各樣的結構所
致。

思想實驗2：光速行進

　　到了20世紀初期，物理學界被另一系列的思想實驗所顛
覆。1879年，一位小男孩在德國出生，他的父親是工程師，母
親是家庭主婦。據說，他到三歲才開始講話，九歲時被認為有
學習障礙，十六歲時就開始幻想要乘著月光飛行。

　　這個男孩知道英國數學家湯瑪士·楊（Thomas Young,
1773-1829）在1803年所做的實驗，那個實驗證實了光的波動
性質。當時的結論是，光波必須藉由某種介質來傳遞，畢竟，
水波要透過水來傳遞，聲波借助空氣或其他物質傳遞。科學家
將傳遞光波的介質稱為「乙太」（ether）。這男孩也知道1887
年時美國科學家艾伯特·邁克生（Albert Michelson, 1852-

1931）和愛德華・莫利（Edward Morley, 1838-1923）所做的實驗，這項實驗利用小船在河流中順流而行和逆流而行，試圖證明「乙太」的存在。如果你以固定速度划槳前進，從岸上觀測速度，順流而行的速度會較逆流而行更快。邁克生和莫利假定，光會在乙太中以固定的速度前進（也就是以光速前進）。他們推想，當地球沿著軌道向太陽前進時（從地球上有利位置觀測），跟地球沿著軌道遠離太陽時，太陽光的速度必定不同（相差地球速度的兩倍）。只要能證明這一點，就能證明乙太的存在。然而他們發現，不管地球是正在接近太陽還是遠離太陽，光的速度都不變。他們的發現否定了「乙太」存在這個觀點。那麼，真實情況究竟是怎樣呢？之後將近二十年，這個問題仍是一個謎。

這位德國男孩則想像跟光波同速前進，他認為自己應該會看到光波凍結，就像跟火車保持同速前進時，火車看似靜止一樣。不過，他明白這不可能，因為不管你行進速度為何，光速都被視為恆定不變。所以，他再想像以較慢的速度跟光同方向前進。如果以光速90%的速度行進會怎樣？根據他的推論，如果光束像火車那樣，那麼他應該會看到光束在他前面以10%的光速行進。確實，那應該是地球上的觀測者所看到的情況。但我們知道，邁克生和莫利的實驗證明光速是恆定不變的。因此，這男孩必定會看到光在他前面以100%的速度前進。所以，他的推論似乎跟事實產生矛盾，怎麼會這樣呢？

這問題的答案在這位德國男孩26歲時似乎再清楚不過

了。順便提一下，這男孩就是艾伯特‧愛因斯坦（Albert Einstein, 1879-1955）。顯然，對這位年輕大師愛因斯坦來說，答案就是：他的時間變慢了。愛因斯坦在1905年發表的論文中闡述自己的推理過程。❼如果地球上的觀測者能看到以90%光速前進的男孩所戴的手錶，就會發現其手錶轉速慢了十倍。事實上，當他返回地球時，他的手錶會顯示只過了1/10的時間（先不考慮加速和減速的問題）。然而，對這男孩來說，他的手錶正常運轉，旁邊的光也是以光速前進。時間的速度會自行減慢十倍（相對於地球的時間），這就可以解釋觀念上的明顯矛盾。在極端的情況下，當你的速度達到光速，時間就會減慢到接近於零，因此，想跟光同速前進是不可能的。儘管不可能以光速前進，但就理論上來說，超越光速並非不可能，到那個時候，時間就會倒退。

對當時的許多評論家來說，這個解釋實在太荒謬了。時間怎麼會因為某人的前進速度而變慢呢？實際上，從邁克生和莫利提出實驗結果後的十八年來，對愛因斯坦來說顯而易見的推論，其他思想家卻遲遲無法明白。他們當中有許多人在十九世紀末期，為了這個問題百思不解，但是他們墨守成規，遵循本身先入為主對於現實應如何運作的成見，而不理會愛因斯坦所做推論的啟示，其實他們就是「自以為是」。

愛因斯坦的第二個思想實驗是，想像自己跟他的兄弟一起飛越時空，兩人相距186,000英哩。愛因斯坦希望在保持彼此距離不變的情況下加速前進，於是他每次想加速時就用手電筒

向兄弟發出信號。他知道信號傳遞時間為一秒鐘（光速為每秒186,000英哩），他會在發出信號一秒後開始加速。而他的兄弟接到信號就立即加速。這樣一來，兩兄弟就能同時加速，因此能讓彼此的距離保持不變。

但是想想看，我們在地球上看到的情況會如何？如果兩兄弟往遠離我們的方向前進（愛因斯坦走在前面），看起來光到達他兄弟的時間就會不到一秒，因為他兄弟正往光的方向前進。同樣地，我們也會看到他兄弟的計時器變慢了（因為他的速度增加了，而且離我們比較近）。基於這些原因，我們將會看到兩兄弟愈靠愈近，最後就相撞了。然而，對兩兄弟來說，他們始終保持186,000英哩的距離。

怎麼會這樣？顯然，答案是跟「與運動方向平行的距離會縮短」有關，與運動方向垂直的距離則不會改變。所以，隨著加速前進，愛因斯坦兄弟會愈來愈矮（假定他們是頭朝前面飛行）。也許，愛因斯坦這個怪誕推論比時間膨脹更無法讓人信服。

同年，愛因斯坦又以另一個思想實驗，思索物質與能量的關係。蘇格蘭物理學家詹姆斯・克拉克・馬克士威（James Clerk Maxwell）在1850年代就證明了被稱為光子（photon）的光粒子沒有質量，但卻具有動量。小時候，我有一個名為克魯克斯輻射計（Crookes radiometer）的裝置❽，這種裝置由一個密封玻璃球組成，內部包含部分真空和繞軸旋轉的四個葉片。葉片一面白、一面黑，每個葉片的白色面反射光，黑色面吸收

克魯克斯輻射計：被光線照射時，四個葉片會旋轉。

光。（這就是為什麼大熱天穿白色運動衫，比穿黑色運動衫更涼爽的原因。）這個裝置被光線照射時，葉片就會旋轉，黑色面朝遠離光的方向運動。這一點直接證明光子具有足夠的動量，可以讓輻射計的葉片移動。❾

　　愛因斯坦努力想要解決的問題是動量與質量的函數關係：動量等於質量乘以速度。因此，一輛以時速30英哩前進的火車，比以相同速度前進的昆蟲具有更大的動量。可是，不具備質量的光子怎麼會有動量呢？

　　愛因斯坦的思想實驗是想像空中飄浮著一個盒子，盒子裏有一個光子從左端射向右端。基於系統總動量守恆定律，光子

發射時，盒子產生反作用而向左退。一定時間後，光子跟盒子右端相撞，將本身的動量傳回給盒子。由於系統總動量仍需守恆，所以此時盒子就停止不動。

到目前為止，一切似乎都很合理。但從愛因斯坦的角度來看會如何呢？愛因斯坦從盒子外部進行觀察，他看不到盒子受到任何外力影響：沒有任何光粒子（不管光子是否具有質量）對盒子進行撞擊，也沒有任何物體離開盒子。但是根據先前描述的情節，愛因斯坦會看到盒子暫時向左移動，然後停止下來。依據我們的分析，每個光子都應該會讓盒子向左移動。但是盒子沒有受到外力作用，那麼盒子的質心應該保持在同一位置。而且，盒子裏從左向右運動的光子無法改變盒子的質心，因為光子沒有質量。

或者，光子是有質量的？愛因斯坦的推論是，既然光子顯然具有能量和動量，那麼光子一定具有相當於質量的性質。運動光子的能量就跟一個運動物質等價。我們可以透過確認光子運動期間，系統質心必須保持靜止來計算這個等價數值。利用數學計算，愛因斯坦證明質量和能量等價，也跟一個簡單的常數有關。但值得注意的是：這個常數或許簡單，數值卻相當龐大，是光速的平方（大約 1.7×10^{17} 每平方秒平方公尺，也就是數字 17 後面跟了 16 個 0）。由此，我們得出愛因斯坦的著名公式 $E = mc^2$。[10] 所以，1 盎司（28 克）的物質相當於 60 萬噸 TNT 炸藥爆炸釋放出的能量。愛因斯坦在 1939 年 8 月 2 日寫給羅斯福總統的信中，就提及利用這個公式製造原子彈的可能

性，也為原子時代揭開序幕。⓫

　　你或許認為這一點應該老早就被發現，因為實驗人員早就察覺到放射性物質的質量減損，是長期輻射出去的結果。然而，當時物理學界普遍假設，放射性物質本身含有某種會被「燃燒掉」的特殊高能量燃料。這種假設並非完全錯誤，只不過那種「被燃燒掉」的燃料就是質量。

　　我基於以下這幾個原因，以達爾文和愛因斯坦的思想實驗做為本書的開場白。首先，這些思想實驗展現出人腦的非凡能力。在沒有任何其他設備的情況下，愛因斯坦只用筆和紙就描繪出這些簡單的思想實驗，並由此寫出相當簡單的公式，推翻了統治物理學領域長達兩個世紀的傳統觀念，對歷史發展（包括第二次世界大戰）產生深遠的影響，並且開啟核子時代。

　　愛因斯坦確實借重19世紀的一些實驗結果，但這些實驗也沒有使用精密設備。雖然後來愛因斯坦的理論驗證實驗用到了先進技術，但是若非這樣，我們也無法證實愛因斯坦理論的正確性和重要性。不管怎樣，這些因素絲毫無損於這項事實：這些著名的思想實驗展現出人類思維具有無窮的潛力。

　　雖然愛因斯坦被公認為20世紀最偉大的科學家（達爾文則堪稱為19世紀最偉大科學家之一），但其理論所依據的數學運算並不複雜，思想實驗本身也簡單明瞭。所以，我們不免納悶，為何世人公認愛因斯坦聰明過人？我們會在後續章節探討，愛因斯坦在提出這些理論時，腦子究竟在想什麼，也會說明這種思維運作是在大腦的哪個部位進行。

雖然這段歷史展現出人類思維的無窮潛力，卻也證明人類思維所受到的限制。為什麼愛因斯坦能想像以光速前進（雖然他推斷實際上不可能這樣做），而其他眾多觀察家和思想家卻完全無法想通這些並不複雜的運用？人類面臨的一個共同障礙就是，大多數人很難摒棄並超越同儕的思維觀念。至於其他障礙，我們會在審視大腦新皮質如何運作後做更詳盡的討論。

大腦新皮質的通用模型

我跟大家分享這些史上知名思想實驗的最重要原因是，我要跟大家說明，如何利用同樣的方法研究大腦。你在後續章節就會看到，透過一些簡單的思想實驗，我們可以深入了解人類智慧如何發揮作用。考慮到所涉及的主題，思想實驗應該是最恰當不過的做法。

如果一個年輕人只需要空想和紙筆就足以改革我們對物理學的了解，那麼對於「思考」這個我們再熟悉不過的現象，我們應該能取得更合理的進展。畢竟，我們清醒時，時時刻刻都在思考。

在針對自我反省的過程建構出一個思維運作模型後，我們會利用對大腦所做的最新實際觀察和重現這些過程的先進技術，審視這個模型的準確度。

第2章

思考的思想實驗

　　我很少用言語來思考。想法產生後,我才會設法用言語來表達想法。

——愛因斯坦

　　大腦不過三磅重,你可以一手掌握,但它卻能想像出跨越千億光年的宇宙。

——美國科學家瑪莉安·戴蒙德(Marian Diamond)

　　令人驚奇的是,這個只有三磅重跟任何事物一樣由原子構成的東西,卻能指揮人類的所做所為:探測月球、擊出全壘打、寫出《哈姆雷特》和興建泰姬瑪哈陵——甚至是揭發大腦本身的奧祕。

——美國傳記作家約翰·哈費曼(Joel Havemann)

　　我在1960年左右開始思索「思考」這個問題，也在這一年發現電腦的存在。現在，到12歲還沒用過電腦的人少之又少，但在我們那個年代，在我的家鄉紐約市12歲就用過電腦的人可是寥寥無幾。早期的電腦當然不是輕巧的掌中之物，我接觸到的第一台電腦整整有一個大房間那麼大。1960年代初期，我在一台IBM 1620型號的電腦上進行變異數分析（一種統計測試），分析的數據是由研究兒童早期教育的一項計畫收集而得，是美國1965年推動「提前就學方案」（Head Start）的前身。由於我們的工作肩負美國教育改革的使命，所以責任相當重大。因為演算法和分析的數據相當複雜，所以我們無法預測電腦最後會給出什麼答案。當然，答案是由數據決定，但答案卻不可預測。事實證明，「決定」和「可預測」之間存在一個重要區別，這部分細節容後再述。

　　我還記得當我看到演算法快結束、螢幕暗下來時那種興奮感，我覺得電腦好像陷入沉思。當人們經過我身邊，急著想知道下一組結果時，我會指著閃爍微弱光點的電腦螢幕說：「它正在思考啊！」我是在開玩笑，但我也是認真的，電腦確實像是在認真思考答案，於是工作人員開始認為電腦也具有人性。或許這只是一種人格化，卻讓我開始認真思索電腦運算跟思考之間的關係。

　　為了搞懂大腦跟我熟知的電腦程式之間究竟相似到什麼程度，我開始思考大腦處理資訊時必須做些什麼。我進行這項研究長達五十年之久，我會在後續章節中說明我對大腦運作的理

解，你會發現大腦運作跟電腦的標準概念截然不同。但基本上，大腦確實跟電腦一樣儲存和處理資訊，而且由於運算具有普遍性（這概念容後再述），因此大腦和電腦之間的相似度或許不是表面上看來那麼簡單。

每次我在做事或思考時，不管是在刷牙、進廚房、思考商業問題、彈電子琴或產生新想法，我都會反思自己是怎麼做到的。我會花更多精力去思考我做不到的事，因為人類思維的侷限也能提供重要的線索。雖然花太多心思去想思考這件事，可能會讓我的思考變慢，不過我一直希望這種自我反省的練習，能讓我的思維方式更加精進。

為了增加大家對大腦運作的認識，我們在此不妨進行幾個思想實驗。

試試看：背誦字母表。

也許你從小就會背字母表，可以輕鬆應付這件事。

那好，現在試試這個：倒背字母表。

除非你曾經學過倒著背字母表，否則你可能發現自己做不到。如果有人在貼有字母表的小學教室待過夠長的時間，也許能喚起圖像記憶，依據圖像記憶把字母表倒著唸出來。不過就算是這樣，要倒背字母表也是很難的事，因為我們其實並沒有記住整個圖像。讓人納悶的是，倒背字母表應該很簡單才對啊，因為倒背字母表和順背字母表所涉及的資訊是一樣的，但通常我們辦不到。

你記得自己的身分證字號嗎？如果記得，你可以在不把身

分證字號先寫下來的情況下，把號碼倒背出來嗎？還有，你有辦法把〈瑪麗有隻小綿羊〉（Mary Had a Little Lamb）這首童謠倒著唱嗎？對電腦來說，這些事情易如反掌，但人類卻做不到，除非特別學過逆序方法才能辦到。這一點透露出跟人類記憶如何編排有關的重要訊息。

當然，如果讓我們依照順序寫下字母再倒著唸出來，倒背字母表就很容易做到。因為我們這樣做時，會用到書寫語這個很早就出現的工具，以此彌補人類獨立思考的侷限。（口語是人類的第一項發明，書寫語是第二項發明。）這就是我們需要發明工具的原因，因為要彌補我們的缺陷。

這也意謂著**我們的記憶是連貫有序的，可以按照當初記住的順序來取得記憶，卻無法倒序取得記憶。**

對我們來說，從序列中間開始回憶也有些困難。當我在鋼琴上練習某個新曲子時，通常很難直接從中間某個音開始彈奏。我能跳到某幾個音開始彈奏，那是因為我的記憶是分段排序。如果要我從某個區段的中間開始彈奏，我就需要從頭彈起，直到我記起這個音在我記憶順序中的位置。

接下來，試試這個實驗：回想最近這一、兩天你散步時的情景。你記得什麼？

如果你昨天或今天才散步過，那麼這個思維實驗的效果最好。（你也可以回想最近的開車經驗，或找個跟距離移動有關的任何經歷來代替。）

關於這個經歷，你可能記得的並不多。你記得在途中遇到

的第五個人是誰嗎（認識和不認識的人都算在內）？你有看到一棵橡樹嗎？有看到郵筒嗎？你在第一個轉角看到什麼？如果你經過一些商店，那麼第二扇櫥窗裏有什麼東西？也許你能依據自己確實記得的一些線索回答這些問題，但更有可能的情況是，你根本不記得什麼細節，就算是剛發生的事也記不太清楚。

如果你固定一段時間會去散步，那麼回想一下上個月第一次散步時的情景；如果你是通勤族，就回想一下上個月第一天去辦公室途中的情況。你很可能想不起任何細節，就算有想到什麼，一定沒有比回想今天散步情景來得仔細。

我後續會討論意識這個問題，也會談到我們常常把意識跟記憶劃上等號這件事。我們相信自己在麻醉期間是沒有意識的，主要是因為我們不會記得這段期間發生的任何事（儘管有時會有例外情況發生）。就拿我今天早上的散步情景來說，難道我在那段時間內大多處於無意識狀態？這個問題似乎很合理，因為我幾乎想不起來自己看到什麼或當時在想什麼。

不過，我確實記得今天早上散步時發生的一些事。我記得我想到這本書，但我沒辦法告訴你，當時我究竟想些什麼。我還記得看到一位美女推著娃娃車經過，娃娃車裏的小嬰兒也很可愛。我也想起看到這幅景象時我腦海裏浮現兩個想法：這小嬰兒跟我剛出生的孫子一樣可愛；以及這個小嬰兒對周遭的世界有何想法？但我不記得他們的穿著打扮和頭髮顏色。（我老婆會跟你說，我不記得這些是很稀鬆平常的。）雖然我無法具

體描述他們的長相，但那位媽媽的長相確實讓我印象深刻，我相信我能從不同女性的照片裏認出她來。儘管我腦海裏一定留下一些跟她長相有關的記憶，但是當我回想那位女士、她的小孩和娃娃車時，我卻無法想像出他們的模樣。在我的腦海裏，這件事並沒有形成任何影像，我很難具體描述這段經歷究竟在我腦海中留下什麼。

　　我也記得幾週前散步時見過另一位推著娃娃車的女士。但我相信，我連她的照片也認不出來。跟幾週前剛散完步時的記憶相比，現在的記憶當然模糊許多。

　　接著，請你想想你只遇過一、兩次的人。你能清楚想起他們的長相嗎？如果你從事視覺藝術，那你可能懂得運用觀察技巧記住人們的長相。不過，就算我們可能認出無意間巧遇者的照片，但我們通常很難說出或描繪出他們的長相。

　　這表示，**大腦並不儲存圖像、影片和聲音，我們的記憶是以模式的序列進行儲存的，無法被存取的記憶就會隨時間經過而變得模糊**。當警用素描畫家訪談受害者時，他們不會問：「罪犯的眉毛長什麼樣子？」而會拿出一組眉形圖片，請受害者從中挑選。而正確眉形就會觸動受害者大腦中儲存跟罪犯有關的記憶，讓受害者辨識出跟罪犯相同的眉形模式。

　　現在，我們看看下圖中這些熟悉臉孔，你能認出其中一些人是誰嗎？

　　毫無疑問，就算這些臉孔有部分被遮掉或扭曲變形，你還是能認出這些名人。這意謂著人類感官的一大關鍵優勢：**即使我們感知到（看到、聽到、感覺到）的是部分模式，就算模式經過改變，我們的辨識能力依舊能察覺出模式中沒有改變的特質，也就是那些在現實世界變化中殘存的不變特徵。**諷刺漫畫和某些藝術形式（例如印象派的畫風）雖然刻意改變一些細節，卻強調出我們可以辨識的圖像模式（人或物）。其實，藝術界比科學界更早發現人類感官系統的強大力量。而這也是為什麼我們只要聽到幾個音，就能辨識出一首曲子的原因。

　　現在，請看看下面這個圖形：

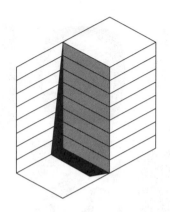

這個圖形有點模稜兩可——黑色區域所指的角度可能是內角，也可能是外角。乍看之下你可能看到其中一種，但多花一點心思去看，你可能改變看法，認出另一種。不過，一旦你的思維固定成型，就很難察覺另一種觀點。（對於一些學術觀點來說，情況也是如此。）你對圖形的理解，其實會影響到你對整張圖的體驗。當你把這個角度當成內角時，大腦就會把灰色區域解釋為陰影，這樣灰色區域的顏色就不像把角度當成外角時那麼深。

因此，**我們對於感知的意識體驗，其實會因為我們做出不同詮釋而改變。**

想想這句話：我們明白我們想要_____

我相信你可以把上面這個句子補充完整。

如果我把最後一個字詞寫出來，或許你只要瞄一眼，就知道它是否符合你的期待。

這意謂著，**我們不斷地預測未來，設想我們將會經歷什**

麼。**這種期望會影響我們對於事物的實際感知。**預測未來其實就是大腦存在的首要理由。

　　想想我們每隔一段時間都會遇到的一種經歷：幾年前的記憶莫名其妙地浮現腦海。

　　通常，這段記憶跟某個人或某件事有關，而且是你已經遺忘很久的一段記憶。顯然，某件事觸動了這段記憶。這時，你或許能明確地表達究竟是什麼事勾起你的記憶。但平時，就算你能知道是什麼思考線索勾起回憶，卻很難說得清楚明白。勾起回憶的因素通常很快就消失了，讓你覺得以往的記憶莫名奇妙地浮現出來。我在處理日常事務，譬如刷牙時，就常遇到這種情況，有些回憶突然冒出來。有時，我或許察覺到其中的關聯，比方說：牙膏從牙刷上掉落可能讓我想起大學上繪畫課時，刷子上的顏料掉下來。有時，對於現在做的事為何勾起往日記憶，這當中的關係我只有一種模糊的意識，甚至根本不知道究竟怎麼回事。

　　在此提出一個相關現象：我們都會碰到為了想起某個字詞或某個名字而傷透腦筋的情形。在這種情況下，我們會努力找出可能開啟回憶的觸發因素，讓自己能想起那個字詞或名字。舉例來說：電影《星際大戰第三部曲──西斯大帝的復仇》（*Revenge of the Sith*）中的帕德梅女王（Queen Padmé）是誰演的？讓我們想想，她就是最近跟舞蹈有關的一部電影《黑天鵝》（*Black Swan*）的女主角，哦，對了，是娜塔莉・波曼（Natalie Portman）。有時，我們會採用比較特殊的記憶方法，

幫我們記起一些事。（例如：她一直很苗條，不胖，哦，對了，波曼，是娜塔莉‧波曼！）有些記憶足夠牢靠讓我們能直接從問題（例如：是誰扮演帕德梅女王）聯想到答案，通常我們需要經歷一系列的觸發機制，直到其中一個發揮作用。這跟擁有正確網頁連結的情況很像。記憶確實會消失，就像缺少跟其他網頁連結的網頁無法讓人找到一樣。

在做例行動作時觀察自己，像是穿襯衫時觀察一下，想想你是不是每次都按照同樣的步驟完成這些動作。根據我自己的觀察（我先前就提過我常觀察自己），很可能的情況是，你每次進行某個例行工作都是依照極為類似的步驟，只不過其中或許增加一些額外的步驟模組。舉例來說，我大部分的襯衫都不需要袖扣，如果其中一件用到袖扣，那麼穿這件襯衫時就需要多做一系列的動作。

我大腦裏的步驟清單是以層級編排而成。在睡前，我遵照一套例行程序做事，第一個步驟是刷牙。但是，這個動作還可以分解成一系列更小的步驟，首先是把牙膏擠到牙刷上。同樣地，這個步驟也是由更細微的一系列步驟組成，例如找牙膏、打開牙膏蓋子等等。找牙膏這個步驟也包含幾個步驟，首先是打開浴室的儲物櫃，而這個步驟當然也可以細分成幾個步驟，像是先抓住儲物櫃的門的把手。這種層層相扣的巢狀結構其實可以一直延伸到非常精細的動作，因此我晚上的例行公事是由幾千個細微動作所組成的。雖然我可能很難想起幾小時前散步的細節，但我卻能輕鬆記起睡前準備工作的所有步驟——我甚

至還能在進行這些步驟的同時思考其他事情。值得注意的是，這個清單不是以包含幾千個步驟的冗長清單加以儲存──**而是透過每個例行程序以層層相扣的活動，組成複雜的層級結構來加以記憶。**

　　這類層級也跟我們辨識物體和環境的能力有關。我們能辨識熟人的面孔，也知道這些面孔有兩個眼睛、一個鼻子、一張嘴等等，這是我們在感知和行動中會用到的一種模式層級。這種層級結構，讓我們可以重複使用這些模式，例如：每次我們認識新朋友時，不必再學習人有一個鼻子和一張嘴這個概念。

　　下一章，我們將利用這些思想實驗的結果，建構出大腦新皮質如何運作的一個理論。我認為，像我先前講的從找牙膏到寫一首詩，所有例子都透露出人類思考的重要特質。

第3章

大腦新皮質模型
——思維模式辨識理論

　　大腦是一種生物組織，而且是一種有複雜交織結構的組織，跟我們所知的宇宙萬物都不同，卻跟任何生物組織一樣，都是由細胞所構成。確切地說，大腦細胞是高度專業化的細胞，但大腦細胞的運作法則跟其他細胞的運作法則並無不同。這些細胞的電學信號和化學信號都能加以檢測、記錄和解釋，其化學成分也可以被辨識，而構成大腦交織結構神經纖維之間的關係也能被詳細描繪出來。總之，大腦是可以被研究的，就像研究腎臟那樣。

　　　　　　　　　——神經科學家大衛・休伯爾（David H. Hubel）

　　假設有一部機器其本身的結構，讓它能夠思考、感覺和感知；假設這部機器被放大但仍保持同樣的比例，讓你可以走進裏面，就像走進一間工廠那樣。假設你可以在裏面

四處參觀，你會發現什麼呢？除了那些互相推動和移動的
零件外，什麼也沒有，你永遠不會發現任何能解釋感知之
物。

——德國數學家暨哲學家萊布尼茲（Gottfried Wilhelm Leibniz）

模式的層級

我在前一章中多次提到，我會在許多時候進行一些簡單的
實驗和觀察。從這些觀察中得到的結論必定會讓我對於「大腦
一定在做什麼」的解釋受到侷限，就像19世紀初期和晚期進
行的那些關於時間、空間和質量的簡單實驗，必定會讓年輕大
師愛因斯坦對於「宇宙怎樣運行」的思考受到侷限一樣。在後
續討論中，我也會論述神經科學的一些基礎觀察，並設法避開
仍有爭議的諸多細節。

首先，讓我解釋一下為什麼特別用這一章的篇幅來談大腦
新皮質（neocortex，拉丁文的意思就是「新的表皮」〔new
rind〕）。我們都知道，大腦新皮質負責處理資訊的各種不同模
式，而且是以層級的方式處理。沒有大腦新皮質的動物（主要
是非哺乳動物）大都無法理解層級概念。❶能理解和利用現實
本身具有的層級本質，是只有哺乳動物才具有的特質，因為只
有哺乳動物才擁有這種最新演化的大腦結構。大腦新皮質負責
感官知覺，認知從視覺物體到抽象概念的各種事物，控制人的
活動，從空間定位到理性思考的推理，同時也跟語言有關——

基本上，大腦新皮質就是負責我們所說的「思考」。

　　人類的大腦新皮質，也就是在大腦的最外層，其實是一個很薄的二維結構，厚度約2.5公釐。齧齒類動物的大腦新皮質大概就跟郵票一般大小，表面光滑。靈長類動物在演化中的改變是，大腦頂部其餘部分出現複雜褶皺，帶有深脊、凹溝和褶痕，使得大腦皮質的表面積增加。因為有了這些複雜褶皺，大腦新皮質成為人類大腦的主體，並占大腦重量的80%。智人發展出一個更大的前額，得以容納體積更大的大腦新皮質，特別是，額葉（frontal lobe）正好負責處理跟高層級概念有關的更抽象模式。

　　大腦新皮質這個薄層結構主要分為六層，從第一層（最外層）到第六層。來自第二層和第三層的神經元軸突（axon）會投射到大腦新皮質的其他部位。第五層和第六層的軸突主要是建立大腦新皮質外部與視丘、腦幹和脊髓的連結。第四層的神經元接收來自大腦新皮質外部神經元的突觸（輸入）聯繫，尤其是來自視丘的輸入。各層的厚度在不同的區域會略有不同。例如皮質運動區的第四層就非常薄，因為在這個區域很少接收來自視丘、腦幹或脊髓的輸入資訊。相反地，枕葉（大腦新皮質中負責視覺處理的部分）的第四層有另外三個子層，因為有大量的輸入資訊（包括來自視丘的輸入資訊）流入這個區域。

　　跟大腦新皮質有關的一項重要發現是：大腦新皮質的基礎結構有超乎尋常的一致性。美國神經科學家弗農・蒙特卡索（Vernon Mountcastle, 1918-）最先注意到這件事。1957年，蒙

特卡索發現大腦新皮質的柱狀組織。1978年，他進行一次觀察，這次觀察對於神經科學的意義，相當於1887年反駁乙太存在說的邁克生－莫利實驗對物理學的意義。同一年，蒙特卡索描述大腦新皮質顯著不變的結構，他假定大腦新皮質是由不斷重複的單一機制構成❷，還提議以皮質柱（cortical column）做為基本單位。上述不同區域某些層的厚度不同，只是因為各區域負責處理的神經連結量不同所致。

　　蒙特卡索假定皮質柱中存在微小的柱狀體，但這個理論引發爭議，因為這種更小的結構沒有明顯的界定。不過，有大規模的實驗顯示，其實每個皮質柱的神經元結構中存在重複的單位。我的看法是，這種基本單位就是模式辨識器（pattern recognizer），也是構成大腦新皮質的基本成分。跟蒙特卡索的微小柱狀體觀點不同，我認為這些辨識器沒有具體的物理分界，因為它們是以一種相互交織的方式緊密相連，所以皮質柱只是大量辨識器的總和。在人的一生中，這些辨識器都能彼此相連，所以我們在大腦新皮質中看到（模組之間）的複雜連結，不是由遺傳密碼預先設定的，而是為了反映隨著時間演變我們學到的模式而創造的。後續我會詳述這個論點，我認為這就是大腦新皮質的組成方式。

　　值得注意的是，在我們進一步探討大腦新皮質結構前，在適當的層級建立模型系統是很重要的。儘管化學理論是以物理學為基礎，並且可以說是完全由物理學衍生出來的，但在實務上用物理學解決化學問題既不方便也行不通，所以化學才建立

自己的法則和模型。同樣地，我們可以從物理學中推論出熱力學定律，但當我們將一定數量的粒子稱為氣體，而不是視為一堆粒子時，那麼解釋粒子之間相互作用的物理方程式就無用武之地，但熱力學定律卻能適用。同樣地，生物學也有自己的法則和模型。單一的胰島細胞相當複雜，在分子層級進行模仿更是如此；但如果從調節胰島素和消化酶濃度的角度來看，模仿胰腺運作就簡單許多。

相同的原理也適用於對大腦的理解和模仿層級。模仿大腦在分子層級的相互作用，當然是進行大腦逆向工程時既有用又必要的部分，但基本上，我們的目標是，持續改善這個模式以說明大腦如何處理資訊來產生認知及意義。

美國科學家赫伯特・西蒙（Herbert A. Simon, 1916-2001）被譽為人工智慧領域的創始者之一，他曾生動地描述在適當的抽象層級理解複雜系統這件事。1973 年，他在描述自己發明的一種人工智慧程式——基本認知儲存器（elementary perceiver and memorizer，以下簡稱 EPAM）時寫道：「假設你決定要搞懂神祕的 EPAM 程式。我可以提供兩個版本。一個是以常式和副常式撰寫的整個結構……或者，我可以提供一個機器語言版本的 EPAM，它是徹底經過轉譯……我想我不必費唇舌說明這兩個版本哪一個能提供最簡潔、最有意義、最合理的描述……我甚至不會跟你推薦第三種……那種既不是程式版本，而是電腦（被視為實體系統）在以 EPAM 運作時必須遵守的電磁方程式和界定條件。那可是最難歸納也最難理解的。」❸

　　人類的大腦新皮質約有50萬個皮質柱，每個皮質柱占據約2公釐高、0.5公釐寬的空間，其中包含約6萬個神經元，因此大腦新皮質中總共約有300億個神經元。根據一項粗略估計，皮質柱中的每個模式辨識器包含約100個神經元，因此，**大腦新皮質總共約有3億個模式辨識器**。

　　當我們考慮這些模式辨識器如何運作時，容我這樣說，其實我們連從哪裏開始討論都很難決定。在大腦新皮質中，所有事情同時發生，因此整個過程並沒有起點和終點。我會不斷提到還來不及解釋但後續會再討論的現象，在此先請大家諒解。

　　雖然人類只擁有簡單的邏輯處理能力，但卻擁有辨識模式這種強大的核心能力。為了進行邏輯思考，我們需要利用大腦新皮質，而大腦新皮質基本上就是一個巨大的模式辨識器。大腦新皮質並不是執行邏輯轉換的理想機制，卻是唯一能協助我們進行這項工作的一項利器。我們就以人類如何下西洋棋，跟電腦程式如何下西洋棋做一個比較。1997年，電腦「深藍」（Deep Blue）以每秒分析2億個棋局（每個棋局有不同的攻守順序）的邏輯能力，擊敗世界西洋棋棋王蓋瑞‧卡斯帕洛夫（Garry Kasparov）。（附帶一提，現在這項任務只要幾台個人電腦就能完成。）卡斯帕洛夫被問到每秒能分析多少個棋局時，他回答說：「不到一個。」那麼他如何能跟「深藍」對弈？答案是，人類擁有很強的模式辨識能力。不過，這種能力是需要訓練的，這就說明為什麼並非人人都能挑戰大師級的西洋棋賽。

卡斯帕洛夫學過大約10萬個棋局，這數據千真萬確。我們估計，精通特定領域者大約能掌握10萬個知識意元（chunk）。莎士比亞創作戲劇用到10萬個詞義（使用29,000個不同字詞的多種組合）。涵蓋人類醫學知識的醫學專家系統證實，人類醫學專家通常能掌握所屬領域大約10萬個知識意元。從這種儲存資料中辨識某個知識意元並不容易，因為知識意元每次會呈現略微不同的面貌。

卡斯帕洛夫掌握豐富的棋局知識後，就會在下棋時將眼前的棋局，跟他精通的10萬個棋局做比較。也就是說，他同時進行10萬個比較。腦部專家對於這一點的共識是：在辨識模式時，所有神經元在同一時間一起運作。但這並不表示，所有神經元同時「觸發」（如果真的發生這種事，我們可能會摔倒在地），而是在進行處理時，考慮到「觸發」神經元的可能性。

大腦新皮質究竟可以儲存多少個模式？在回答這個問題時，我們必須把冗餘（redundancy）列入考慮。舉例來說，大腦在儲存某個你喜歡的人的臉部資訊時，並不是只儲存一次，而是依照順序儲存幾千次。其中有很多次都是重複儲存大致相同的圖像，但大多數情況顯示的圖像是不同角度、不同燈光、不同表情等。這些重複的模式都不是以圖像本身的形式儲存（意即並非以二維陣列的像素儲存），而是以功能清單的形式儲存，而模式的構成要素本身也是模式。後續我們會更精確地描述這些功能的層級關係和編排方式。

如果專家具備的核心知識約為10萬個知識「意元」（意即

模式），每個知識意元的冗餘係數約為100，就等於要儲存1000萬個模式才能成為專家。專家的核心知識是以更普遍、更廣泛的專業知識為基礎，因此層級模式的數量可增加到3000萬到5000萬個。我們日常生活用到的「常識」所包含的知識量甚至更多，其實跟「書本智慧」相比，「街頭智慧」對大腦新皮質的要求更高。把這一點列入考量，再考慮到冗餘係數約為100，我們估計人類大腦新皮質容納的模式將超過1億個。要注意的是，冗餘係數並非固定，極為常見的模式其冗餘係數會高達幾千，但是以嶄新的現象來說，其冗餘係數就可能小於10。

　　如同後續將談到的，我們的習慣做法和行動中也包含模式，同樣也儲存在大腦皮質區域，所以我估計人類大腦新皮質的總容量有幾億個模式。這個粗略估計跟我先前做出約有3億個模式辨識器的估計有關，所以我們可以合理推論，每個大腦新皮質模式辨識器的功能是處理一個模式的一次疊代（iteration，即大腦新皮質中大多數模式的多重冗餘副本中的一個副本）。我們估測人腦所能處理的模式數量跟實際的模式辨識器數量，剛好處於同一數量級。還要注意的是，在此我所說的「處理」一個模式，是指我們能利用這個模式做的所有事情，例如：對這個模式加以學習、預測（包括預測其中各部分）、確認和執行（藉由對模式的深入思考或透過肢體動作模式）。

　　3億個模式處理器聽起來或許是一個龐然大數，實際上這

個數量足以讓智人發展出口語和書寫語，發明所有的工具和進行其他各式各樣的創造。這些發明都以原有發明為基礎，也使得技術的資訊內容呈指數成長，就像我在加速回報定律中所做的描述。除了人類以外，沒有其他物種能做到這樣。我先前提過，其他像黑猩猩等的一些物種，確實表現出理解和形成語言的基本能力，也懂得使用原始工具，因為，牠們也有大腦新皮質。但由於牠們的大腦新皮質體積較小，尤其是額葉較小，所以能力有限。人類大腦新皮質的大小超過了特定的門檻值，因此我們能創造出更有力的工具，包括那些讓我們現在能理解自身智慧的工具。最後，我們的大腦結合它所發明的技術，將使我們有能力創造出人造大腦新皮質，而且這種大腦新皮質包含的模式處理器將遠超過3億個。既然人類已經發展出這麼強大的技術，我們何不看看有10億或1兆個模式處理器的大腦新皮質會有多麼聰明？

模式的結構

我在此介紹的思維模式辨識理論，是以大腦新皮質中模式辨識模組的模式辨識為基礎。這些模式（以及模組）是依照層級關係編排。後續我會討論這個觀點的思想源起，包括我在1980年代和1990年代做的層級模式辨識工作，以及傑夫・霍金斯（Jeff Hawkins, 1957-）與迪利普・喬治（Dileep George, 1977-）在21世紀初提出的大腦新皮質模型。

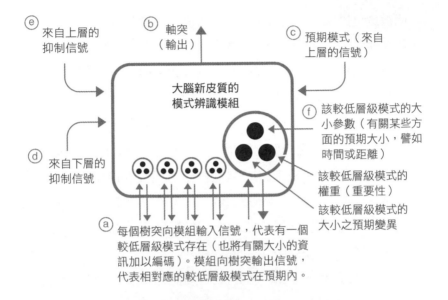

每個樹突向模組輸入信號，代表有一個較低層級模式存在（也將有關大小的資訊加以編碼）。模組向樹突輸出信號，代表相對應的較低層級模式在預期內。

　　每個模式（由大腦新皮質中約3億個模式辨識器的其中一個進行辨識）由三個部分組成。第一個部分是輸入，是由構成主要模式的低層級模式組成。對於相關的每個高層級模式來說，這些低層級模式不需要一一重複描述。舉例來說，跟詞語有關的許多模式都包含字母「A」，但這些模式不需要去重複描述字母「A」，只要使用同一描述即可。我們可以把它想成是一個網路指標。有一個網頁（意即模式）含有字母「A」，所有包含字母「A」的網頁都會跟這個包含字母「A」的網頁連結（也就是跟「A」模式連結）。差別在於，大腦新皮質是實際以神經連結，而非網頁連結。「A」模式辨識器的軸突連接到多個樹突（dendrite），而這些樹突每個都使用到字母

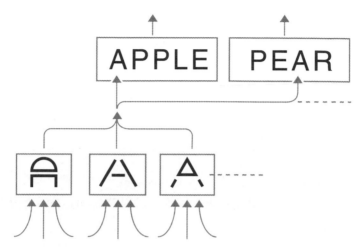

字母「A」的三個冗餘模式（與字母「A」略微不同）輸入到包含字母「A」的較高層級模式

「A」。別忘了，還要考慮冗餘係數：字母「A」的模式辨識器不只一個。這些「A」模式辨識器都能跟包含字母「A」的模式辨識器傳遞信號。

　　第二個部分是模式的名稱。在語言的世界裏，較高層級的模式就是像「APPLE」這種簡單字詞。雖然我們直接利用大腦新皮質進行理解並處理語言的每個層面，但語言包含的大多數模式，本身並非語言模式。在大腦新皮質中，一個模式的「名稱」就是每個模式處理器中出現的軸突。當軸突激發時，相應的模式就被辨識出來。你可以這樣想，軸突的激發就是模式辨識器大聲喊出模式的名稱說：「嗨，各位！我剛剛看到書寫語『APPLE』了。」

　　構成每個模式的第三部分、也就是最後一個部分,則是較高層級模式的集合,它其實也是模式的一部分。對於字母「A」來說,就是所有包含「A」的詞語,道理就跟網頁連結一樣。在大腦新皮質的某一層中,每個被辨識模式會觸動相鄰更高層級的模式,於是更高層級模式就被呈現出來。在大腦新皮質中,這些連結由流入每個皮質模式辨識器中神經元的生理樹突呈現出來。記住,每個神經元能接受來自多個樹突的輸入資訊,但只會向一個軸突輸出。不過,該軸突卻可以向多個樹突傳遞資訊。

　　以下,我舉一些簡單的例子做說明。下文描述的簡單模式就是組成印刷體字母模式的一小部分。要注意的是,每一個層級就是一個模式。這樣的話,形狀是模式,字母是模式,詞語也是模式。每個模式都有一組輸入資訊,有一個模式辨識的處理流程(以模組內發生的輸入為基礎),以及一次輸出(輸向相鄰更高層級的模式辨識器)。

西南向正北中間的連線

東南向正北中間的連線

水平橫線

左側垂直線

凹面向上

底部水平線

頂部水平線

中間水平線

上方環形區域

　　以上模式都是相鄰更高層級模式的構成部分，相鄰更高層級也就是被稱為印刷體字母的類別（不過大腦新皮質中沒有這種正式分類，也就是說，這種正式分類其實不存在）。

　　「A」：

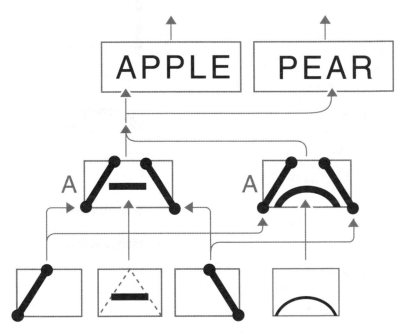

組成「A」的兩種不同模式，以及由「A」構成的更高層級的兩種不同模式（「APPLE」和「PEAR」）。

「P」：

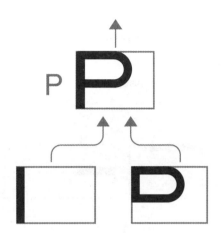

組成更高層級模式「P」的一些模式。

「L」：

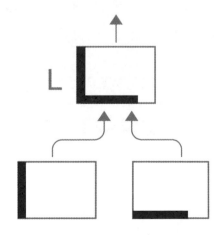

組成更高層級模式「L」的一些模式。

「E」：

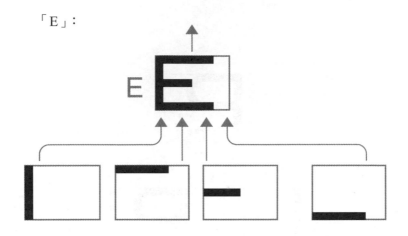

組成更高層級模式「E」的一些模式。

這些字母模式向稱為「詞語」類別的更高層級模式輸出。（「詞語」這個詞只是人類語言概念下的一種分類；大腦新皮質直接將「詞語」當成模式。）

「APPLE」：

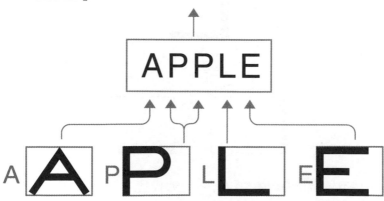

在大腦皮質的其他部分，還有同層級的一些模式辨識器，負責處理物體的真實圖像（跟辨識印刷字母不同）。如果你看著眼前的一顆蘋果，低層級辨識器會察覺到彎曲的邊緣和表面顏色等模式，進而引起模式辨識器激發本身的軸突，等於是在說：「嗨，各位！我剛剛看到一顆蘋果。」其他的模式辨識器也可能偵測到聲音頻率的組合，進而引起聽覺皮質中的模式辨識器激發本身的軸突，指出：「我剛剛聽到口語詞『APPLE』。」

別忘了還要考慮冗餘係數──對於每一種形式的「蘋果」（譬如：書寫語、口語、視覺圖像），我們擁有的模式辨識器不止一個，這類辨識器的數量可能有數百個同時激發。冗餘不只增加我們每次成功辨識蘋果的機率，還能處理現實世界中各式各樣品種與長相的蘋果。以蘋果這個物體來說，就有許多模式辨識器可處理各種形式的蘋果，包括：不同視角、顏色、光影、形狀、以及品種。

另外還要記得，上述層級關係指的是概念的層級關係，這些辨識器並非真的「一個疊在另一個之上」。由於大腦新皮質的結構很薄，實際上只有一個模式辨識器的高度而已，是由個別模式辨識器之間的連接關係創造出概念層級。

思維模式辨識理論的一個重要特徵是，「辨識」這件事是如何在每個模式辨識模組內部完成的。模組中儲存著每個輸入樹突的權重（weight），指出這個輸入對於辨識的重要程度。模式辨識器具有一個激發的閾值（a threshold for firing，這個閾值代表該模式辨識器能成功辨識其負責模式的一個門檻標

準）。要激發模式辨識器，並非每個輸入模式都要出現才行。就算少掉一個低權重的輸入，辨識器可能還是會激發；但是，如果少掉一個很重要的輸入，辨識器就不大可能激發。當模式辨識器激發時，其實是在說：「我負責的模式可能出現了。」

　　模式辨識模組要能夠成功辨識，不只是計算活化的輸入信號（對重要程度這項參數進行加權計算）而已。每個輸入的大小也有關係。每個輸入會有一個參數指出本身預期的大小，還有另一個參數表示這個預期大小的可變性。要了解這個運作機制，我們可以假設有一個負責辨識口語詞「steep」的模式辨識器。這個口語詞共有四個音位：[s],[t],[i]和[p]。[t]音位就是所謂的「齒音」，是當空氣切斷跟上齒的接觸時，舌頭發出的聲音。基本上，慢慢將[t]音位清楚發出聲來是不可能的。[p]音位被當成「爆破音」或「塞音」，意指由於聲帶突然阻塞（[p]就是被雙唇阻塞），空氣無法通過而產生的聲音。[p]的發音也必須很快。母音[i]是由聲帶和嘴巴張開的共振產生。[i]是長母音，意指持續時間比[t]和[p]這些子音長很多；不過，它的持續時間也相當多變。[s]音位是我們所知的「嘶聲子音」，是由空氣通過緊閉的牙齒邊緣所發出的聲音。通常，[s]的持續時間比[i]這種長母音要短，但持續時間也很多變（換句話說，你可以將[s]音發得很快，也可以拖得很長）。

　　在語音辨識工作中，我們發現：為了辨識語音模式，就需要把這類資訊加以編碼。舉例來說，詞語「step」和「steep」非常相似。儘管「step」中間的[ɛ]音位跟「steep」中的母音[i]

有些區別（兩者的共振頻率不同），但只根據這些常讓人混淆的母音來區別這兩個詞語並不可靠。更可靠的區別方法是，跟「steep」中的[i]相比，「step」中的[ɛ]聲音持續時間較短，意即前者是長母音，後者是短母音。

對於每個輸入，我們可以用兩個數值將這類資訊編碼：一是預期大小，一是該預期大小的可變性。在詞語「steep」這個例子，[t]和[p]的預期持續時間都非常短，預期變化程度也非常小（也就是我們並不期望會聽到長音的[t]和[p]）。[s]音的預期持續時間短，但因為聲音可能拖長，所以變化程度較大。[i]的預期持續時間長，變化程度也相當大。

在語音辨識的例子中，「大小」這個參數跟聲音持續的時間有關，但時間只是其中一個可能的維度。在字元辨識的工作中，我們發現為了辨識印刷體字母（例如字母「i」上面那個點應比下面部分小很多），可比較的空間資訊就很重要。在比較抽象的更高層級中，大腦新皮質要處理具有各種「連續體」（continuum）的模式，例如吸引力、諷刺、快樂、沮喪、以及其他無數感覺的不同程度。我們可以從極為不同的連續體中找到一些相似之處，就像當初達爾文把地質峽谷的實際大小跟物種之間的變異數量產生聯繫一樣。

在人的大腦中，這些參數都源自大腦本身的經驗。我們並非天生就具備音位的知識，其實不同語言有相當不同的音位系統。這表示模式的眾多實例是依據各個模式辨識器已學到的參數進行編碼。（因為一個模式需要許多實例，才能確定該模式

輸入的預期數值之分布程度。）在某些人工智慧系統中，這些類型的參數是由專家（例如，能解釋不同音位的預期持續時間的語言學家）親自編碼。以我本身的研究來說，我們發現讓人工智慧系統從訓練數據中自行找出這些參數（跟大腦的處理方式相似），這種做法反而比較好。有時候，我們會用一種混合式的做法，也就是，我們利用人類專家的直覺為系統提供資訊（意即設定參數初始值），然後讓人工智慧系統利用真實語音實例的學習過程，自動修正這些估計值。

　　而模式辨識模組要做的事就是計算機率（意即利用先前所有的經驗計算出可能性），其所負責辨識的模式其實是由本身的有效（active）輸入來表示。如果模組的某個輸入其所對應的較低層級模式辨識器激發了（表示較低層級模式已被辨識出來），那麼這個輸入就是有效的。每個輸入也會將已觀察到的數值大小加以編碼（譬如持續時間或實際長度，或其他連續體等），這樣在計算該模式的總體機率時，就可以利用這個大小數值跟模組做比較（跟每個模式已儲存的相關的大小參數值做比較）。

　　在已經知道（1）輸入（每個輸入都有一個已觀察到的大小數值），（2）每個輸入已儲存跟大小有關的參數值（預期大小和大小可變性），以及（3）跟每個輸入之重要性有關的參數後，大腦（或人工智慧系統）如何計算該模組負責辨識之模式會出現的總體機率？1980年代和1990年代時，為了搞懂這些參數並利用它們辨識層級模式，我跟一些人率先提出一種名為

隱藏式馬可夫層級模型（hierarchical hidden Markov model）的數學方法。我們將這項技術應用到人類語音辨識和理解自然語言，我會在第7章進一步說明這個方法。

　　我們再回到模式辨識從一個層級到下一個層級的這個辨識流程。從上述例子中，我們看到資訊從基本字母特徵，流動到字母再到詞語，向上往概念層級流動。這個辨識流程會繼續向上流動到短句，再到更複雜的語言結構。如果我們再向上推進幾個層級，就會觸及更高層級的概念，譬如諷刺和嫉妒這種抽象概念。儘管各個模式辨識器同時運作，但是在概念層級中，也要花時間辨識才能向上移動。通過每個層級所需的處理時間為數百分之一秒或數十分之一秒。實驗證明，像辨識一張臉這種一般的高層級模式，至少需要1/10秒。如果臉孔圖像嚴重扭曲，則需要1秒的時間辨識。如果大腦運作是連續的（就像傳統電腦一樣），並且依照序列執行每個模式辨識的話，那麼在向下一個層級移動前，就必須考慮到每個可能的低層級模式。因此，要通過每個層級，就需要經歷幾百萬次循環。那正是我們在電腦上模擬這些程式時發生的情況。不過請記住，電腦的處理速度比我們的生物電路要快上幾百萬倍。

　　請留意有一點十分重要：資訊會沿著概念層級向上流動，也會向下傳遞。其實，資訊向下傳遞這個過程甚至更重要。舉例來說，我們從左至右閱讀，已經看到並辨識出「A」、「P」、「P」和「L」等字母，「APPLE」辨識器就會預測接下來可能看到「E」。它就會向下傳遞信號到「E」辨識器，其實就是在

說：「請注意，你很可能馬上就會看到『E』模式，請留意。」
然後，「E」辨識器就會調整其閾值，使其更可能辨識出「E」。
所以，如果接下來出現的圖像很模糊，有點像「E」，或許正
常情況下無法辨識，但「E」辨識器可能因為預期因素，指出
確實看到「E」。

　　因此，大腦新皮質會對預期會遇到的事物進行預測。「想
像未來」是我們擁有大腦新皮質的主要原因之一。在最高的概
念層級，我們持斷做出預測，比方說：下一個走過這扇門的人
是誰、某人接下來可能說什麼、轉過彎我們會看到什麼、我們
自身的行動可能產生什麼結果等諸如此類的事。這些預測在大
腦新皮質層級的每個層級中不斷發生。我們之所以經常認錯
人、事和詞語，是因為我們確認預期模式的閾值過低。

　　除了積極信號外，還有消極信號或抑制信號，後兩者意指
特定模式不太可能存在。這些信號可能來自較低的概念層級
（比方說：排隊結帳時，我利用對鬍子的辨識，就可以把我太
太出現在結帳隊伍的可能性排除掉），或來自更高層級（例
如，我知道我太太出外旅行，所以在排隊結帳的人不可能是
她）。當模式辨識器收到抑制信號時，就會提高閾值，但模式
仍然可能激發（所以，如果排隊結帳的人確實是我太太，我還
是會認出是她）。

流向大腦新皮質模式辨識器的數據本質

讓我們進一步看看模式的數據是什麼樣子。如果模式是一張臉，數據至少有兩個維度。我們不能說必須先是眼睛、然後是鼻子等等。對於大多數聲音來說也是這樣。一首曲子至少有兩個維度，因為可能同時有一個以上的樂器或聲音發出聲響。此外，像鋼琴這種複雜樂器的一個音符就包含好幾個頻率。一個人的嗓音同時包含因發音力度不同而產生的數十個不同頻帶。所以，任何時刻的聲音模式都可能很複雜，而且這些複雜時刻會隨著時間推移而延長。觸覺輸入也是二維的，因為皮膚就是二維的感知器官，這類模式可能會因為時間這個第三維度的影響而改變。

所以，情況似乎是這樣：大腦新皮質模式處理器的輸入如果不是三維模式，就一定是二維模式。然而，我們發現在大腦新皮質的結構中，模式輸入只是一維清單。我們在設計建構人工模式辨識系統（例如語音辨識和視覺辨識系統）的所有工作都證明，我們可以（也已經做到）利用這些一維清單，展現二維或三維現象。我會在第7章描述這些方法如何運作，但現在我們可以先理解到，儘管模式本身反映出來的也許不止一維，但每個模式處理器的輸入確實是一維清單。

此刻，我們應該把這個見解列入考慮：我們已經學會辨識的模式（例如，辨識某隻狗或一般概念上的「狗」，一個音符或一首曲子）其實是同一機制，這個機制就是我們記憶的基

礎。事實上，我們的記憶是按照我們受到適當刺激時，學到並加以辨識的清單模式進行編排的（其中每個清單中的各個項目就是皮質層級中的另一個模式）。其實，記憶儲存在大腦新皮質的目的，就是為了被辨識。

　　唯一的例外就存在於概念層級的最低層級，其中輸入到模式的數據代表特定的感官資訊（例如，源自視神經的圖像數據）。不過，在到達皮質區時，就連這種最低模式層級也已明顯轉變成簡單的模式。組成記憶的模式清單是按照時間先後順序排列的，我們只能按照這個順序回想記憶，所以反向記憶對我們來說是有困難的。

　　一段記憶需要另一個想法或另一段記憶來觸發（想法和記憶是同樣的東西）。當我們感知到一個模式時，就能經歷這種觸發機制。舉例來說，當我們感知到「A」、「P」、「P」還有「L」時，「APPLE」模式就預測我們會看到「E」，並觸發目前預期的「E」模式。所以，我們的皮質在還沒真正看到「E」時，就先「想像」看到「E」。如果皮質中這種特定的互動引起我們的注意，我們就會在看到之前，甚至在根本沒看到的情況下想到「E」。我們以往的記憶也是透過類似的機制被觸發。通常，大腦裏有一整串這類連結。儘管我們對觸發以往記憶的記憶（即模式）確實有某種程度的了解，但記憶（模式）卻沒有語言或圖像標籤。這就是為何以往的記憶似乎是突然從我們的意識中冒出來的原因。這些記憶已經塵封多年都沒被活化過，它們需要一個觸發因素，就像網頁需要連結才能啟動一

樣。而且，如同沒有跟其他網頁連結的網頁會被「孤立」一樣，記憶也會出現這種情況。

我們的想法大多是由這兩種模式的其中一種所活化：發散模式或定向模式。兩者都使用這些皮質連結。在發散模式中，我們讓連結自行運作，不會試圖將它們引導到任何特定方向。某些類型的冥想（就像我練習的超覺靜坐〔Transcendental Meditation〕）就任由思維隨心所欲。夢也有這種特性。

而在定向思考中，我們試圖進入一個較有次序的過程，回想起一段記憶（譬如一個故事）或是解決一個問題。這也牽涉到在大腦新皮質中逐步進入各個清單，但是發散思維中結構化程度較低的胡思亂想也伴隨著這種過程。因此，我們思維裏的所有內容非常雜亂無章，這就是大文豪詹姆斯·喬伊斯（James Joyce）在他的小說中闡述的「意識流」（stream of conciousness）。

在生活中，當你思考記憶、故事或模式時，不論是否跟散步時可能遇到一位推著娃娃車的婦女有關，還是跟你和另一半如何認識這種比較重要的情節有關，你的記憶都是由一連串的模式所組成。因為這些模式沒有標示為詞語、聲音、圖像或影片，所以當你設法回想某一個重要事件時，基本上你要在腦海裏重建圖像，因為真實圖像並不存在。

就算我們「閱讀」某個人的思想，並實際盯著此人大腦新皮質中發生的狀況，不管我們只是檢視儲存在大腦新皮質中等待觸發的模式，或是看那些已經被觸發且正被當成有效想法加以體驗的模式，我們還是很難對此人的記憶進行解讀。我們會

看到幾百萬個模式辨識器同時活化。1/100秒過後，我們又會看到另一組數量相當、也被活化的模式辨識器。每一個這種模式會成為另一組模式的一個清單，而這些模式中的每個模式又將成為另一組模式的清單，如此繼續下去，直到分解為最低層級的最基本簡單模式為止。如果沒有將所有層級的所有資訊都複製到皮質中，我們就很難解讀這些高層級模式究竟是什麼意思。因此，只有藉由其他模式較低層級所攜帶的所有資訊，大腦新皮質中的每個模式才具有意義。此外，在解讀特定模式時，同層級和更高層級的其他模式也有關聯，因為它們能提供背景資訊。所以，真正的讀心術不僅需要偵測人腦中相關軸突的活化情況，也要從本質上連同所有記憶，審視整個大腦新皮質，進而理解這些活化情況。

當我們經歷自身的想法和記憶時，我們「知道」這些想法和記憶有何意義，但它們並不是以可解釋的想法和回憶存在。如果我們想跟他人分享這些想法和回憶，就必須把它們轉變成語言。這個任務也是由大腦新皮質利用我們為了使用語言而學得的模式，來訓練模式辨識器而完成。語言本身是高度層級化的，而且透過不斷演化，利用大腦新皮質的層級本質，最後反映出現實世界的層級本質。美國當代重要思想家諾姆‧喬姆斯基（Noam Chomsky）就論述過，人類天生就有學習語言層級結構的能力。在2002年一篇他與其他人合寫的論文中，喬姆斯基在說明人類獨特的語言能力時，舉出「遞迴」（recursion）這項特徵。❹根據喬姆斯基的說法，遞迴意指這種能力：把小

部分拼湊成大塊，再用這個大塊當作另一結構的一部分，並將此過程持續反覆進行。這樣我們就能以一組有限的詞語，造出結構複雜的句子和段落。雖然喬姆斯基並未在論述中明確談到大腦結構，但他描述的正是大腦新皮質具備的能力。

　　哺乳動物中較低等的物種大都充分利用本身的大腦新皮質，來因應各自獨特生活方式中的種種挑戰。人類透過演化，發展出容量比其他物種大出許多的皮質區，因此獲得了處理口語和書寫語的額外能力。在學習這些技能時，有些人比別人更厲害。如果我們把某個故事講了很多遍，我們就可能開始真正學會這故事的一段一段的語言序列。但即便這樣，我們的記憶也不是一個有嚴格順序的詞語序列，而是一種語言結構——每次我們講故事時，都需要轉譯成特定的詞語序列來表達故事。這就是我們每次分享同樣的故事時，講法總是略有不同的原因（除非我們把確切的詞語序列當成一個模式來學習）。

　　對於具體思考過程的這些個別描述，我們也必須考慮到冗餘問題。就像我先前說過，我們並沒有一個能代表生活中重要實體的單一模式，不管這些實體是否構成感官類別、語言概念或事件的記憶。在各層級中，所有重要的模式都會重複許多次。其中有些重複是簡單重複，但有許多重複代表不同的視角和觀點。這就是為什麼我們能從不同方向、不同照明條件下辨識熟悉臉孔的主要原因。在層級結構中，往上的每個層級都有大量的冗餘，允許數量足夠、概念一致的可變性存在。

　　所以，假如當你看著某個喜歡的人時，我們檢查你大腦新

電腦模擬大腦新皮質中大量的模式辨識器同時激發的情景。

皮質的運作狀況,我們會看到在每個層級中,模式辨識器的軸
突都大量激發,從原始感官模式的基本層級一直往上到代表那
個人圖像的許多不同模式。我們也會看到代表這情景其他面向
的大量激發,像是那個人的動作、她正在講的話等等。所以,
這種經歷似乎比依序往上的層級特性要豐富得多,而事實正是
如此。

　　但是在概念層級中,愈上層的模式辨識器代表更抽象、更
整合式的概念,這種基本機制仍然是有效的。向下的資訊流量
甚至更大,因為每個已辨識模式的被激發層級,都會向下一個

較低層級模式辨識器傳遞預測資訊，告知接下來可能會遇見什麼。人類經歷之所以豐富多樣，是大腦新皮質中幾億個模式辨識器同時考慮輸入資訊所產生的結果。

我後續會在第5章討論到，從觸覺、視覺、聽覺、以及其他感覺器官向大腦新皮質傳遞的資訊流。這些初期輸入由負責相關類型感官輸入的皮質區進行處理（雖然這些不同區域的分工有極大的可塑性，但這一點也反映出新皮質在功能上的基本一致）。概念層級在大腦新皮質各感覺區域之上，並仍適用這種運作機制。皮質聯合區則將不同的感官輸入加以整合。當我們聽到有個聲音跟配偶的聲音很像，接著又發現某些跡象指出配偶在場時，我們並沒有進行複雜的邏輯推理，而是馬上從這些感覺辨識的組合中，察覺到配偶的出現。我們把所有相關的感覺和知覺線索，或許就連配偶擦的香水或古龍水等氣味都包括在內，整合成一個多層級的感知。

在皮質的感官聯合區之上的概念層級，我們能處理更抽象的概念（感知、記憶和思考）。在最高層級中，我們辨識出這是有趣的、她很漂亮或那很諷刺等諸如此類的模式。我們的記憶也包含這些抽象辨識模式。舉例來說，我們也許會突然想起跟某人散步時，對方講到某件有趣的事讓我們捧腹大笑，但我們可能不記得那個笑話的內容。這是因為那段回憶的記憶序列只記錄了幽默的感覺，卻沒有記錄究竟是什麼事很好笑。

我在上一章提到，就算我們無法描述所要辨識的模式，但我們通常能把模式辨識出來。舉例來說，我相信我能從一疊女

人的照片中，挑出我今天稍早見過的那位推娃娃車女人的照片，儘管我想不起來她究竟長什麼模樣，也無法描述她的更具體特徵。在這種情況下，我對她的記憶就是由特定的高層級特徵組成的一張清單。這些特徵並沒有以語言或圖像標示，也不是具有像素的圖像，所以雖然我能想起她，卻無法描述她的長相。不過，如果我看到她的照片，我就能處理那個圖像，因為圖像會引發我第一次看到她時對相同高層級特徵的辨識。因此，我能確定特徵相符並信心十足地挑出她的照片。

即使我只是在散步時跟她見過一次面，但在我的大腦新皮質中，跟她有關的模式可能早已存在好幾個副本。不過，如果我有一段時間不去想她，那麼這些模式辨識器就會重新分配給其他模式。這就是為什麼隨著時間演變，記憶會變得模糊的原因：因為在特定記憶消失前，冗餘數量就會開始逐漸減少。不過，既然我在此寫到這位女士，我對她的記憶就更加深刻，以後可能不會那麼容易忘記她。

自聯想和不變性

我在上一章討論過，就算整個模式並不完整又被扭曲，我們還是能將模式辨識出來。我們借重的第一種能力稱為自聯想（autoassociation）：將一個模式跟本身某個部分聯繫起來的能力。模式辨識器的結構本來就支持這種能力。

當來自較低層級模式辨識器的每個輸入都流向一個較高層

級模式辨識器，這種連接關係會有一個「權重」，表示該模式中特定要素的重要性。因此，模式中的要素愈重要，在考慮是否應激發該模式協助辨識時所占的權重就愈大。舉例來說，林肯的鬍鬚、貓王的鬢角和愛因斯坦著名的舌頭姿勢，可能在我們辨識這些偶像人物長相的模式中，占了很大的權重。模式辨識器計算機率時，會把表示重要性的權重參數列入考量。因此，如果這類要素少了一個或好幾個，儘管辨識閾值或許還能達到，但辨識成功的總機率就會降低。就像我先前說的，計算辨識成功（模式出現）的總機率，要比簡單計算加權總和複雜得多，因為還要把關於大小的參數考慮進來。

如果模式辨識器接收到來自較高層級模式辨識器的信號，表明該模式是「預期要出現的」，那麼閾值就會降低（也就是更容易被激發）。或者，這種信號會增加加權輸入的總和，藉此補償缺少的要素。這種情況在每個層級都會發生，所以即便是辨識臉部這種比底層模式高好幾層的模式，在缺少好幾個特徵的情況下，還是可能被辨識出來。

即便有好幾個方面發生改變，還是能把模式辨識出來，這種能力就稱為特徵不變性（feature invariance），主要有四種處理方式。第一種方式是在大腦新皮質接收到感覺數據前，先進行整體轉換。我們會在後續談到「感官路徑」時，討論來自眼睛、耳朵以及皮膚的感覺數據之傳遞過程。

第二種方式是利用皮質模式記憶中的冗餘。尤其是對於一些重要的事情，我們已經學會了這些模式的許多不同看法和有

利觀點，因此，許多變化會被分別儲存和處理。

　　第三種方式也是最有效的方式，就是合併兩個清單的能力。一個清單可能有一組我們已經學到的轉換，我們或許會將其應用到某個模式類別，皮質也可能把這個包含可能改變的清單應用到另一個模式。這就是我們理解隱喻（metaphor）和明喻（simile）這類語言現象的方式。

　　舉例來說，我們已經知道某些音位（語言的基本音）在口語中可能被省略掉（譬如「goin」）。如果我們學到一個口語新詞（例如「driving」），就算它少了一個音位，我們也能辨識這個詞語。即使我們之前從未見過該詞語以這種形式出現，但我們已經熟悉某些音位被省略這種普遍現象。以另一個例子做說明，我們或許知道某位藝術家喜歡透過放大的方式，強調一張臉的某些要素，好比說：鼻子。所以，雖然我們先前並未見過熟人的臉孔經過這種修飾，但我們仍能從中辨識出熟悉的臉孔。因此，特定藝術修飾所突顯的特徵，就被以模式辨識為基礎的大腦新皮質辨識出來。同前所述，諷刺畫就是以此為基礎。

　　第四種方式源自大小參數，大小參數讓單一模組可以將模式的好幾個實例加以編碼。舉例來說，我們聽過詞語「steep」很多次。正在辨識這個口語詞的特定模式辨識模組，就可以把這些實例加以編碼，表明[i]的發音持續時間，預期的可變性可能很大。如果所有包括[i]的詞語模組都有類似的現象，這個預期的可變性就可以編碼在[i]本身的模組中。不過，包含[i]（或

許多其他音位）的不同詞語可能有不同程度的預期可變性，比方說，詞語「peak」跟詞語「steep」雖然都有長母音[i]音位，但前者卻不太可能像後者那樣把長母音的聲音拖長。

學習

> 我們不是在地球上自己創造擁有至高無上地位的繼承人嗎？我們天天都為他們的組織增添美和優雅，天天都賦予他們更重要的技能，並提供愈來愈多的自我調整與自主行動的能力。還有什麼比這種智慧更好呢？
>
> ──英國作家塞謬爾・巴特勒（Samuel Butler, 1871）

> 大腦的主要活動是進行自我改造。
>
> ──馬文・明斯基（Marvin Minsky），
> 《心智的社會》（*The Society of Mind*）

到目前為止，我們已經審視過人類如何辨識（感覺的和知覺的）模式，以及如何回想起模式序列（我們對於事物、人、以及事件的記憶）。然而，我們的大腦新皮質並非天生就具備這些模式。在大腦形成時，大腦新皮質還是尚未開發的處女地。它有學習能力，因此能在模式辨識器之間建立聯繫，但這些聯繫都是從經驗中獲取的。

這個學習過程早在我們出生前就開始了，跟大腦實際生長

的生物過程同時發生。一個月大的胎兒已經有大腦，只不過本質上是爬行動物的大腦，這時胎兒在子宮中正經歷生物演化的高速改造。懷孕六到九個月時，胎兒的大腦已經長成具有人類大腦新皮質的大腦，這時，胎兒持續接收感受，大腦新皮質也不斷學習。胎兒能聽到聲音，尤其是母親的心跳，這可能是人類文化中，音樂都具有節奏的一個原因。至今發現的每種人類文明都把音樂當作本身文化的一部分，但是其他藝術形式就不是這樣，譬如繪畫藝術。音樂的節拍跟我們的心跳速率相近，也是基於這個原因。音樂的節奏通常會改變，否則音樂就太無趣了，而心跳的速率也會改變。心跳速率太過規律，其實是心臟疾病的一個徵兆。在懷孕26週時，胎兒的眼睛半張，到了懷孕28週時，胎兒在大部分時間都是完全張開眼睛的。在子宮裏也許沒有太多東西可看，但是大腦新皮質已開始處理辨識明暗的模式。

　　雖然新生兒在子宮裏已經得到一些經驗，但是這些經驗顯然很有限。大腦新皮質可能也會向舊腦（old brain）學習（我會在第5章討論這個主題），但嬰兒出生時通常還有很多東西要學——從基本的原始聲音和形狀，到隱喻和諷刺這類複雜概念。

　　學習對人類智力來說相當重要。如果我們要完整地塑造和模擬人類大腦新皮質（就像藍腦計畫〔Blue Brain Project〕正試圖做的）和大腦需要運作的所有其他區域（例如海馬迴和視丘），那麼我們能做的實在不多——就像剛出生的嬰兒能力有限

一樣（除了裝可愛，畢竟這是一項很重要的生存適應行為）。

　　學習和辨識是同時發生的。我們很快開始學習，只要我們學會一個模式，就馬上開始對其加以辨識，大腦新皮質不斷嘗試理解所接收到的資訊。如果某個特定層級無法徹底處理並辨識一個模式，這個模式就會被傳送到相鄰更高層級處理。如果所有層級都無法成功辨識某個模式，那麼這個模式就會被當成新模式。把一個模式歸類為新模式，並不表示該模式的各個方面都是新的。如果我們正在欣賞某位畫家的作品，看到貓臉上有大象的鼻子，雖然我們能辨識每個明顯特徵，但我們也會注意到這種組合模式很新奇，可能就會記住它。大腦新皮質的較高概念層級負責理解這種背景關係，比方說，這幅畫是某位畫家的作品，我們正在出席那位畫家新作品展的開幕，因此，大腦新皮質的這類概念層級會注意到象鼻貓臉這種不尋常的模式組合，也會把這些背景細節當成另外的記憶模式。

　　像是象鼻貓臉這種新記憶，會儲存在一個可用的模式辨識器裏。在這個過程中，海馬迴扮演一個重要角色，我們會在下一章討論實際的生物機制。在此，為了建構大腦新皮質模型，我們只要知道大腦會把無法辨識的模式，當成新模式儲存起來，並且跟形成新模式的較低層級模式建立聯繫。舉例來說，象鼻貓臉會以幾種不同方式儲存：臉部部位的新穎組合會被儲存，包括畫家、情景，也許連我們剛看到時笑出來這件事，這些背景記憶都會被儲存起來。

　　被成功辨識的記憶可能會引發新模式被創造出來，並達到

更大的冗餘。如果模式未被完整辨識，就可能被當成反映所辨
識內容的不同觀點而加以儲存。

　　那麼，決定儲存哪些模式的整體方法是什麼？以數學術語
來說，這個問題可以闡述如下：在模式可用的儲存區域有限的
情況下，我們如何將已有的輸入模式做最適化的表示？雖然允
許一定數量的冗餘存在是有意義的，但是讓重複模式填滿整個
可用的儲存區域（即整個大腦新皮質），可就不切實際了，因
為這樣就無法讓模式有足夠的多樣性。我們遇過無數次像口語
詞中[i]音位這樣的模式，它是聲音頻率的一種簡單模式，在我
們的大腦新皮質中擁有顯著的冗餘。我們可以用[i]音位重複的
模式來填滿整個大腦新皮質。然而，有效冗餘有儲存上限，像
[i]音位這種常見模式就會受到限制。

　　這個最適化問題可以利用「線性規劃」（linear programming）
這種數學方法來解決，為有限資源（在此是指數量有限的模式
辨識器）做出最適分配，以表示系統訓練過的所有情況。線性
規劃適用於一維輸入系統，因此利用線性輸入串來代表每個模
式辨識模組的輸入是再理想不過了。在軟體系統中，我們可以
利用這種數學方法，儘管真實大腦深受可在模式辨識器間做調
適的實體連結所限制，但是這方法還是跟大腦實際運作方式很
類似。

　　這個最適方案的重要含意是，一般經驗會被辨識，但不會
產生永久記憶。就拿我的散步經驗來說，我經歷過各層級的數
百萬個模式，從基本的視覺邊緣和陰影到物體，譬如我經過的

燈柱、郵筒、路人、動物和植物。我經歷的這一切幾乎都不是獨一無二，而且我早已辨識過的模式都已達到冗餘的最適水準。結果，要我回想這次散步，我根本想不起什麼。我再多散步幾次時，我曾記得的少數細節可能就被新模式覆蓋掉，只是我現在寫到這件事，也就把這次特別的散步記住了。

　　人類大腦新皮質跟模擬大腦新皮質有一個共通點就是：很難同時學習太多個概念層級。基本上，我們同時只能學習一個、最多兩個概念層級。一旦學習過程相當穩定，我們才能繼續學習下一個層級。我們或許還要繼續對較低層級的學習進行微調，但接下來的抽象層級才是我們的學習重點。在生命的開始和後續階段都是這樣學習的，像新生兒努力認識基本形態，人們努力學習新事物，每次都是一個複雜的層級。我們在大腦新皮質的機器模擬中，也發現同樣的現象。不過，如果資料是一個層級一個層級地漸漸抽象化的話，機器是有能力做到跟人類一樣的學習（只不過機器能學習的概念層級還沒有人類來得多）。

　　一個模式的輸出能反饋到較低層級的模式或模式本身，讓人腦擁有強大的遞迴能力。模式的要素也可能是另一個模式的決策點。這對於組成動作的清單特別有用，比方說，牙膏用完了，就拿另一條牙膏來用。每個層級都存在這樣的條件句。寫過電腦程式的人都知道，條件句對於描述一個行動過程來說極為重要。

思想的語言

> 夢為負擔過重的大腦充當安全閥。
>
> ——佛洛伊德（Sigmund Freud），
>
> 《夢的解析》（*The Interpretation of Dreams*）

> 大腦：讓我們自以為在思考的一個裝置。
>
> ——安布羅斯‧比爾斯（Ambrose Bierce），
>
> 《魔鬼字典》（*The Devil's Dictionary*）

總結一下目前為止我們學到的大腦新皮質運作方式，請參考先前本章「模式的結構」一節中，說明大腦新皮質模式辨識模組的示意圖。

a）樹突進入代表某模式的模組。即使模式似乎具有二維或三維的特性，卻是以一維的信號序列表示。模式必須依照這種（序列）順序表示，才能被模式辨識器辨識。每個樹突最後會跟已辨識出其本身模式的較低概念層級模式辨識器（其所負責的較低層級模式，就是目前欲辨識的較高層級模式的一部分）中一個或多個軸突聯繫起來。對每個這類輸入模式來說，可能有許多個較低層級模式辨識器存在，能產生信號表示較低層級模式已辨識出來。即使不是所有的輸入都發出信號，還是可能達到辨識模式的必要閾值。

模組計算其所負責模式的出現機率，這種計算會考慮到「權重」和「大小」等參數（見下文〔f〕）。

　　要注意的是，有些樹突將信號傳遞進入模組，另一些則從模組中將信號傳遞出來。如果該模式辨識器的所有輸入樹突都發送信號，表示較低層級模式已被辨識（除了其中一、兩個以外），那麼該模式辨識器會傳遞信號給負責那些未被辨識模式的較低層級模式辨識器，表明這種模式很可能可以辨識，較低層級模式辨識器應當注意它的出現。

b）當這個模式辨識器辨識出這個模式時（依據所有或大多數被激發的樹突輸入信號），該模式辨識器的軸突（輸出）也會活化。結果，這個軸突會連接上整個樹突網，也跟輸入該模式的許多較高層級模式辨識器連接起來。這個信號會傳遞有關大小的資訊，讓較高層級的模式辨識器可以參考。

c）如果一個較高層級模式辨識器，從本身所有的、或大多數的構成模式（除了代表該模式的模式辨識器之外）接收到一個積極信號，那麼這個較高層級辨識器可能會向代表該模式的辨識器發送信號，表示這個模式已被預期。這種信號會讓該模式辨識器降低其閾值，也就是該模式辨識器更可能向其軸突發送信號（表明其模式被視為已被辨識），即使模式本身的某些輸入漏掉了或不清楚。

d）來自下層的抑制信號會讓該模式辨識器辨識出本身模式的

可能性降低。原因可能是，較低層級模式的辨識跟該模式辨識器的相關模式不一致（例如，較低層級模式辨識器辨識出圖像有鬍鬚，那麼這個圖像是我「太太」的可能性就降低了）。

e）來自上層的抑制信號也會使這個模式辨識器辨識出本身模式的可能性降低。原因可能是，較高層級的背景資訊跟該模式辨識器的相關模式不一致。

f）每項輸入的權重、預期大小、預期大小可變性等參數都會被儲存起來。模組會依據所有這些參數，以及現有信號有哪些輸入出現及其重要性的資訊，去計算模式出現的整體機率。「隱藏式馬可夫模型」就是執行這項計算的最佳數學方法，當這類模型依照層級加以組織（如同在大腦新皮質中或設法模擬大腦新皮質的情況），我們就稱之為「隱藏式馬可夫層級模型」（hierarchical hidden Markov model）。

大腦新皮質中被觸發的模式會觸發其他模式。部分辨識完成的模式會向下一層概念層級傳送信號；已完成辨識的模式則向上一層概念層級傳送信號。這些大腦新皮質的模式就是思想的語言。跟語言一樣，它們是層級結構，但它們本身並非語言。基本上我們的思想並不是由語言構成的，但語言在大腦新皮質中也以模式的層級結構存在，因此我們可以有語言式的想法。但是，大多數想法都是由大腦新皮質中的這些模式表示。

同前所述，就算我們可以偵測某人大腦新皮質的模式活化狀況，我們還是不明白這些模式的活化意謂著什麼，因為我們還是無法接觸到每個被活化模式向上和向下的整個層級。要做到這點，我們必須接觸到那個人的整個大腦新皮質。對我們來說，理解自己的思想內容已經很困難，而理解別人的思想內容，更需要掌握跟自己不同的大腦新皮質。況且，我們當然還無法接觸到別人的大腦新皮質，我們反而需要仰賴別人努力用語言（還有其他的方式，如手勢）將本身的想法表達出來。可是，人們完成這些溝通工作的能力還不夠完備，因此增加另一層複雜性——難怪我們常常誤解別人，就像我們會搞不懂自己一樣。

我們有兩種思維模式，第一種是發散思維（nondirected thinking），想法以一種不合邏輯的方式互相觸發。當我們在做某件事情時，譬如打掃落葉或走在街上，突然想起幾十年前或幾年前的某段往事，那段經歷就被喚醒。而且，跟所有記憶一樣，是以一種模式序列被回想起來的。我們不會馬上想起當時的情景，除非我們能記起許多其他記憶，讓我們合成一段更清晰的回憶。如果我們確實用那種方式想出當時的情景，那麼我們基本上是受到回想這段記憶時所得到的暗示，在腦海中建立起當時的情景，而記憶本身不是以圖像或視覺方式儲存的。就像我先前提過，讓這個想法浮現在我們腦海的觸發因素可能明顯或不明顯，相關想法的順序也許早就遺忘。就算我們真的記得，也是一個非線性、迂迴的聯想序列。

　　第二種思維模式是定向思維（directed thinking）。當我們嘗試要解決問題或想出一個妥善回應時就會用到它。舉例來說，我們也許會在腦海裏預先演練想對別人說的話，或是擬妥我們想要寫的一段文字（或是在腦海裏構思一本書）。在考慮這些工作時，我們早已把每個工作分解成由次要工作組成的一個層級結構。以寫一本書為例，就牽涉到撰寫各章內容，每章由不同章節組成，每個章節有段落，每個段落包含表達觀念的句子，每個觀念有其組成要素，每個要素和要素之間的各種關係都必須清楚說明等等。同時，我們的大腦新皮質結構已學會應該遵循一些特定規則。如果我們要進行的工作是寫作，那麼我們就要設法避免不必要的重複，應該讓讀者能跟著我們的寫作思路，而我們也該盡量遵循語法和文體的規則等等。因此，作者需要在腦海裏建立一個讀者模式，而這個模式也是層級式的。在進行定向思維時，我們在大腦新皮質瀏覽清單，每個清單擴展為大規模的次要清單層級，每個清單也有自己的考量因素。別忘了，大腦新皮質模式各清單的要素可能會包含條件式，所以我們在經歷過程中所做的評估，會決定我們後來的想法和行動。

　　此外，每一個定向思維都會觸發發散思維的層級。連續的思維衝擊會在我們的感官體驗和定向思維當中出現。我們實際的心智體驗複雜而混亂，由這些受到觸發的模式瞬間電光石火產生的想法所組成，每秒就發生一百次左右的改變。

夢的語言

　　夢就是發散思維的一個實例。夢可以說是有意義的，因為一個想法觸發另一個想法，這種現象是基於我們大腦新皮質中模式的實際聯繫而發生的。但也可以說夢沒有意義，因為我們嘗試用虛構的能力來修補夢境。如同我將在第9章所述，裂腦患者（負責連接大腦左右兩個半球的胼胝體分離或受損）會用控制語言中樞的左腦虛構出各種解釋，以解釋右腦剛才如何處理左腦接觸不到的輸入。我們在解釋事件的結果時，也總是運用這種虛構能力。只要聽聽媒體每天針對金融市場動態所做的評論，就可以證明這一點。無論金融市場表現如何，媒體總會針對所發生的狀況做出一個合理解釋，這種事後評論多得數都數不清。當然，如果這些評論員真正了解市場，他們根本不必浪費時間來做評論。

　　虛構行為當然也是在大腦新皮質中完成，大腦新皮質很擅長提出滿足特定限制條件的故事和解釋。每當我們把已知的故事再講一遍時，就是在這樣做。我們也許因為早就忘了故事內容，只好虛構出許多細節讓故事變得更合理些。這就是為什麼經年累月下來，故事會發生變化，隨著新的講述者還可能出現不同的情節。然而，隨著口語導致書寫語的出現，我們開始擁有一項技術，能夠記錄下最可靠的故事版本，避免這種情形發生。

　　關於夢境，我們能記得的部分，也是一個模式序列。以故

事來說，這些模式就代表限制條件，然後我們虛構一個能滿足這些條件的故事。我們複述的夢境版本（即便只是自己在心裏默想），情況就跟我們虛構故事一樣。當我們複述一個夢境，就會觸發一連串模式的產生，來填補當初經歷的真實夢境。

夢中的思考和清醒時的思考有一個關鍵差異存在。我們從生活中學到的教訓之一就是：某些行為就算只是想法，在現實世界中也是不被允許的。舉例來說，我們知道個人欲望無法立即得到滿足。隨便從商店的收銀機拿走錢是違反規定的，跟喜歡的人相處時也不可能因為本身欲望而為所欲為。我們也學會基於文化禁忌，某些想法是不被允許的。我們在學習專業技能時，也學到可在專業方面受到肯定和獎勵的思維方式，藉此避免跟專業方法與規範相違背的思維方式。這類禁忌有許多是有價值的，因為它們加強了社會秩序並鞏固社會進步。不過，這種做法也強化了已經無效的傳統說法，也可能阻礙進步。愛因斯坦在進行思想實驗時試圖駕乘光束時，就把這些傳統說法拋諸腦後。

在舊腦、尤其是杏仁核（amygdala）的幫助下，文化規範在大腦新皮質中會被強化。我們的每個想法都會觸發其他想法，而其中有些想法會讓我們聯想到危險。舉例來說，即使只是在自己的腦中違反文化規範，也可能遭到阻力，因為大腦新皮質會意識到，這種想法將會對我們自己產生壞處。如果我們抱持這種想法，杏仁核就會被觸發，進而產生恐懼，最後就會導致這種想法被終止掉。

　　可是在夢裏，一切百無禁忌，我們經常會夢到在文化上、性方面和專業領域裏所忌諱的事。好像我們的大腦意識到，做夢時我們不必再像現實生活那樣戴著面具演戲。心理學家佛洛伊德曾談到這個現象，但也提醒大家，我們會掩飾這些危險的想法──至少當我們試著回想起這些想法時，我們會這樣做，所以大腦清醒時會繼續避免受到這些想法的影響。

　　事實證明，放寬專業禁忌可以讓我們更能發揮創意去解決問題。所以，每晚入睡前，我都利用一種心智方式，思考一個特定問題。這會觸發一連串的想法，讓我在夢中繼續思考。我做夢時，我能思考（夢到）問題的解決方法，而且無需背負白天時要考慮本身專業限制的負擔。在早上半夢半醒狀態時，我就能接觸到這些夢中的想法，這有時就稱為「清醒夢」（lucid dreaming）。❺

　　佛洛伊德也提到藉由解讀夢境，可以深入了解個人的心理。當然，坊間已有大量文獻探討這個理論的各種觀點，不過透過審視夢境深入了解自己，這個重要概念確實有其道理。夢是由大腦新皮質創造出來的，因此夢的內容會透露在大腦新皮質中的內容和聯繫。當我們清醒時，鬆綁我們思維中存在的束縛，也有助於揭露大腦新皮質的一些內容，這些內容在其他情況下是無法直接接觸到的。我們也可以合理推論，出現在我們夢中的「模式」代表對我們來說相當重要的事，而這些事就是我們了解本身躁動欲望和無名恐懼的線索。

模型的根源

我先前講過，我在1980年代和1990年代帶領一個團隊，開發隱藏式馬可夫層級模型技術，以辨識人類的口語和理解自然語言的陳述。這項工作是現在廣泛應用的商業系統之前身。這些商業系統能夠辨識和理解我們設法跟它們講的話，例如能跟你對話的汽車導航系統、iPhone中的Siri、Google語音搜尋（Google Voice Search），以及其他許多類似應用。其實我在思維模式辨識理論中說明的所有特徵，在我們發展的技術中都找得到。它包括一個層級模式，每個更高層級都比其下較低層級的概念更加抽象。以語音辨識為例，層級包括最底層的聲頻等基本模式，然後是音位，再來是詞語和詞組（經常被辨識成詞語）。有些語音辨識系統能理解自然語言命令的含意，所以像名詞和動詞詞組的結構這些較高層級也包含在內。每個模式辨識模組能辨識來自較低概念層級模式之線性序列。每個輸入都有權重、大小和大小可變性等參數。有「向下」傳遞的資訊，表明一個較低層級模式已被預期。我會在第7章中，更詳細討論這項研究。

在2003年和2004年，PalmPilot發明人傑夫・霍金斯（Jeff Hawkins）和迪利普・喬治（Dileep George）開發了一個層級皮質模型，並命名為層級時序記憶（hierarchical temporal memory）。霍金斯與科普作家珊卓拉・布萊克斯利（Sandra Blakeslee）合著的書《創智慧》（*On Intelligence*）中，描述了

這個模型，並為這個皮質演算法及其層級式與清單式組織的一致性，提出一個有力例證。《創智慧》中提出的模型，跟我在本書中提出的模型，兩者之間存在一些重要差異。如同模型名稱所述，霍金斯強調的是構成清單的「時序」特質。換句話說，清單的方向總是依據時間向前推進。霍金斯以印刷體字母「A」這類二維模式為例，說明這種模式中的特徵如何在時間上具有方向性，他的解釋是依據眼球運動做預測。他說，我們利用眼睛飛快掃視的方式，在本身根本沒有意識到這種眼球飛速運動的情況下，腦海裏就形成圖像。因此，資訊到達大腦新皮質不是一組二維特徵，而是以時間排序的一種清單。雖然我們的眼睛確實進行飛速運動，但是它們觀察模式（例如字母「A」）特徵的序列，未必總是以一致的順序出現。（舉例來說：眼睛掃視未必總是先記錄「A」的頂點，再記錄其下半部。）此外，我們能辨識一個只出現數十毫秒的視覺模式，而這對於眼睛掃視來說，時間根本太短，還不足以掃描物體。沒錯，大腦新皮質中的模式辨識器，將模式當成清單加以儲存，而清單也確實有其順序。但是，順序未必代表時間，雖然在大多數情況下，順序代表時間，但是同前所述，順序也可能代表空間或更高層級概念的次序。

　　至於這兩個模型的最重要的差異則是，我已經把每個模式辨識模組的輸入參數組列入考量，尤其是大小和大小可變性等參數。在1980年代時，我們就試著在沒有這類資訊的情況下，辨識人類語言。後來受到語言學家的啟發，他們告訴我們：

「持續時間並沒有特別重要。」這個觀點從字典中的範例就可以得到佐證，字典裏每個詞語的發音以一串音位表示，比方說：「steep」這個詞語的發音是[s][t][i][p]，並沒標註每個音位預期該持續多久的時間。這意謂著，如果我們設計一個辨識音位的程式，遇到口語表達中有這種四個音位的特定序列，我們應該就能把這個口語詞辨識出來。我們用這種方式設計的系統在某種程度上還算管用，但卻無法處理具有大量單字、多位講者和持續無間斷口語這些特殊的狀況。當我們利用隱藏式馬可夫層級模型的做法，把每個輸入的大小分布也包含進來時，整個辨識成效就大幅提升了。

第4章

生物的大腦新皮質

由於重要的東西都要放進盒子裏好好保存，所以人腦有頭骨保護，梳子外層有塑膠套，錢就放進皮夾裏。

——影集《歡樂單身派對》（*Seinfeld*）中的人物

喬治・康士坦沙（George Costanza）

現在，我們有史以來頭一次能如此全面觀察運作中的大腦，也讓我們清楚知道，我們應能發現大腦強大力量背後的整體運作程序。

——腦神經研究專家約翰・泰勒（John G. Taylor）、布朗・霍維茲（Brown Horwitz）、卡爾・弗里斯頓（Karl J. Friston）

簡單講，大腦對所接收資料的處理，就像雕刻家在石頭上雕刻一般。從某方面來說，雕像會永遠矗立在那裏。但

是旁邊還有成千個不同的雕像，就靠雕刻家的巧手讓某個雕像脫穎而出。所以我們每個人也是這樣看待世界，不管我們的世界觀有多麼不同，但這些觀點都源自於我們最初的混亂感覺。所以，從這一點來看，人與人之間其實並沒有什麼差異。只要我們願意，我們可以透過推理，把世界追溯到那個黑暗遼闊的無垠空間，回到那個有成群原子雲移動、被科學家稱為唯一的真實世界。但是，我們感受到和所居住的世界，就是我們祖先和我們經過許多次選擇後慢慢發展出來的，如同雕刻家為了完成一座雕像，必須捨棄某些材料一樣。就算用同一塊石頭雕刻，不同雕刻家也會雕刻出不同的雕像！就算是同樣單一而又不帶感情的混亂，也會因為不同人而產生不同的想法和世界觀！我的世界不過是百萬個相似世界中的一個，對我來說很真實，對別人來說或許很抽象。但是對螞蟻、墨魚或是螃蟹來說，它們的世界肯定大不相同！

　　　　　　　　──美國心理學之父威廉・詹姆士（William James）

　　智慧（intelligence）究竟是生物演化的最終目的，或者只是目的之一？認知神經科學專家史蒂芬・平克（Steven Pinker）寫道：「我們對大腦抱持很沙文主義的態度，認為大腦是演化的唯一目的。」❶他繼續談到：「那樣想根本不合理……物競天擇跟智慧發展一點關係也沒有。生物演化過程是由物種在特定環境的存活率和繁殖率之差異所驅動的。隨著時間演變，生

物就取得適應當下環境、在那個時期生存並繁殖的設計。除了順利適應當時的處境，它們別無選擇。」平克最後做出總結說：「生命就像枝葉茂密的灌木叢，不是天平或梯子，活體生物就位於分枝的頂端，而不是在底層。」

至於人腦的設計，平克質疑這究竟是「利大於弊」或「弊大於利」。有關人腦設計的弊端，他提到：「大腦很笨重，女性的骨盆根本很難容納嬰兒過大的頭部。這種設計讓許多女性死於難產，而且從生物力學的角度來看，這種特殊的骨盆旋轉設計也讓女性走起路來比男性慢。而且，笨重的大腦在脖子上晃動，讓我們在跌倒時更容易遭受致命傷害。」他還繼續列舉大腦的其他缺點，包括大腦運作會消耗很多能量、反應時間太慢、以及學習過程太冗長等等。

雖然表面上看來，平克這些陳述似乎都對（不過我有很多女性朋友都走得比我快），但他並沒有看到整體重點。沒錯，從生物學來看，演化沒有特定的方向，演化只是在大自然的「茂密灌木叢」中普遍存在的一種探究方法。而且事實上，演化產生的改變未必總是往提升智慧的方向邁進，而是往各個方向前進。我們可以從許多例子得知，有些生物幾百萬年來幾乎沒發生什麼改變，卻也順利存活至今。（鱷魚就是其中之一，二億年來都沒什麼變化，還有很多微生物則是從更久遠的年代存活至今而不變。）但是，在演化過程的所有不同分支中，有一個分支確實是往提升智慧的方向前進，這也是本章所要討論的重點。

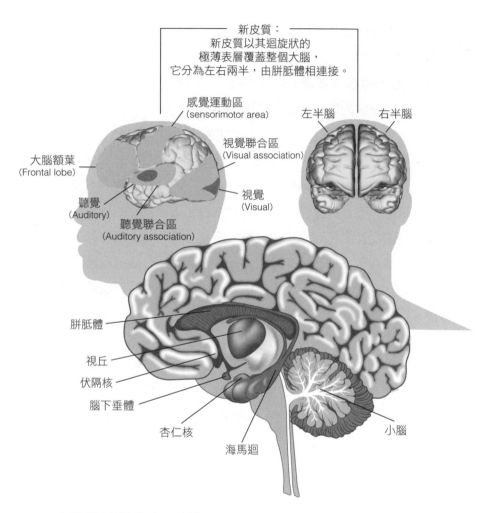

新皮質：
新皮質以其迴旋狀的
極薄表層覆蓋整個大腦，
它分為左右兩半，由胼胝體相連接。

感覺運動區
(sensorimotor area)

左半腦　　右半腦

視覺聯合區
(Visual association)

大腦額葉
(Frontal lobe)

視覺
(Visual)

聽覺
(Auditory)

聽覺聯合區
(Auditory association)

胼胝體

視丘

伏隔核

腦下垂體

杏仁核

海馬迴

小腦

大腦重要部位的生理結構

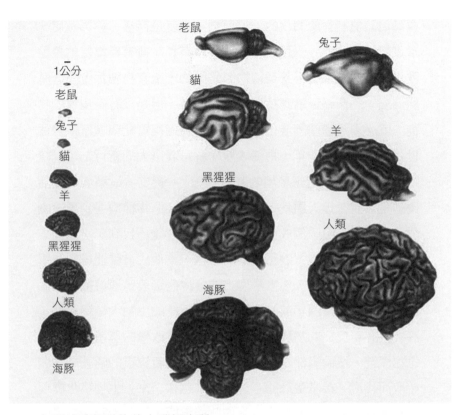

各種哺乳類動物的大腦新皮質

假設有一個瓶子，裏面充滿了藍色氣體。當我們打開瓶蓋，氣體分子不會收到訊息說：「嘿，各位，瓶蓋打開了，我們往出口前進，奔向自由吧。」分子只會像以往那樣漫無方向地移動。但在移動過程中，靠近瓶口的某些分子確實會離開瓶子，而且隨著時間過去，大多數氣體分子都會離開瓶子。當生物演化遇到能夠進行層級學習的神經機制，這種生物的大腦就

會發現該機制對於演化的一項目標（也就是存活）極為有用。
當環境迅速改變，學習速度愈快就愈有利，擁有新皮質的優點
就更加突顯出來。不管是植物還是動物，所有物種都會隨著時
間演變，逐漸學會適應持續變遷的環境，但是沒有新皮質的物
種，就必須透過基因演化的過程，這種過程可能要經歷很多個
世代，可能是幾千年，物種才能學會意義重大的新行為（以植
物來說，就是指適應環境的其他對策）。新皮質最顯著的存活
優勢是，能在幾天內就完成學習。如果某個物種遭遇到環境劇
變，該物種其中一個成員發明或發現，或碰巧找到（這三種方
法都是不同的創新）適應改變的方法，其他成員就能得知、學
習並模仿那個方法，然後那個方法會像病毒般迅速傳播到整個
族群。六千五百萬年前的白堊紀－古近紀的生物大滅絕事件，
許多沒有新皮質的物種無法迅速適應突然改變的環境，最後就
迅速滅絕。這個事件是一個轉捩點，擁有新皮質的哺乳動物開
始取而代之，接掌生態的主導地位。這樣一來，生物演化發現
具有層級學習能力的新皮質是如此的重要，因此大腦新皮質區
域的體積持續增加，直到最後接管了智人（Homo sapiens）的
大腦。

　　神經科學方面的發現已經確定，具有層級學習能力的新皮
質所扮演的重要角色，也為思維模式辨識理論提供了佐證。我
們可以從許多觀察和分析中發現這項佐證，我也會在本章中探
討其中一些觀察與分析。加拿大心理學家唐納德‧赫布
（Donald O. Hebb, 1904-1985）率先嘗試解釋學習的神經原理。

他在1949年描述一種機制，在這種機制中，神經元依據本身經驗而在生理上出現改變，由此為學習和大腦可塑性提供了一項基礎：「假設反射活動（或「回溯」）的持續或重複會導致細胞不斷發生改變，而增加細胞本身的穩定性……當細胞A的軸突近到足以刺激細胞B，並重複或持續地刺激細胞B，那麼其中一個細胞或兩個細胞就會發生成長或新陳代謝，因此A做為刺激B的細胞之一，A的效率就會增加。」❷這項理論一直以「同一時間激發的細胞會聯繫在一起」做表述，這就是知名的赫布型學習（Hebbian learning）。赫布理論已獲得證實，顯然大腦中的細胞組合能基於本身的活動，創造新的聯繫並強化新聯繫。事實上，我們在進行腦部掃描時，可以看到神經元發展這種連結的過程。人工「神經網路」（neural net）就是以赫布的神經學習模型為依據。

赫布理論的核心假設就是：神經元是新皮質學習的基本單位。我在本書中提到的思維模式辨識理論，是以不同的基本單位為基礎──不是神經元本身，而是神經元的組合，我估計大約有100個神經元構成這個組合。在每個基本單位內部的聯繫和突觸（synaptic）力量都相對地穩定，並且由基因決定，也就是說，每個模式辨識模組內部的組織是由基因決定的。學習就發生在這些單位之間出現的聯繫，而不是發生在各單位內部；我們或許可以這麼說，學習是由這些單位之間聯繫的突觸力量所決定。

最近，瑞士神經科學家亨利・馬克拉姆（Henry Markram,

1962-）也支持「神經元組合的模組就是學習的基本模式」這
個觀點，我會在第7章說明馬克拉姆野心勃勃、意圖模擬整個
人腦的藍腦計畫（Blue Brain Project）。在2011年的一篇論文
中，馬克拉姆描述如何在掃描和分析哺乳動物的新皮質神經元
時，在皮質最基本的層級為赫布的組合尋找佐證。他在論文中
寫道，他的發現反倒是：「難以理解的神經元組合其連結與突
觸權重（synaptic weight，亦稱為鍵結值）是可預測的，也是
有限制的。」他提出結論說：「這些發現意謂著，經驗無法輕
易塑造出這些組合的突觸連結。」他還推測，「這些組合就像
樂高積木一樣，是大腦本身學習認知的基礎，透過組合拼湊來
累積知識。記憶之所以形成，牽涉到將這些積木組合成複雜的
結構。」他繼續寫道：

　　功能神經組合的研究已經持續了幾十年，但是到目前為
　止還沒有發現突觸連結神經元群的直接證據……由於這些
　組合都有相似的拓樸結構和突觸權重，也不是由任何特殊
　經驗所塑造，所以我們將這些組合當成內在組合（innate
　assemblies）。在決定這些組合之間的突觸連結和權重時，
　經驗的重要性微乎其微。我們的研究找到證據顯示，有幾
　十個神經元之間內部存在像樂高積木似的組合……在大腦
　新皮質的同一層中，組合之間的連結可能重組成超級組
　合，然後形成更高階層的皮質柱，甚至到達大腦區域，最
　後可能成為代表整個大腦的最高階組合……記憶的形成過

程跟堆樂高積木非常相似。每個組合就像一塊積木，本身具有一些基本知識，知道如何處理和認知所接收到的資訊，並對這個世界做出回應……當不同的積木堆到一起時，就透過這些內在認知形成一個獨特的組合，展現個人的特殊知識與經驗。❸

　　馬克拉姆提出的「樂高積木」，跟我描述的模式辨識模組完全一致。在我們兩人的電郵溝通中，馬克拉姆將這些「樂高積木」描述為「共享內容和內在知識」。❹我則明確表達，這些模組的目的是辨識模式並記住模式，然後依據部分模式來預測模式。要注意的是，馬克拉姆認為每個模組包含「幾十個神經元」，這項估計只是以新皮質第五層為依據。第五層的神經元確實數量豐富，但是基於神經元數量在這六層中分布的一般規律，每個模組應該大約包含100個神經元，這跟我的估計十分一致。

　　雖然許多年來，新皮質連結的一致性及其明顯的模組特性早已為人所知，但是馬克拉姆的這項研究卻首度向世人證實，這些模組在大腦進行本身動態過程時的穩定性。

　　最近的另一項研究是，麻州綜合醫院（Massachusetts General Hospital）由美國國家衛生研究院（National Institutes of Health）和美國國家科學基金會（National Science Foundation）資助的研究，研究論文發表於2012年3月的《科學》期刊。這篇論文也指出，整個大腦新皮質有規律的連結結

構。❺新皮質的連結呈現網格（grid）模式，猶如整齊的城市街道：「基本上，大腦的整個結構跟曼哈頓的街道相似，你在大腦結構中不僅可以看到類似街道的平面規劃和第三個軸向，還能看到通往第三維度的電梯，」哈佛大學神經科學家、物理學家暨這項研究的主持人凡・韋登（Van J. Wedeen）在論文中如此寫道。

在《科學》期刊的播客上，韋登說明這項研究的重要性：「這是對大腦神經路徑三維結構的一項調查。過去幾百年來，科學家一直在思考大腦神經路徑的結構，科學家能想到的最典型印象或模型就是，大腦神經路徑的結構就像一碗義大利麵條那樣各自獨立，彼此沒有特定的空間模式可言。利用磁振造影（magnetic resonance imaging）技術，我們就能利用實驗調查這個問題。而且我們發現，大腦的所有神經路徑彼此並非雜亂無章或各自獨立，而是以一種相當簡單的結構連接在一起。基本上，這個結構看起來很像一個立方體，往三個互相垂直的方向延伸，而且各個方向的神經路徑彼此之間平行而且排列整齊。因此，從某方面來說，我們看到大腦內部的神經連結是有條不紊的單一結構，而不是各自獨立的義大利麵條。」

馬克拉姆的研究顯示大腦新皮質內重複出現的神經元模組，而韋登的研究則證實神經元模組之間相當整齊的連結模式。大腦開始工作時，要處理數量龐大、「等待連結」的模式辨識模組。因此，如果某個特定模組想跟其他模組連結，並不需要一方長出軸突，另一方長出樹突，來建構彼此的實際連

結。只要利用正在等待連結的軸突，然後連接到神經纖維的末端。如同韋登跟其同事的論文所述：「大腦神經路徑是遵循早在人類胚胎階段就已建立的一個基準計畫。因此，成熟大腦的神經路徑仍然呈現這些最初的梯度影像，而這種影像會隨著個人成長而改變。」換句話說，我們在學習和獲取經驗時，大腦新皮質的模式辨識模組就連接到這些早在胚胎時期就已建立的連結。

名為現場可程式化閘陣列（field programmable gate array, FPGA）的電晶片，就是以類似的原理設計的。這種晶片包含數百萬個能執行邏輯功能、等待連結的模組。在使用這種晶片時，可透過電子信號來啟動或撤銷這些連結，以執行特定功能。

在新皮質中，那些很少使用的長距離連結最後會被去除掉，這就是新皮質某個區域受損而改用附近區域時，效果卻沒有使用原本區域來得好的一個原因。根據韋登的研究，新皮質的原始連結跟模組本身一樣很有秩序又有高度重複性，而其網格模式在新皮質中扮演「指導連結」的角色。在針對靈長類動物大腦和人類大腦做的所有研究中，都會發現這種模式，而且在新皮質中特別明顯，從處理早期感官模式的區域到處理更高層次情感的區域中，都有這種模式存在。韋登在《科學》期刊上的論文總結道：「大腦神經路徑的網格結構無所不在，持續一致隨著三條主要軸線的發展而延伸。」這一點再次說明，新皮質的所有功能具有一個共通的演算法。

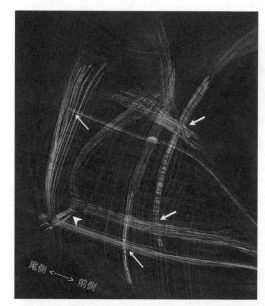

美國國家衛生研究院的一項研究發現，新皮質中的原始連結具有高度規律的網格結構。

新皮質連結的規律網格結構的另一種示意圖。

新皮質中發現的網格結構，跟用於積體電路和電路板上的交叉開關（crossbar switching）極為相似。

　　新皮質的某些區域確實有層級之分，這是大家老早就知道的事。其中以視覺皮質方面的研究最為深入，視覺皮質被分為V1、V2和MT（或V5）等區域。當我們進一步觀察視覺皮質中更高層級的區域時（是指處理「更高」層級的概念，而不是指實際處於「更高」位置，因為新皮質很薄，只有一個模式辨識器的厚度），可辨識的特性就更為抽象。V1負責辨識最基本的線條和原本的形狀。V2負責辨識物體的輪廓，處理兩眼的視覺差異並進行空間定位，以及判斷影像是主體還是背景。❻新皮質的更高層級區域，則負責辨識例如對象的身分、臉孔及其動作等概念。大家早就知道透過這種層級可以進行往上和往

下的溝通，可以傳遞刺激信號和抑制信號。麻省理工學院神經科學家湯馬索‧波吉歐（Tomaso Poggio, 1947-）曾針對人腦的視覺成像進行大規模的研究，他過去三十五年的研究對於建立視覺新皮質「初期」（概念最低的）層級的層級學習和模式辨識幫助很大。❼

　　我們對於視覺新皮質較低層級的理解，跟我在前一章描述的思維模式辨識理論相符，而且最近人們對於新皮質處理的層級本質所做的觀察，已經遠遠超出這些層級。德州大學神經生物學教授丹尼爾‧費勒曼（Daniel J. Felleman）跟同事研究「大腦新皮質25個區域的腦皮質層級結構」，視覺區域和負責處理多種感官模式的更高層級區域也包含在內。在對新皮質層級結構進行深入研究後，他們發現新皮質的層級愈高，模式的處理過程就愈抽象，涵蓋區域更廣，所需的時間也更久。而且他們發現的新皮質連結，全都呈現向上和向下溝通的特質。❽

　　近來的研究讓我們能把這些觀察，大幅擴展到視覺皮質以外的區域，甚至擴大到結合不同感官輸入資訊的聯合區。普林斯頓大學心理學教授烏里‧哈森（Uri Hasson）跟同事在2008年發表的一項研究證實，在視覺皮質觀察到的現象，也在大腦新皮質的大部分區域發生。「顯然，神經元沿著視覺皮質路徑持續擴大本身的空間接受域。這是視覺系統的基本組織原理……現實世界的事件，不只是會在擴大的空間中發生，也會在擴延的時間中發生。因此我們假設，應該也有一個跟空間接受域大小相類似的層級結構存在，負責處理大腦不同區域的時

間反應特性。」這就是烏里等人的發現，因此他們做出結論：「跟已知空間接受域的皮質層級類似，人腦中也有一個為時較長的時間接受窗口的層級結構。」❾

　　許多證據證實大腦具有可塑性，這就是新皮質處理資訊的方式具有普遍性的最有力論據（大腦不只具備學習能力，還有可交替的能力）。換句話說，大腦新皮質不同區域的工作是可以交換的，這意謂著整個新皮質有一種共通的演算法。長久以來，許多神經科學方面的研究，就是以確認新皮質不同區域所負責的模式類型為探討的主題。他們的傳統做法一直是利用因受傷或中風而受損的大腦，找出特定受損區域跟個人因此喪失之功能的關聯性。舉例來說，如果有人最近腦部梭狀迴（fusiform gyrus）這個區域受傷，就突然出現臉孔辨識困難，但他還是可以依據人們的聲音和語言模式知道對方是誰。因此，我們可以推測梭狀迴這個區域跟臉部辨識有一定的關係。這裏的基本假設是，新皮質的設計原理是不同區域負責處理和辨識特定的模式類型。特定區域就跟特定的模式類型有關，因為在正常情況下，資訊就是透過這種方式傳遞。但如果基於某種原因，資訊傳遞受到阻礙，新皮質的另一個區域就會介入，接管資訊受阻區域的工作。

　　神經學家一直很關注大腦的可塑性，他們發現因受傷或中風而導致大腦受損的病人，可以在新皮質的另一個區域重新學習同樣的技能。美國神經學家瑪莉娜·貝德尼（Marina Bedny）跟同事在2011年針對「先天盲人士的視覺皮質發生什麼狀況」

進行的一項研究，或許是大腦可塑性最受矚目的一個例子。人們普遍認為像 V1 和 V2 這些視覺皮質初期形成的皮質層，原本就是處理非常低層級的模式（譬如邊緣或弧邊），而前皮質（frontal cortex，位於人類特有的較大前額中的新皮質演化新區域）原本就負責處理更複雜而微妙的語言及其他抽象概念。但是，如同貝德尼跟同事的發現：「人類透過演化，讓左前腦區域及特別擅長處理語言的顳葉皮質更為發達。不過對天生盲人士來說，某些口語活動能活化他們的視覺皮質。我們可以證明這種視覺皮質活躍的情況其實反映著語言處理。我們發現天生盲人士的左視覺皮質，其作用就跟傳統語言區域很相似……因此我們推斷，原本負責視覺的腦部區域，會因為早期的經驗而具備語言處理的能力。」❿

仔細想想這項研究的含意：這表示在大腦新皮質內部，位置相對遙遠的不同區域，以及向來被認為在概念上極為不同的區域（譬如處理原始視覺線索的區域，相較於處理抽象語言概念的區域），其實是使用相同的演算法。所以，大腦新皮質處理不同模式類型的區域，其實是可以互相替代的。

加州大學柏克萊分校神經學家丹尼爾‧費爾德曼（Daniel E. Feldman）於 2009 年針對他所說的「新皮質突觸機制的可塑性」，寫了一篇全面性的論述並提出這種可塑性存在於整個新皮質內部的證據。他寫道：「可塑性讓大腦得以學習並記住感官世界中的模式，也能修正行動……以及在受傷後恢復功能。」他補充說道，這種可塑性是透過「包含皮質突觸和樹突

棘（dendritic spine）的形成、移除及形態重塑等結構變化」，才可能達到的。❶

　　最近，加州大學柏克萊分校的科學家提出有關新皮質可塑性（以及新皮質演算法一致性）的另一項驚人研究。他們將植入式微電極陣列（implanted microelectrode array）連接起來，接收老鼠的運動皮質某個特定區域的腦部信號，這個區域負責控制觸鬚的動作。他們將實驗設計成，如果老鼠能控制這些神經元在特定心智模式下才激發，但不能讓觸鬚產生動作，那麼老鼠就會得到獎勵。老鼠要獲得獎勵所需要的模式，牽涉到其前腦神經元通常不會進行的一種心智活動。儘管如此，老鼠還是能完成這項心智活動，主要是一邊利用運動神經元進行思考，同時在心智上降低對動作的控制。❷結論就是：新皮質中負責協調肌肉運動的區域（意即運動皮質），也使用標準的新皮質演算法。

　　不過，為什麼使用新皮質的新區域取代受損區域重新學習技能或某個領域的知識，效果未必會跟原本一樣好？有幾個原因。首先，學習並精通一項特定技能，本來就要投入畢生的時間，因此新皮質另一個區域重新學習其他區域負責的技能時，無法馬上產生跟原先一樣的成效。更重要的是，新皮質中另一個區域不只要遞補受損區域的功能，還要執行原本負責的重要功能，因此在放棄本身新皮質模式來遞補受損區域功能時，就會猶豫不決。通常新皮質中替代受損區域的新區域會這樣做：先釋放掉本身某些冗餘模式，但是這樣做無形中會降低原有的

技能，在重新學習其他技能時，也無法像學習原先技能那樣釋
放出同樣多的皮質空間。

　　可塑性有其侷限還有第三個原因。因為對大多數人來說，
特定類型的模式會流經特定區域（譬如梭狀迴就是處理臉部辨
識），這些區域已經透過生物演化，發展出最適合處理那些類
型的模式。如同我將在第7章說明，我們在仿人腦新皮質的開
發中也發現同樣的結果。我們可以利用字元辨識系統來辨識語
音，反之亦然，但是語音系統最適合辨識語音，而字元辨識系
統則最適合辨識印刷字體。因此，如果我們用一個代替另一個
的話，成效就會有些減損。其實，我們是利用演化（遺傳）演
算法來完成這種最適化，也就是對生物與生俱來就做的事加以
模擬。由於對大多數人來說，幾十萬年（或更久）以來都是由
梭狀迴處理臉部辨識，生物演化有足夠的時間發展出一種有利
的能力，來處理那個區域中出現的這類模式。它使用同樣的基
本演算法，只不過把演算法用於臉部辨識。如同荷蘭神經科學
家蘭達爾・庫納（Randal Koene）所寫的：「新皮質具有高度
一致性，原則上，每個皮質柱或微皮質柱可以做到其同伴能做
的事。」❸

　　近來有大量的研究支持這項觀察：模式辨識模組依據本身
所接觸到的模式而彼此連結。舉例來說，神經科學家左奕（Yi
Zuo）和同事觀察到：當老鼠學到一項新技能時（例如從一個
狹縫抓取種子），新的「樹突棘」就會在神經細胞之間形成聯
繫。❹沙克研究中心（Salk Institute）的研究人員已經發現，新

皮質模組的這種重要自我連結顯然是由少量基因所決定的。在整個新皮質中，這些基因和這種自我連結方式也具有一致性。**⓯**

　　許多其他研究也記載新皮質的這些屬性，我們就來總結一下從神經學文獻和我們自己的思想實驗中能觀察到什麼。新皮質的基本單位是神經元模組，我估計約100個神經元組成一個模組，每個都被連結到各個新皮質柱中，因此各模組並沒有明顯的區別。每個模組之內的連結和突觸強度的模式都相對穩定。而模組之間的連結和突觸強度，就代表學習。

　　新皮質中約有10^{15}個連結，而基因組中的設計資料卻只有2,500萬位元組（經過無損失壓縮後）**⓰**，因此從基因上來說，連結本身是不可能預先確定的。可能的情況是，這種學習有某些是新皮質詢問舊腦的產物，但這只代表其中相當少量的資訊。整體來說，模組之間的連結是從經驗中創造出來的（意即是後天養成而非天生形成）。

　　大腦並沒有足夠的變通性，無法讓每個新皮質模式辨識模組輕易地跟其他模組連結（不像我們能輕易在電腦上或在網站上編寫程式那樣），大腦必須形成一種實體連結，由軸突連結到樹突上。我們每次都是從數量龐大、可能產生的神經連結開始。如同韋登的研究顯示，這些連結以一種重複性高又井然有序的方式組合在一起。依據每種新皮質模式辨識器辨識到的模式，這些等待連結的軸突最後就會產生連結，那些沒有使用的連結最後就被刪除掉。這些連結以層級方式建立，反映出現實的自然層級順序，也正是新皮質的關鍵優勢。

　　在整個新皮質中，從處理最基本感官模式的「底層」模組，到辨識最抽象概念的「高層」模組，新皮質模式辨識模組的基本演算法都是相同的。目前已有許多證據證實新皮質區域的可塑性和可交替性，也成為這項重要觀察的佐證。另外，雖然新皮質中處理特定類型模式的區域會進行某種最適化，但這只是一種次級效應，最基本的演算法是通用的。

　　信號會沿著概念階層往上和往下傳遞。往上的信號表示「我發現了一種模式」，往下的信號表示「我在期待你的模式產生」，基本上就是一種預測。往上和往下的信號可能是刺激信號，或是抑制信號。

　　每種模式本身都有一種特定的順序，而且不容易逆轉。即使一種模式似乎有多維特性，卻是由較低層模式的一維模式呈現的。由於每個模式就是其他模式的一種有序序列，所以每種模式識別器都有固有的遞迴性。不過，模式的層級結構可以包含許多層級。

　　我們學會的模式中有很多是重複的（稱為冗餘模式），尤其是重要的模式。模式辨識（譬如辨識一般物體和臉部）和我們的記憶使用相同的機制，這些機制正是我們已經學會的模式，也被當成模式序列加以儲存──基本上就是故事。這種機制也用於學習和在現實世界進行肢體運動。模式的冗餘部分讓我們能辨識物體、人和構想，即便是在不同情境下、以各種變化呈現，我們還是能夠辨識。大小和大小可變性等參數也讓新皮質能夠依據不同維度（就聲音來說是指持續的時間），對於

不同變化幅度進行編碼。這些幅度參數能加以編碼的一種方式就是，透過多種模式以不同數量的重複輸入。舉例來說，口語「steep」就有模式可循，有不同數量的重複長母音[i]，每個都有中等程度的重要性參數集，指出[i]的重複各有不同。雖然就數學上來說，這種方法並不等於具備明確的大小參數，在實務運作的效果也沒那麼好，但卻是將變化幅度加以編碼的一種方法。關於這些參數，我們目前擁有的最有力證據就是，人工智慧系統為了取得接近人類層次的準確程度，就需要這些參數輔助。

以上的總結囊括了我提到的一些研究結果，和之前提過的思想實驗之抽樣所得出的結論。我堅信要滿足這些研究和思想實驗制定的所有限制條件，就只有我提出的模型才可能做到。

最後，我再提出一個有力證據。其實就數學上來說，過去幾十年來我們在人工智慧領域開發用以辨識和有智慧地處理現實世界現象（譬如人類的口語和書寫語）的技術，以及理解自然語言文件的技術，就跟我先前提出的模型類似。它們都是思維模式辨識理論的實例。人工智慧領域並沒有嘗試直接複製人腦，卻仍然達到可與人腦匹敵的技術水準。

第5章

舊腦

我有個舊腦袋，但記憶卻很棒。

——美國演員艾爾·路易斯（Al Lewis）

我們身處在這個新世界裏，但我們習慣於簡單洞穴生活的大腦還很原始。不過，大腦擁有的驚人力量卻能任由我們控制。我們夠聰明，知道怎樣釋放這些力量，但卻無法理解這樣做會有什麼後果。

——維他命C之父、匈牙利生物學家
艾伯特·聖捷爾吉（Albert Szent-Györgyi）

我們在成為哺乳動物前所擁有的舊腦（old brain）並沒有消失。其實，舊腦仍然在我們尋求滿足和避開危險的過程中，提供大部分的動機。不過，這些目的都由新皮質加以控制，因

為新皮質占據人類大腦的主要部分，也主宰大腦的大多數活動。

　　以往，動物都在沒有新皮質的情況下生活與生存，其實，所有非哺乳動物到現在都還是這樣。我們可以把大腦新皮質當成巨大的升華器──我們在遠古時期躲避大型掠食者的動機，現在或許被新皮質轉化為完成一項交辦的工作來討老闆歡心；大捕獵可能變成寫一本關於大腦的書；以往繁衍後代的欲望，如今可能變成努力獲取公眾認同或裝潢公寓（最後這一點的動機未必總是那麼隱晦）。

　　新皮質同樣也擅長協助我們解決問題，因為新皮質能夠準確地模仿世界，反映真實世界的層級本質。但是，把那些問題呈現給我們的卻是舊腦。當然，跟其他有層級特質的聰明官僚制度一樣，新皮質通常透過重新定義被交辦的任務來處理問題。關於這一點，我們先來檢視一下在舊腦中處理資訊的情形。

感官路徑

　　大腦中沿著視神經纖維移動所傳送的圖像，就是視覺的起因。

　　　　　　　　　　──英國科學家牛頓（Issac Newton）

　　我們每個人都生活在自己大腦的宇宙中，也可說是生活

在大腦掌控的牢籠裏。幾百萬條脆弱的感官神經纖維從中伸出，依據個別特性形成群組，抽查我們周遭世界的能量狀態，例如：熱、光、力和化學組成。我們對大腦的直接理解就只有這樣，其他的都是邏輯推理。

——美國神經科學家弗農·蒙特卡索（Vernon Mountcastle）❶

儘管我們透過雙眼以為看到了高解析度的圖像，但視神經真正傳遞給大腦的只不過是一連串有關視野焦點中的輪廓和提示。然後，我們從皮質記憶取得對世界的幻覺，因為皮質記憶只需要少量數據，就可以解釋一連串透過平行通道輸入的影像。在《自然》（*Nature*）期刊上發表的一項研究中，加州大學柏克萊分校分子細胞生物學教授法蘭克·韋伯林（Frank S. Werblin）和博士生波頓·羅斯卡（Boton Roska）指出，視神經包含10到12個輸出通道，每個通道只攜帶關於特定畫面的少量資訊。❷其中一組名為神經節細胞（ganglion cell），只傳送關於物體邊緣（對比變化）的資訊；另一組只偵測大面積的均勻顏色；第三組只能檢測焦點圖像之後的背景資訊。

「儘管我們認為自己把這世界看得一清二楚，但我們接收到的只是暗示，是空間和時間的邊界，」韋伯林說道。「僅僅12幅的畫面，就構成我們對外界所知的所有資訊，我們藉此重組視覺世界的豐富多樣。我很好奇大自然如何選擇這12個簡單影像，它們竟然足以提供我們所需的全部資訊。」

這種數據簡化就是人工智慧領域中所說的「稀疏編碼」

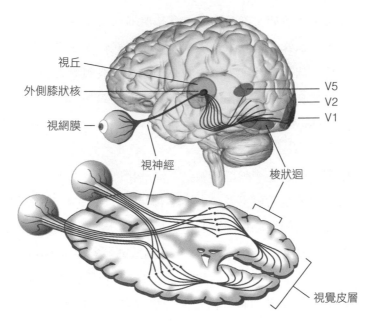

視丘

外側膝狀核

視網膜

視神經

V5
V2
V1

梭狀迴

視覺皮層

大腦中的視覺路徑

（sparse coding）。我們在創建人工系統時發現，把大多數輸入
資訊丟掉，只保留最顯著的細節，反而成效相當好。否則，新
皮質（生物的新皮質或人工新皮質）處理資訊的有限能力，根
本無法應付龐大的輸入資料。

　　矽谷Audience公司創辦人洛毅德‧華茲（Lloyd Watts）跟
該公司研究團隊已經成功模擬耳蝸的聽覺資訊經過下皮質區，
再通過新皮質初期階段的處理過程。❸他們已經開發出從聲音
中擷取600種不同頻帶（每一頻程60個頻帶）的技術。這跟人
類的耳蝸可擷取估計約3000個頻帶已更加接近（相較之下，

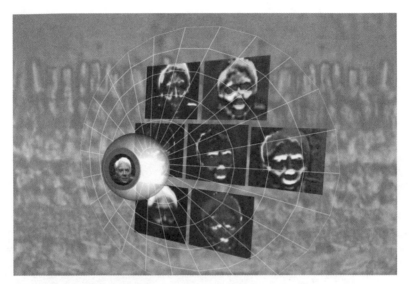

視神經傳給大腦的12個資料量少的「影像」中的7個

目前市面上使用的語音辨識技術僅使用16到32個頻帶）。利用兩支麥克風和具有頻譜解析能力的聽覺處理模型，Audience公司已研發出一種商用技術（但頻譜解析度比其原先的研究系統稍低），這種技術能有效消除交談中的背景雜音。現在，許多暢銷手機都使用這項技術，這也是一個令人印象深刻的商品實例，利用對人類聽覺感知系統如何能專注於一種感興趣聲音源的理解，來開發商品。

　　身體的輸入（估計每秒有幾億個位元的資料），包括皮膚、肌肉、器官和其他區域的神經，源源不絕地流入上脊髓。這些訊息不僅牽涉到觸覺交流，還攜帶有關溫度、酸濃度（譬

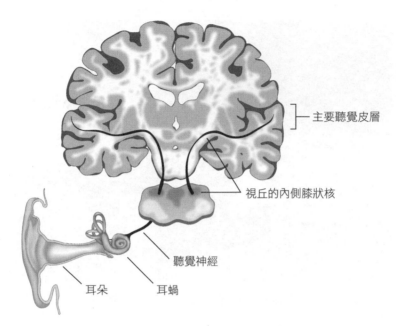

主要聽覺皮層

視丘的內側膝狀核

聽覺神經

耳朵　　　耳蝸

大腦中的聽覺路徑

如肌肉中的乳酸）、食物通過胃腸道的流動，以及其他許多信號的資訊。腦幹和中腦會處理這些數據。名為「Lamina 1 神經元」的關鍵細胞能創造出一張身體地圖，呈現身體目前的狀態，就跟飛行控制器上用來追蹤飛機的顯示器那樣。之後，這些感官數據就往名為「視丘」的神祕區域移動，這就是我們接下來要探討的主題。

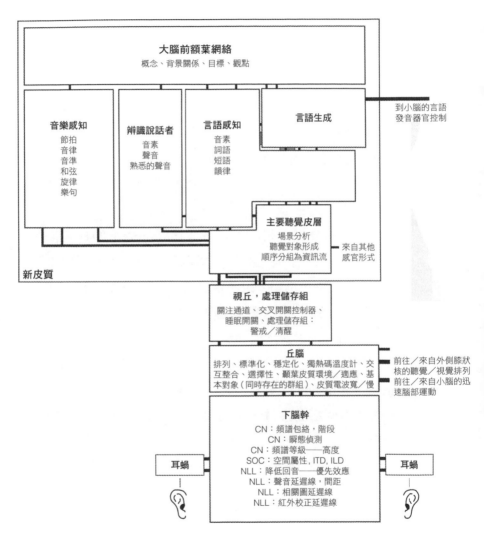

Audience公司所開發的下皮質區（數據先經過此區再到達新皮質）和新皮質中聽覺處理的簡化模型。本圖改編自洛毅德·華茲在2012年智慧計算世界大會（World Congress on Computational Intelligence, WCCI）發表的研究〈人類聽覺通路之逆向工程〉（Reverse-Engineering the Human Auditory Pathway）第49頁。請參考本章注釋3。

視丘

　　大家都知道注意力是什麼。注意力就是一種清晰、生動
的心智狀態，從同時存在的幾個物體或思緒中，只專注在
某一個物體或思緒上。注意力的本質就是意識的聚焦與集
中，它代表著為了有效處理某事，而擱下其他事不管。

　　　　　　　　　　　　　　　——美國心理學之父威廉·詹姆士

　　感官資訊會從中腦流到視丘（thalamus）的丘腦後核
（VMpo）這個只有堅果一般大小的區域，這個區域會計算身體
狀態的複雜反應，例如「這味道真可怕」、「好臭」或「那個
輕輕碰觸很刺激」。這些經過處理的資訊最後會到達新皮質中
名為腦島（insula）的兩個區域——它只有小指一般大小，位
於新皮質的左右兩側。鳳凰城的巴洛神經醫學中心（Barrow
Neurological Institute）教授亞瑟·克瑞格（Arthur Craig）將丘
腦後核與兩個腦島區域，形容為「代表物質的我的一個系
統」。❹
　　視丘除了其他功能之外，它也是先前處理過的感官資訊進
入新皮質的通道。除了流經丘腦後核的觸覺資訊之外，視神經
處理過的資訊（同前所述，這些資訊大都已經經過轉化）會被
送往視丘中的外側膝狀核，然後再將資訊繼續送往新皮質區的
V1區域。來自聽覺感官的資訊會經過視丘中的內側膝狀核，
而到達新皮質的初期聽覺區域。我們所有的感官數據（除了用

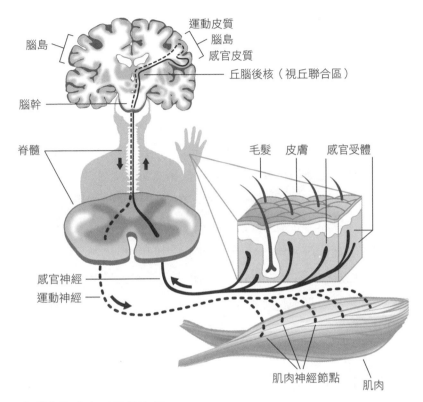

運動皮質
腦島
感官皮質
丘腦後核（視丘聯合區）
腦島
脊髓
腦幹
毛髮　皮膚　感官受體
感官神經
運動神經
肌肉神經節點　肌肉

大腦中的感官－觸覺路徑

於嗅覺系統的數據使用嗅球〔olfactory bulb〕代替），全都會
經過視丘的特定區域。

　　然而，視丘扮演的最重要角色是跟新皮質持續作資訊交
流。新皮質中的模式辨識器會將初步結果傳送到視丘，然後接
收其反應，主要是運用來自每個辨識器第六層的刺激信號和抑
制信號的相互作用。記住，這些信號不是無線訊息，所以需要

透過大量的實際線路（以軸突的形式），在新皮質和視丘的所有區域之間進行。想想看，新皮質中幾億個模式辨識器其實需要大量的實體物（就所需要聯繫的實體數量來說），來持續跟視丘交流聯繫。❺

　　那麼，幾億個模式辨識器究竟跟視丘說些什麼呢？這顯然是一種很重要的交流，因為視丘的主要部分嚴重受損的人，就可能持續陷入無意識狀態。視丘受損者的新皮質可能仍然活躍，因為自我觸發聯想仍能運作。但是，那種能讓我們起床、上車或坐在桌子前工作的定向思維，卻無法在沒有視丘的情況下運作。在此，我舉一個知名案例做說明，21歲的凱倫·安·昆蘭（Karen Ann Quinlan）因心臟病發作導致呼吸衰竭，十年來一直處於一種無反應的植物人狀態。她過世後的驗屍報告透露出，她的新皮質正常，視丘卻已受損。

　　視丘必須仰賴新皮質中包含的結構化知識，才能在掌控注意力方面發揮關鍵作用。視丘可以透過儲存在新皮質中的一張清單，讓我們遵循一系列的想法或依照計畫採取行動。根據麻省理工學院皮考爾學習暨記憶研究所（MIT Picower Institute for Learning and Memory）的神經科學家近期所做的研究指出，我們的運作記憶可以讓我們同時處理4個項目，每個大腦半球各2個。❻ 雖然到目前為止，我們根本不清楚是視丘管理新皮層，還是新皮層管理視丘，但沒有這兩者，我們就無法正常活動。

海馬迴

左右兩個大腦半球各有一個海馬迴（hippocampus），海馬迴是一個小區域，看起來像是塞進內側顳葉的海馬。海馬迴的最主要功能就是記住新奇事件。當感官資訊流經新皮質，新皮質會判定一個經歷是否新奇，再呈現給海馬迴。新皮質判定一個經歷是否新奇的方式有二：一是無法辨識某套特定特徵（例如新面孔），二是意識到原本熟悉的情況，現在出現了獨特屬性（例如你的配偶戴了假鬍子）。

海馬迴之所以能夠記住這些新奇狀況，似乎主要是透過在新皮質中的標記。因此，海馬迴中的記憶也會儲存在新皮質的較低層級模式中，而這些模式是早就被辨識並儲存的。對於沒有新皮質而無法控制感官體驗的動物來說，海馬迴只會記住來自感官的資訊，只不過這些資訊必須經過感官預先處理，例如由視神經執行的轉換。

雖然海馬迴利用新皮質（意指具有新皮質的大腦）做為暫存器，但是（標記於新皮質的）記憶卻不具有層級性質。沒有新皮質的動物可以運用海馬迴記住事物，但它們的回憶卻沒有層級特性。

海馬迴的容量有限，因此它的記憶是短暫的。它會依照記憶的順序重複播放給新皮質，而將模式的特定順序從短暫記憶，轉變成新皮質的長期層級記憶。因此，我們需要海馬迴來學習新的記憶和技能（只有運動技能似乎是使用一種不同的機

制）。兩個海馬迴都受損的人會記得已經存在的記憶，卻無法
形成新的記憶。

南加州大學神經科學家西奧多·伯格（Theodore Berger）
和同事一起模擬老鼠的海馬迴，並成功地植入人造海馬迴。在
2011年的一份研究報告中，南加州大學的科學家們先利用藥物
封鎖了老鼠的特定學習行為，而利用人造海馬迴，老鼠很快就
能重新學會這些行為。伯格如此描述他遙控神經植入物的能
力：「輕輕打開開關，老鼠就記住了。關掉開關，老鼠就忘記
了。」在另一項實驗中，科學家們讓人造海馬迴跟老鼠天生的
海馬迴一起運作。結果是，老鼠學習新行為的能力提高了。伯
格提出解釋說：「這些整合實驗模擬研究首度表明，一個能即
時辨識和巧妙處理編碼過程的神經植入物，就能夠恢復、甚至
是提升認知記憶過程。」❼海馬迴是阿茲海默症最先破壞的腦
部區域之一，因此這項研究的一項目標就是：為人類開發一種
能夠緩和這種病症初期階段損傷的神經植入物。

小腦

要接住高飛球，有兩種方法。你可以透過求解控制球的運
動的複雜聯立微分方程式，以及你本身觀察球的特定角度的方
程式，然後利用更多的方程式計算出如何移動你的身體、手臂
和手，在適當時間適當位置把球接住。

但是，你的大腦並不是採用這種做法。基本上，大腦把很

多方程式簡化為一個簡單的趨勢模型，考慮球傾向於落在你視線範圍內的哪個區域，以及球在這個範圍內的移動速度。大腦也會對手做同樣的事，線性預測球在你視線範圍內的位置還有手的位置。目標當然是確保它們同時落在同一位置。假如球似乎掉得太快，而你的手又移動得太慢，你的大腦就會指揮你的手更迅速移動，這樣兩個趨勢才會一致。這種複雜數學問題的解決方案，就稱為基函數（basis function），是由小腦（cerebellum）執行。小腦的形狀如豆，約棒球般大小、位於腦幹區域。❽

　　小腦是曾經控制人類祖先所有運動行為的一個舊腦區域。小腦現在仍占有大腦一半的神經元，只是大多數神經元都很小，因此該區域只占腦部總重的10%。而且，小腦也是大腦的設計大規模重複的另一個例子。在基因組中有關小腦的設計資訊相當少，因為小腦的結構是幾個神經元重複幾十億次的一種模式。跟新皮質一樣，小腦的結構也有一致性。❾

　　控制我們肌肉的大多數功能現在已經被新皮質取代，運用的是跟感受和認知同樣的模式辨識演算法。就移動的動作來說，我們可以更適當地運用新皮質的模式執行功能來完成它。新皮質確實可以利用小腦中的記憶，記錄移動的詳細腳本，比方說，你的簽名或在音樂和舞蹈中的獨特動作。針對小腦在孩童學習寫字過程中所扮演角色的研究顯示，小腦的柏金氏細胞（Purkinje cell）會抽樣檢查動作序列，而且一個細胞就檢查一個特定樣本。❿由於現在新皮質控制我們的大部分移動，所以

很多人即使小腦嚴重受損，也能設法應付相當明顯的肢體動作，只是他們的動作可能不那麼優雅。

新皮質也會召喚小腦發揮功能去計算即時基函數，預測我們正在考慮卻還沒有執行（可能永遠也不會執行）的行動後果，並預測別人的行動或別人可能採取的行動。這是大腦天生就具有線性預測能力的另一個例子。

利用這個基函數，人們在模擬小腦動態回應感官線索的能力方面，已經獲得相當可觀的進步，無論是由下往上的模擬（以生化模型為基礎），還是由上往下的模擬（以小腦中每個重複單位如何運作的數學模型為基礎）都有長足的進展。⓫

快樂與恐懼

> 迷信，是因為恐懼；殘忍，也是因為恐懼。戰勝恐懼，就是智慧的開端。
>
> ——英國哲學家暨數學家羅素（Bertrand Russell）

> 感受恐懼，放膽去做。
>
> ——美國勵志書籍作家蘇珊・傑佛斯（Susan Jeffers）

如果新皮質擅長解決問題，那麼我們主要想解決什麼問題呢？演化想要解決的問題是物種的生存。這可以解釋為個人為了生存，以各種不同的方式，用自己的新皮質來解析這個問

題。為了生存，動物必須讓自己的下一餐有著落，同時避免成為別人的盤中物。動物也需要繁殖，最早期的大腦演化出快樂與恐懼等系統，獎勵這些根本需求的實現，激勵動物做出能滿足這些根本需求的行為。當環境和互相競爭的物種逐漸改變，生物演化也會做出相呼應的改變。隨著層級思維的出現，關鍵驅動力的滿足變得更加複雜，因為它受到相當多複雜想法中的想法所影響。但是，儘管新皮質進行大量調控，舊腦仍然活躍並運作良好，也仍然利用快樂和恐懼來刺激我們的行為。

跟快樂有關的一個區域是伏隔核（nucleus accumbens）。在1950年代進行的一些知名實驗中，能夠直接刺激這個小區域（藉由推動一個可觸發植入電極的控制桿）的老鼠，只想一直刺激自己的伏隔核，其他事都不想做，連性行為或吃東西都興趣缺缺，最後體力衰竭餓死。[12] 以人類的大腦來說，還有一些區域也跟快樂有關，例如腹側蒼白球（ventral pallidum），新皮質本身也包括在內。

快樂也由多巴胺（dopamine）和血清素（serotonin）這類化學物質調節。本書無法詳細討論這些系統，但我們必須知道，我們從成為哺乳動物前的演化始祖那裏繼承到這些機制。人類新皮質的主要職責就是讓我們成為快樂和恐懼的主人，而不是淪為快樂和恐懼的奴隸。至於我們經常受到成癮行為的影響，顯示新皮質在這方面的努力並不成功。多巴胺是跟體驗快樂特別有關的神經傳導物質。如果有什麼好事發生在我們身上，例如：中樂透、獲得同儕認可、情人的一個擁抱，甚至是

講了笑話讓朋友大笑這種小事,都會讓我們經歷到多巴胺的釋放。跟那些因過度刺激伏隔核而死的老鼠們一樣,我們有時會透過捷徑來取得快樂,但這未必是個好主意。

舉例來說,賭博可以釋放多巴胺——至少在你賭贏時可以,但這卻要仰賴賭博行為本身的不確定性。賭博可能可以達到釋放多巴胺的目的一段時間,但是如果勝算就像故意跟你作對似的(否則賭場就不用做生意了),那麼以賭博做為釋放多巴胺的固定策略就會讓人毀滅。類似的危險總是跟各種成癮行為有關。多巴胺受體 D2 基因的特定基因突變,會讓人在體驗成癮物質或行為的初期,得到格外強烈的快感,但眾所周知(卻常被忽視)的是,後續使用成癮物質或採取成癮行為產生快樂的能力會逐漸降低。另一種基因突變則將導致人們無法從日常生活中得到正常濃度的多巴胺釋放,這也會導致人們想藉由成癮活動,強化初期體驗。具有這些成癮遺傳傾向的少數人不但是社會的一大問題,也是醫學的一大難題。即使是那些成功避免嚴重成癮行為者,也要在讓多巴胺釋放獲得快感,以及避免這種行為帶來毀滅性後果之間,努力取得平衡。

血清素是在調節情緒上扮演重要角色的神經傳導物質。血清素濃度較高時,讓人覺得自己很健康、很幸福。血清素也有其他功用,包括控制突觸強度、食欲、睡眠、性欲和消化。選擇性血清素再吸收抑制劑(selective serotonin reuptake inhibitor,能夠提高受體可用的血清素濃度)這類抗憂鬱藥物的功效強大,但並不是所有這類藥物都令人滿意(因為有降低

性欲的副作用）。跟新皮質中的行動不同，新皮質中模式辨識和軸突觸發一次只影響一小部分的大腦神經迴路，但這些物質卻會影響大腦的大範圍區域，甚至是影響整個神經系統。

　　人類大腦每個半球各有一個杏仁核（amygdala），包含一個由幾個小葉組成的杏仁狀區域。杏仁核也是舊腦的一部分，也涉及處理一系列情緒反應，尤其是處理恐懼這種情緒。在哺乳動物尚未出現之前，某些預先設定好的代表危險的刺激，就直接進入動物大腦的杏仁核，由杏仁核觸發「戰鬥或逃跑」（fight or flight）機制。現在，人腦的杏仁核仰賴新皮質來傳達危險感知。舉例來說，老闆的批評可能會引發員工害怕工作不保這種反應（但也不一定，如果員工早有離職打算就另當別論）。一旦杏仁核認為即將面臨危險，就會觸發以下一連串事件：杏仁核發出信號給腦下垂體，讓腦下垂體釋放「腎上腺皮質激素」（adrenocorticotropin），然後這種激素觸發腎上腺釋放壓力荷爾蒙皮質醇（stress hormone cortisol），這種皮質醇可以提供肌肉和神經系統更多的能量。腎上腺也能分泌腎上腺素（adrenaline）和正腎上腺素（noradrenaline），抑制你的消化系統、免疫系統以及繁殖系統（因為在緊急狀況下，不必優先處理這些系統的運作）。血壓、血糖、膽固醇以及纖維蛋白原（加速血液凝結）的濃度全部上升，心跳速率和呼吸也會加快，甚至連瞳孔都放大，這樣你就有更好的視力，看清敵人或是逃生路線。這一點在遇到真正的危險，譬如獵食者突然擋住你去路時特別有用。眾所周知在當今的世界裏，這種戰鬥或逃

跑機制的慢性活化，會導致健康永久受損，像高血壓、高膽固醇及其他問題。

像血清素和多巴胺激素這種整體神經傳導物質濃度的系統都非常複雜，我們當然可以像市面上許多書籍那樣用長篇大論探討這個主題，但值得注意的是，這種系統中資訊的頻帶寬度（資訊處理率）比新皮質頻帶寬度要低很多。跟由幾百兆可迅速改變的連結構成的新皮質不同，這類系統只涉及數量有限的物質，大腦中這些化學物質的濃度變化較為緩慢，也比較具有整體性。

我們可以這樣說，我們的情緒體驗在新腦和舊腦中都會發生。想法是發生在新腦（新皮質），而感覺在新腦和舊腦中都會發生。因此，模擬人類的任何行為都要模擬這兩個部分。但是，如果我們只是要模擬人類的認知智力，那麼有新皮質就夠了。我們可以用非生物大腦皮質更直接的動機來代替舊腦，以達成我們的目標。舉例來說，超級電腦華生的目標就很明確：在《危險境地！》益智節目裏提出正確答案（雖然這些都是由一支了解《危險境地！》的程式做進一步的調整）。在 Nuance 和 IBM 合作開發的具有醫學知識的新華生系統這個案例中，目標是幫助治療人類的疾病。未來這類系統還有實際治療疾病和減少貧困等目標。對人類來說，有關快樂與恐懼的許多掙扎已經過時，因為舊腦早在原始人類社會開始前就進行演化，其實舊腦的大部分結構都跟爬行動物相似。

至於究竟要讓舊腦當家，還是讓新腦掌權，人腦中還在進

行一場奮戰。舊腦設法透過控制快樂和恐懼的體驗來制定主導權，而新腦則繼續努力理解舊腦相對原始的演算法，並試圖控制舊腦要它聽命行事。請記住，人腦中的杏仁核無法獨力評估危險，必須仰賴新皮質來判斷。那個人究竟是友是敵，是情人或是威脅？這問題只有新皮質才能決定。

現在，我們並不像人類祖先那樣直接參與生死決鬥和捕獵食物，但至少我們在某種程度上，把原始欲望轉變成更具創造力的成果。基於這一點，我們接著就來討論創造力與愛等主題。

第6章

新皮質的卓越能力

我的宗教非常簡單，無須寺廟和複雜的哲學。我的大腦與我的心靈即是我的寺廟；仁慈善良即為我的哲學。

——達賴喇嘛

我的手能夠移動是因為大腦賦予手某些力量，這些力量可能是電力、磁力、或是所謂的「神經動力」。如果科學更加完備的話，就可能追蹤這些儲存在大腦中的神經動力，也能知道其實這些神經動力源自於由血液供給大腦的化學動力，並最終發現它的來源就是我攝取的食物或我呼吸的空氣。

——英國作家暨數學家路易斯·卡羅爾（Lewis Carroll）

我們的情感思維也是在新皮質裏發生，但會受到大腦某些

部分的影響，包括杏仁核這種舊腦區域，以及一些新演化的腦部結構，譬如紡錘體神經元，這些神經元似乎在較高層級的情緒上扮演了關鍵角色。跟大腦皮質中有規律的邏輯遞迴結構不同，紡錘體神經元有高度不規則的形狀和連結，是人腦中最大的神經元，跨越整個大腦。這些神經元彼此緊密聯繫，利用幾十萬個連結跟新皮質的不同部位連接在一起。

同前所述，腦島協助處理感官信號，但也同樣在較高層級的情緒扮演要角。紡錘體細胞就源自這個區域。功能性磁振造影（fMRI）掃描透露，當一個人在處理愛戀、生氣、悲傷和性欲這類情緒時，這些細胞會特別活躍。比方說，看到情人或聽到自己的小孩在哭時，就會強烈刺激腦島區域。

紡錘體細胞上名為頂樹突（apical dendrite）的神經絲蛋白，能連接到遠處的新皮質區域。這種「深度」互聯性是在我們演化到高等生物的過程中愈來愈頻繁出現的特徵，而某些神經元就提供跨越許多不同區域的連結。由於紡錘體細胞能夠對各種主題和思維做出較高層級的情緒反應，因此在處理情緒和道德評斷時，紡錘體細胞會出現這種連結就不足為奇。而且，紡錘體細胞跟大腦其他許多區域連結，因此所傳遞的較高層級情緒會受到知覺和認知區域的影響。值得注意的是，這些細胞並沒有在做理性的問題解決，這也是我們聽音樂或戀愛時無法理性控制本身反應的原因。不過，大腦的其他部分卻積極參與，試圖搞懂我們較高層級而又神祕難解的情緒。

紡錘體細胞的數目相對較少：數量大約只有80,000個，右

腦約有45,000個，左腦約有35,000個。雖然左右腦的紡錘體細胞數量差異不太大，但情緒商數（emotional intelligence）跟右腦息息相關，這一點至少為這種數量上的差異提供了佐證。以紡錘體細胞的數量來說，大猩猩約有16,000個，倭黑猩猩約有2,100個，黑猩猩約有1,800個，其他哺乳動物則根本沒有這種細胞。

人類學家相信，紡錘體細胞是在1,000到1,500萬年前首度出現在猿和類人猿（人類的前身）的共同祖先身上（但這物種是什麼目前還不知道），然後在大約10萬年前，紡錘體細胞的數量激增。有趣的是，新生兒身上沒有紡錘體細胞，等到約四個月大時，紡錘體細胞才開始出現，而且在嬰兒一歲到三歲時，紡錘體細胞才開始顯著增加。孩童處理道德問題和感知（如愛戀）這類較高層級情緒的能力，就是在這個時期形成的。

天分

莫札特（Wolfgang Amadeus Mozart, 1756-1791）在五歲時就創作出小步舞曲，六歲時在維也納熊布朗宮的鏡廳為瑪麗亞‧德蕾莎（Maria Theresa）女王表演。他三十五歲去世前，創作了包括四十一首交響曲在內的六百首曲子，被公認為歐洲古典音樂史上最偉大的作曲家。人們可能認為莫札特是因為有音樂天分，才會這麼有成就。

那麼，在思維模式辨識理論中，這意謂著什麼呢？顯然，

我們所說的天分有一部分是後天養成的產物，也就是說，天分
會受到環境和他人的影響。莫札特的父親利奧波德（Leopold）
是一位作曲家，同時也是薩爾茲堡大主教宮廷管弦樂團指揮。
莫札特從小就沉浸在音樂世界裏，從三歲起他父親就開始教他
小提琴和鍵盤樂器。

　　不過，環境影響不足以解釋莫札特的驚人才華，天分顯然
也是其中一大因素。可是，天分究竟是以什麼形式存在呢？如
同我在第4章所提，為了某些特定類型的模式，新皮質的不同
區域透過生物演化被最適化了。雖然在新皮質中，模組的基本
模式辨識演算法是一致的，但由於特定類型模式會流經特定區
域（例如臉部表情會經過梭狀迴），因此那些區域會變得更擅
長處理相關模式。不過，在每個模組中又有許多參數，負責管
理演算法如何實際運作。舉例來說，符合程度要多高，模式才
能被辨識出來？如果較高層級的模組傳遞出一個信號，表示
「預期」本身模式會出現，那麼辨識閾值又該如何調整？另
外，如何考慮大小的參數？這些因素跟其他因素都會根據不同
區域進行不同設定，以利於特定的區域處理特定類型的模式。
我們在人工智慧的研究中運用類似的做法，發現到同樣的現
象，也已經使用演化模擬將這些參數最適化。

　　如果特定區域可以透過最適化，特別適合處理特定類型的
模式，那麼依照這種規則，不同的大腦在學習、辨識和創造某
種類型模式的能力上，也會有所不同。舉例來說，大腦可以透
過更擅長辨識韻律模式或更懂得和聲的幾何排列，而讓大腦具

備音樂天分。跟音樂才能有關的絕對音感（perfect pitch，意指在沒有外物參考的情況下，能夠正確聽出樂器演奏了哪些音的能力），這種奇特能力雖然需要後天培養，卻似乎跟基因遺傳有關，所以可能是先天天分跟後天培養的一種組合。絕對音感的遺傳基礎可能不在新皮質處理聽覺資訊的區域，但是後天學習的聽覺資訊則會保留在新皮質裏。

　　不管是普通人或是天才，都能借助其他技能來提升本身的能力，只是不同人的提升程度不一。新皮質的能力，例如：新皮質控制杏仁核產生恐懼信號的能力（遇到別人反對時），就扮演了關鍵角色；像自信、組織技能和影響他人的能力等特質也一樣。我先前提到的一個相當重要技能是，有勇氣追求反傳統的想法。那些被我們當成天才的人，通常都以同輩人士無法理解或欣賞的方式，追求個人心智體驗，後來才獲得世人的認同。雖然莫札特生前也獲得人們的賞識，但是大部分讚譽還是在他死後才紛紛出現。他去世時窮困潦倒，被葬在一個毫不起眼的墓穴裏，而且只有兩位音樂家出席他的葬禮。

創造力

　　創造力是一種會讓人上癮的藥物，沒有它，我就活不下去。

　　　　　　　　　　──美國導演西塞爾・德米爾（Cecil B. DeMille）

　　問題絕不是如何獲得有創意的新想法，而是怎樣去除舊
觀念。每個大腦都是一棟裝滿老舊傢俱的建築。把大腦每
個角落好好清理一下，就能讓創造力立即占有一席之地。
　　　　──美國企業家、VISA創始人狄伊‧哈克（Dee Hock）

　　能以不同的世界觀來看世界者，可能會受到世人的冷嘲
熱諷。
　　　　──美國作家暨劇作家艾瑞克‧伯恩斯（Eric A. Burns）

　　創造力幾乎能解決任何問題。創意行為可以透過創意擊
敗習慣，克服一切困難。
　　　　──美國廣告界創意鬼才喬治‧路易斯（George Lois）

　　找出絕佳隱喻，這個過程是創造力的一個重要層面。隱喻
是指代表某種重要事物的標誌。新皮質就是一個偉大的隱喻製
造機，是我們成為唯一具有創造力之物種的原因所在。在新皮
質大約三億個模式辨識器中，每個辨識器都辨識和定義一種模
式，並對其加以命名。以新皮質模式辨識模組來說就是，在發
現模式時，源自模式辨識器的軸突就會「激發」。然後，這個
標誌變成另一個模式的一部分。這些模式中的每個模式基本上
都是一個隱喻。模式辨識器能以每秒高達100次的頻率進行
「激發」，所以我們每秒就能辨識高達300億次隱喻。當然，並
非每次循環都會激發每個模組，但可以肯定的是，其實我們每

秒都能辨識幾百萬個隱喻。

　　有一些隱喻比其他隱喻更重要，這是理所當然的事。達爾文認為查理斯‧萊爾的觀點「滴水涓流的每個逐步變化如何沖刷出大峽谷」，就是「一個小演化歷經數千代的改變後能造成物種的差異出現巨大變化」的有力隱喻。像愛因斯坦用來闡明邁克生－莫利實驗真正意涵的那些思想實驗，全都是隱喻，引用字典的定義來說就是：「隱喻被視為是其他事物的代表或象徵。」

　　在莎士比亞的第七十三首十四行詩中，你是否看到任何隱喻？

　　　　　在我身上你或許看見秋天，
　　　　　當黃葉，已落盡、或剩幾葉飄搖
　　　　　在寒風中的枝椏上顫抖，
　　　　　荒廢的歌壇，曾有百鳥合鳴。

　　　　　在我身上你或許看見暮靄，
　　　　　在日落，西山後，徐徐消失
　　　　　黑夜逐漸吞噬大地，
　　　　　死亡的化身，將一切塵封安歇。

　　　　　在我身上你或許看見餘燼，
　　　　　躺臥在自身燃盡的青春歲月裏，
　　　　　躺臥在滿是灰燼的死亡之床，

跟滋養過它的一切一起失去光輝。

看見這些，你的愛會更堅決，
你會好好去愛你即將失去的一切。

　　莎士比亞在這首十四行詩裏，使用大量的隱喻描述自己年歲增長。他的年紀就像晚秋一樣：「當黃葉，已落盡，或剩幾葉飄搖。」天寒地凍，鳥兒也不再於枝頭棲息，他把這稱為「荒廢的歌壇」。他的年紀就像「在日落，西山後，徐徐消失，黑夜逐漸吞噬大地」的暮靄。他就像「在我身上你或許看見餘燼」的餘火。實際上，所有的語言最終都是一個隱喻，只不過有些表達比其他的更令人難忘。

　　找到一個隱喻就是辨識一個模式的過程，只不過在細節和前後關聯上有所不同，這是我們生活中時時刻刻在進行的一項瑣碎活動。我們認為重要的隱喻之躍，往往發生在不同學科的縫隙中。然而，科學（以及其他每個領域）日趨專業分工的普遍趨勢，卻跟創造力的這股基本勢力背道而馳。如同美國數學家諾伯特・維納（Norbert Wiener, 1894-1964）在其重要著作《模控論》（*Cybernetics*）中寫道：

　　　　如同我們在本書內文中所見，有一些科學研究領域，一直被以純數學、統計學、電機工程和神經科學等學科的不同角度進行探索；每個單一概念從每個群體獲得各自獨特

的名稱，重要研究的數量因此擴增三倍或四倍。雖然還有一些重要研究在某個領域因為缺乏技術而不見成效，但卻可能在另一個領域成為熾手可熱的經典研究。

就是這些不同學科的交會區域，為有能力的研究人員提供最豐富的機會。同時，這群人也最能抵禦現有技術的大規模攻擊和專業分工。

在我自己的研究裏，為了因應持續專業化，我召集許多專家為我進行的一項專案進行腦力激盪（例如，我的語音辨識研究就請來語音科學家、語言學家、心理學家和模式辨識專家，電腦專家當然也包含在內），我鼓勵每位專家將自己獨特的技術和術語，傳授給小組其他成員。然後，我們會把術語拋在腦後，自己設計一套術語。不變的是，我們發現來自某一領域的隱喻，總能解決另一個領域的問題。

老鼠在闖入人類住宅遇到家貓時，會尋找一條逃跑路線，即使以前從沒遇過這種情況也能做得到，因為老鼠在這時會臨機應變，發揮創意。我們本身的創造力比老鼠高出許多，而且還有更加抽象的層級，因為我們擁有容量更大的新皮質，能夠分出更多層級。因此，獲得更多創造力的一種方式就是，有效召集更多新皮質。

透過多人合作就是擴展可用的新皮質的一種方法。團隊在解決問題時，就常利用這種做法，透過成員相互溝通，發揮創意解決問題。最近，人們已經開始利用線上合作工具，善用即

時協同合作的力量，並且已經在數學和其他領域獲得成效。❶

　　當然，接下來就是要透過新皮質的非生物等同物來擴展新皮質本身。這將是我們創造力的最極致展現：把創新能力給創造出來。非生物新皮質終將變得更快，而且能迅速找出像當初啟發達爾文和愛因斯坦的那種隱喻類型，並能有系統地探索我們以指數規模擴展的尖端知識領域之所有重疊範圍。

　　有些人擔心，如果有人不參與這種心智擴展該怎麼辦？我認為這些附加智慧基本上會儲存在雲端（我們透過線上溝通連接到以指數規模增長的電腦網路），這也是目前絕大多數機器智慧儲存之處。當你使用搜尋引擎、用手機做語音辨識、向Siri這種虛擬助理詢問、或用手機將一個符號轉譯成另一種語言時，這種智慧不是儲存在設備本身，而是儲存在雲端。我們擴展的新皮質也會儲存在那裏，不論我們透過直接的神經連結獲得這種擴展智慧，還是透過我們現在所用的方式（透過人跟設備的互動），都大同小異。在我看來，不論我們選擇參與或不參與跟這種人類擴展智慧的直接連結，透過這種普遍強化，我們都會變得更有創造力。我們已經將個人、社會、歷史以及文化記憶的大部分外包給雲端處理，最後我們也會對個人層級思維做同樣的事。

　　愛因斯坦的突破不僅來自於透過思想實驗應用隱喻，也源於他有勇氣相信這些隱喻所具有的力量。他願意放棄那些無法滿足他個人實驗的傳統解釋，而且他願意忍受同伴冷嘲熱諷他所提隱喻隱含的怪異解釋。這些特質——對隱喻的信念和堅信

的勇氣，也是我們在撰寫非生物新皮質的電腦程式時，應該設計進去的屬性。

愛情

思維清晰意謂愛恨分明。這就是為什麼思想傑出、思路清晰者清楚自己所愛，並強烈地愛其所愛。

　　　　　　　——法國數學家、物理學家巴斯卡（Blaise Pascal）

愛總是有點瘋狂，但瘋狂中也總有些理性存在。

　　　　　　　　　　　　——尼采（Friedrich Nietzsche）

當你跟我一樣看盡人間世事，你就不會低估癡情的力量。

　　　　　——阿不思・鄧不利多（Albus Dumbledore），摘自
　　　　　《哈利波特：混血王子的背叛》（*Harry Potter and the Half-Blood Prince*）

我總喜歡用一個好的數學方法來解決所有愛情問題。

　　　　　——美國知名電視節目導演暨製作人麥克・派崔克・金
　　　　　（Micheal Patrick King），摘自影集《慾望城市》
　　　　　（*Sex and the City*）第二季第一集〈球場愛情學〉
　　　　　（Take Me Out to the Ballgame）

　　就算你沒有親身經歷過，但你一定聽說過令人癡迷的愛情。持平地說，這世界上的藝術有相當大的部分，不管是故事、小說、音樂、舞蹈、繪畫、電視節目或電影，在初期階段的靈感都是來自於一些愛情故事。

　　最近，科學也加入這個行列，而且我們現在能辨識出個人墜入情網時發生的生理變化。腦部釋放多巴胺，產生幸福和喜悅等感受。正腎上腺素濃度飆升，導致心跳加速和整體的興奮感。這些化學物質連同苯乙胺（phenylethylamine）讓人興奮異常、活力充沛、注意力集中、食欲降低和渴望得到所想得到之物。有趣的是，倫敦大學學院（University College）的最新研究顯示，戀愛中的人血清素濃度降低，這跟強迫症患者的情況很像。這可能是我們在戀愛初期會迷戀情人的原因。❷而多巴胺和正腎上腺素的高濃度則說明短期注意力的提高、幸福感、以及戀愛初期特別癡迷的原因。

　　如果你覺得這些生化現象聽起來跟「戰鬥或逃跑」症候群很像，那是因為它們本來就很像，只不過現在我們講的是追求某些人或某些事。其實，毒舌者會說，這種為愛癡迷的行徑根本是往危險前進，而不是遠離危險。這些變化也跟成癮行為的初期階段完全一致。英國羅西樂團（Roxy Music）的歌曲〈愛情是靈藥〉（Love Is the Drug）非常準確地描述這種狀態（只不過這首歌的主題是希望找到下一段感情）。對宗教狂熱體驗的研究也顯示同樣的生理現象，也就是說，有這樣體驗的人正在跟上帝談戀愛，或是跟他們所專注的靈性連結。

以戀愛初期浪漫階段為例，雌激素和睪固酮當然強烈影響性衝動的形成，但如果有性生殖是愛情的唯一演化目的，那麼這個過程中的浪漫情愫就不需要。如同心理學家約翰·威廉·曼尼（John William Money, 1921-2006）寫道：「性是淫蕩的，愛卻充滿感情。」

愛情的狂喜階段導致依戀階段和最終的長期結合。這個過程同樣也受到化學物質助長，包括催產素（oxytocin）和血管加壓素（vasopressin）。以草原田鼠和山區田鼠這兩種相關物種為例，這兩種田鼠很相像，但草原田鼠有接受催產素和血管加壓素的受體，而山區田鼠卻沒有。草原田鼠以終生一夫一妻制著稱，而山區田鼠幾乎只進行一夜情。對田鼠來說，催產素和血管加壓素受體幾乎決定了它們愛情生活的本質。

雖然這些化學物質也影響人類，但是新皮質在我們所做的其他事情上都有主導權。田鼠也有新皮質，但其新皮質只有郵票般大小又很扁平，只夠找到終生伴侶（對山區田鼠來說，至少是找到一夜情的對象），以及執行田鼠的其他基本行為。人類則有夠多的新皮質，能進行曼尼所說那種「充滿感情的」表達。

以演化觀點來看，愛情的存在本身就是為了滿足新皮質的需求。如果我們沒有新皮質，那麼性欲已經足以保證我們繁衍後代。愛情的狂喜造成依戀和成熟的愛情，也產生一種持續的結合。這種設計至少可能提供子女一個穩定的環境，而父母本身的新皮質也經歷成為負責有能力之成年人所需的關鍵學習。

在一個充滿豐富機會的環境中學習，本來就是新皮質做法的一部分，而催產素和血管加壓素等荷爾蒙機制在建立父母（尤其是母親）和子女不可或缺的緊密結合中，也扮演關鍵角色。

在愛情故事的結尾，配偶成為我們新皮質的主要部分。在一起生活幾十年後，配偶的一切就存在於我們的新皮質裏，因此我們能預測對方會說什麼、會做什麼。新皮質裏充滿反映配偶想法的模式。當我們失去對方，我們就失去了一部分自我。這不僅是一個隱喻──原本數量龐大、反映我們所愛那個人的模式辨識器，突然間全都改變本質。雖然這些模式辨識器可以當成讓我們所愛那個人在我們心中繼續存活的一個寶貴方式，但是失去摯愛也讓數量龐大的新皮質模式，突然從引發快樂，變成觸動悲傷。

愛情及其階段的演化基礎並非當今世界的全部狀況。我們已經成功地將性從其生物功能中解放出來，我們可以在沒有發生性行為的情況下懷孕生子，也可以發生性行為卻不必懷孕。大部分的性行為是出於感官或關係的需要。我們會談戀愛，但不是為了生養小孩才談戀愛。

同樣地，從古至今各種歌頌愛情的藝術表達和種種形式，其本身就是目的。我們有能力針對愛情或其他事物創造這些卓越知識的持久形式，這正是讓我們人類成為獨特物種的原因所在。

新皮質是生物的最偉大創造。結果，愛情詩篇跟我們其他所有的創造，則代表人類新皮質的最偉大發明。

第7章

建構數位新皮質

千萬別相信任何能獨立思考之物，除非你知道它是怎麼思考的。

——亞瑟・衛斯理（Arthur Weasley），摘自《哈利波特》

我沒興趣開發出功效強大的大腦。我想要的只是一個平凡的大腦，跟美國電話電報公司（AT&T）總裁的大腦一樣就好。

——電腦科學之父艾倫・圖靈（Alan Turing）

如果電腦能騙過人類，讓人類相信它是同類，那麼電腦就具有智慧。

——圖靈

　　我相信到 20 世紀末，語言的使用和輿論意見會有極大的改變，人們談到「機器思考」時，會覺得理所當然。

　　　　　　　　　　　　　　　　　　　　　　──圖靈

　　母鼠就算這輩子沒看過其他母鼠築巢，也知道怎樣築巢。❶同樣地，就算沒有同類示範如何完成這些複雜任務，蜘蛛還是會織網，毛蟲還是會造繭，海貍還是會築水壩。當然，我們並不是說這些行為不是學習行為，只不過這些動物單靠一生的學習並無法學會這些行為，而要透過幾千代學習的累積才行。動物行為的演化確實構成一個學習過程，但是這種演化是透過整個物種的學習，不是透過個體的學習，而這種學習成果就透過DNA編碼，遺傳給後代。

　　新皮質演化的重要性在於，它徹底加快學習過程（層級知識），將數千年縮短到幾個月，甚至更短。即使數量多達幾百萬的某種哺乳動物遇到無法解決的難題（問題解決需要一系列步驟），但只要其中一名成員碰巧找到解決方法，這個新方法就會在整個物種中迅速仿效傳播。

　　現在，我們藉由從生物智慧轉向非生物智慧，可能再次將學習速度提高幾千倍或幾百萬倍。一旦數位新皮質學到一種技能，就會在短短幾分鐘，甚至幾秒內傳授這種技能。我在1973年創辦第一家公司庫茲威爾電腦產品公司（也就是今天的Nuance Speech Technologies公司），就看到許多實例。其中一個例子是，我們投入好幾年時間訓練一套研究電腦，來辨識掃描

文件中的印刷文字，這項技術稱為全字體（omni-font，意即任何字體）光學字元辨識（OCR）。迄今，這項特別技術持續開發將近四十年，最近問世的產品是Nuance公司的Omnipage。如果你希望你的電腦能辨識印刷字元，你不必像我們那樣花好幾十年時間去訓練電腦，只要下載研究電腦已學會並以軟體形式儲存的最新模式即可。1980年代時，我們開始研究語音辨識，這項技術持續發展數十年，現在是Siri系統的一部分。同樣地，你也可以在幾秒內就下載這種研究電腦經過很多年才能學會的最新模式。

最後，我們會研究出一種人造新皮質，在功能和變通性上都跟人類大腦新皮質極為相似。想想這種人造新皮質有什麼好處：電子線路運行的速度會比生物線路快上幾百萬倍。雖然一開始，我們必須用速度來彌補電腦對平行運算的相對缺乏，但是最後，數位新皮質層還是會比生物多樣性發展得更快，而且在速度方面只會持續提升。

當我們以一種人造版本來擴大新皮質，我們無需擔心我們的身體或大腦能裝進多少附加的新皮質，因為就像如今我們運用的電算技術一樣，人造新皮質大多會儲存在雲端。我先前估計過，我們的生物大腦新皮質可以承載3億個模式辨識器。即使人類不斷演化出較大的前額，而大腦新皮質占據了腦容量的80%，但是3億個模式辨識器就是大腦能容納的極限。不過，一旦我們開始利用雲端思考，我們就不再受到先天條件的限制，基本上就是透過加速回報定律所能提供的，在每個時間點

都可以依照我們的需求，使用數十億、甚至好幾兆個模式辨識器。

　　跟生物新皮質一樣，數位新皮質要經過許多重複教導，才能學會一項新技能。但是，一旦某個數位新皮質在某個時候學會了某種新知識，就能馬上跟其他數位新皮質分享這個知識。就像現在我們每個人在雲端都有自己的個人資料庫一樣，我們也可以在雲端擁有自己的新皮質擴展器。

　　最後，透過數位新皮質，我們可以用數位形式來備份我們的智慧。如我們所見，我們的新皮質中包含許多資訊這一點不光是個隱喻，而是事實，而且令人震驚的是，這些資訊至今尚未備份。當然，我們確實可以利用某種方法，備份大腦中的部分資訊，那就是將思維的一部分傳輸給比我們生物體存活更久的媒介，這種能力無疑是一個巨大的進步，然而大腦中的很多數據依然是很容易受損的。

模擬人腦

　　準確模擬生物大腦是建構數位大腦的方法之一。舉例來說，哈佛大學腦科學博士生大衛・達里波（David Dalrymple, 1991-）就計畫模擬一種線蟲（迴蟲）的大腦。❷達里波選擇線蟲做為模擬對象，是因為線蟲的神經系統相當簡單，大約只有300個神經元，他打算模擬到非常細微的分子層級。同時，他還利用電腦幫線蟲的虛擬大腦加裝虛擬肢體，並模擬線蟲所處

的環境。這樣，這個虛擬線蟲就可以像真實線蟲那樣，在虛擬環境中獵食和做本身擅長的事。達里波表示，這可能是將生物大腦上傳雲端成為虛擬大腦，並讓虛擬大腦在虛擬環境中生活的首度完整嘗試。儘管真實線蟲是否真的具有意識還值得商榷，但它們就像虛擬線蟲那樣，在競爭食物、消化食物、躲避掠食者和繁衍後代等方面，確實經歷了一些經驗。

馬克拉姆的藍腦計畫（Blue Brain Project）則跟達里波的計畫截然不同，以雄心壯志打算模仿人腦，包括整個新皮質和像海馬迴、杏仁核及小腦等舊腦區域。各部分的模擬程度有所不同，最高可達到分子層次的完全模擬。如同我在第4章所述，馬克拉姆已經發現新皮質中反覆出現的數十個神經元構成的關鍵模組，這說明了學習是由這些模組完成，而不是由個別神經元完成。

馬克拉姆的計畫進度持續呈現指數成長。這個計畫在2005年剛啟動時，他成功模擬一個神經元。到2008年，計畫團隊已經模擬出包含10,000個神經元的老鼠大腦的整個新皮質皮質柱。到2011年，模擬能力擴大到100個皮質柱，成功模擬一百萬個神經元，馬克拉姆將此稱為「中型迴路」（mesocircuit）。馬克拉姆的研究引起一項爭議：如何證明這些模擬神經元的準確性？要證明這一點，這些模擬必須展現出我下面要討論的學習。

馬克拉姆計畫到2014年，將模擬老鼠整個大腦的100個中型迴路，共計1億個神經元和大約一兆個突觸。在2009年於牛

津召開的TED（Technology, Entertainment, Design）大會上，馬克拉姆談到：「建構人類大腦並非不可能，我們可以在10年內完成這項任務。」❸他最近的目標是在2023年完成全腦模擬。❹

馬克拉姆及其團隊試圖以真實神經元的詳細解剖和電化學分析，做為建構模型的基礎。利用一種名為「膜片箝制機器人」（patch-clamp robot）的自動裝置，他們目前正在測定特定的離子通道、神經傳導物質、以及負責每個神經元內部電化學活動的酵素。根據馬克拉姆的說法，這種自動系統能將三十年

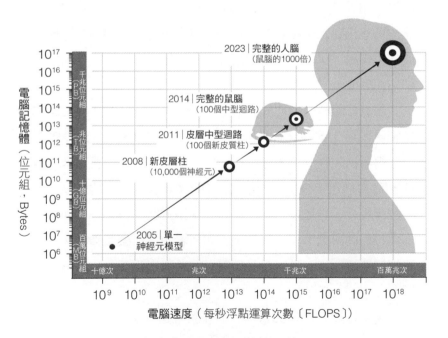

藍腦的大腦模擬計畫的實際進度與預期進度

的分析縮短為六個月。而且從這些分析中，他們發現了新皮質的基本功能單位——「樂高記憶」（Lego memory）模組。

麻省理工學院的神經科學家艾德·波登（Ed Boyden）、喬治亞理工學院機械工程技術系的克瑞格·佛瑞斯特（Craig Forest）教授及其研究生蘇哈薩·寇丹達拉馬亞（Suhasa Kodandaramaiah）都對膜片箝制機器人技術做出重大貢獻。他們證實，在不損害神經元精細薄膜組織的情況下，這種精準度達1微米的自動系統，能以相當近的距離掃描神經組織。波登

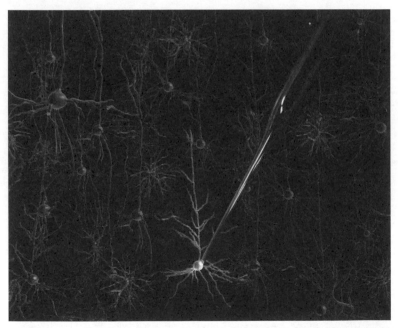

由麻省理工學院和喬治亞理工學院共同開發的膜片箝制機器人，其尖端正在掃描神經組織。

表示：「這是人類無法做到，但機器人卻有辦法做到的事。」

　　回到馬克拉姆的模擬，在成功模擬出一個新皮質皮質柱後，馬克拉姆說道：「現在我們要做的就是擴大模擬數量。」❺數量當然是一大因素，但還有另一個重大阻礙要解決，那就是學習。藍腦計畫模擬的大腦要會「講話、具有智慧、表現得跟人類很像」，這是馬克拉姆在2009年接受英國廣播公司（BBC）採訪時描述的目標。那麼要完成這些任務，人工模擬新皮質就必須擁有足夠的資訊。❻想跟新生兒溝通的人都知道，在達成這個目標前，可是有很多學習要完成。

　　有兩種方法可以讓藍腦計畫這種模擬大腦具備學習能力。第一種方法是：讓模擬大腦像人腦那樣學習。模擬大腦可以像新生兒那樣，本身就具有習得層級知識的能力，還有在感覺的預處理區（preprocessing region）預先程式化某些轉化能力。但是，這種非生物大腦的學習模式，必須在相當程度上類似於新生嬰兒與具備溝通能力的成人之間的對話。這種方法遇到的問題是，以藍腦模擬的大腦詳細程度來說，至少要等到2020年代初期，藍腦才能即時（real time）運作。即使能即時運作，速度還是很慢，除非研究人員能等上十年或二十年，等藍腦達到成人的智力水準。即使電腦的性價比（price/performance）愈來愈高，運行速度愈來愈快，藍腦的即時運行速度依然很緩慢。

　　另外一種方法就是以一個或多個人腦為模型。人腦已經取得充足的知識，可以進行有意義的語言交談，以及表現出成熟

的行為，所以就把人腦新皮質模式複製到模擬大腦。這種方法的問題是，我們必須有能夠迅速完成這項任務、具有足夠時空解析與速度的非侵入性、無損害的掃描技術。我預期這種「上傳」技術要等到2040年代左右才會出現。（根據我的預測，精準模擬大腦的運算要求，我估計大約每秒運算次數達到10^{19}，可能在2020年代於超級電腦上能看得到。然而，必要的無損於大腦的掃描技術則要更久的時間才會問世。）

還有第三種方法，我認為像藍腦這類模擬計畫必須採取這種做法。透過建構不同精細程度的功能等同體，我們可以簡化分子模型，包括本書中所提到的功能性演算法和接近全分子模擬的模擬方式。學習速度會因簡化而提升數百倍或數千倍，依照所使用的模擬程度不同而異。我們還可以為模擬大腦設計一個教學程式（利用功能性模型），就能讓模擬大腦迅速學習。然後，就能以這個簡化模型取代全分子模擬大腦，同時仍能使用累進學習（accumulated learning）。之後，我們就可以利用全分子模型，以較慢的速度模擬人腦的學習。

美國電腦科學家達曼德拉‧莫德哈（Dharmendra Modha）與他的IBM同事已成功模擬了人類一部分視覺新皮質的細胞層級，其中包含16億個虛擬神經元和9兆個突觸，這已相當於貓的新皮質神經元和突觸的數量。即使在內建了147,456個處理器的IBM藍色基因（BlueGene/P）超級電腦上進行這個模擬，其運行速度還是比人腦的處理速度慢100倍。莫德哈的團隊因為這項研究獲得美國電腦學會（Association for Computing

Machinery）頒發的戈登貝爾獎（Gordon Bell Prize）。

像藍腦計畫和莫德哈的新皮質模擬計畫，這些仿生大腦計畫的目的就是，讓一個功能性模型精益求精、更趨完善。跟人腦層級相當的人工智慧主要採用本書討論的模型——功能性演算模型（functional algorithmic model）。不過，分子模擬可以協助我們讓這個模型更趨完善，並讓我們徹底了解哪些細節最重要。我在1980年代和1990年代開發語音辨識技術時，由於了解到聽覺神經和初期聽覺皮質執行的實際信號傳遞，我們才能夠改善我們的演算法。就算我們的功能性模型再怎麼完美，對人類大腦的實際運作有所了解還是很有幫助，因為這樣就能揭示跟人類機制及機能失調有關的重要知識。

我們需要真實大腦的詳細數據，才能模擬出仿生物大腦。馬克拉姆團隊正在收集自己的數據。另外還有其他大規模專案也在收集這類數據，並將所收集的數據提供給科學家們使用。比方說：紐約冷泉港實驗室（Cold Spring Harbor Laboratory）藉由掃描某種哺乳動物（老鼠）的大腦，收集到500TB（terabytes）的資料，並在2012年6月公布成果。他們的專案成果能讓用戶像在Google Earth查看地球表面那樣，查看大腦的各個組成部分。用戶可以在整個大腦區域內任意移動，放大查看個別神經元及神經元之間的連結。用戶還可以標記單一連結，然後追蹤它在大腦內的進行路徑。

美國國家衛生研究院的十六個部門共同出資3,850萬美元，資助名為「人腦連接體計畫」（Human Connectome Project）的

新專案。❼該專案由聖路易市華盛頓大學主導，明尼蘇達大學、哈佛大學、麻州綜合醫院和加州大學洛杉磯分校也共同參與，設法繪製人類大腦的三維連接圖。這項專案使用一些非侵入性的掃描技術，包括新型核磁共振（MRI）、腦磁波儀（magnetoencephalography，記錄大腦電流活動產生的磁場）、擴散神經追蹤術（diffusion tractography，追蹤大腦纖維束路徑的方法）。

如同我後續將在第10章提到，非侵入性掃描技術的空間解析率正在飛速提升。哈佛大學神經科學家凡·韋登跟在麻州綜合醫院同事的研究顯示：新皮質電路有一種高度規則的網格結構，我在第4章中提到的就是這項專案的初期成果。

牛津大學電算神經科學家安德斯·桑德伯格（Anders Sandberg, 1972- ）和瑞典哲學家尼克·伯斯特洛姆（Nick Bostrom, 1973- ）合寫了一篇精彩的報告〈全腦模擬〉（Whole Brain Emulation: A Roadmap）。這篇報告詳述了不同精細等級的人腦模擬（也包括其他類型的大腦），從高層級的功能性模型到模擬分子。❽雖然這篇報告並未提供一個時程表，卻詳述以大腦掃描、建模、儲存和運算等觀點來看，模擬不同類型大腦之精確性所需的條件。文中預測這些領域的研究能力突飛猛進，並認為精細模擬人腦所需要的條件不久就會得到滿足。

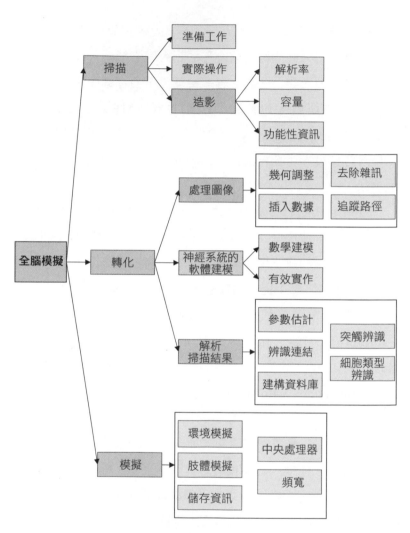

全腦模擬所需的技術能力概述圖

註：摘自桑德伯格與伯斯特洛姆合寫的〈全腦模擬〉

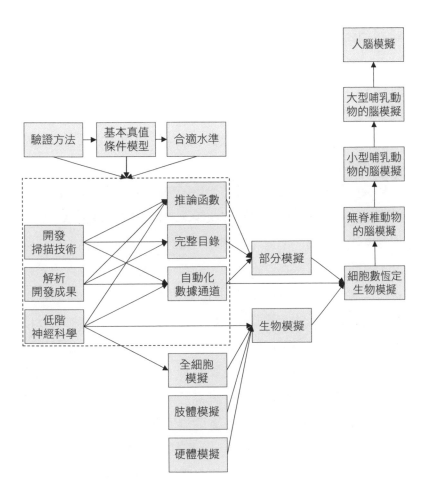

全腦模擬所需的技術能力概述圖

神經網路

　　1964年時我16歲，寫信向康乃爾大學的法蘭克・羅森布拉特（Frank Rosenblatt, 1928-1971）教授詢問馬克一號感知機（Mark 1 Perceptron）這台機器。羅森布拉特教授在四年前研製出這台據說具有大腦特性的機器。後來，他邀請我去參觀並試用這台機器。

　　馬克一號感知機是以神經元電子模型為基礎所建造的。輸入資訊值有二個維度。以語音來說，一個維度就是頻率，另一個維度代表時間。因此，每個輸入值代表特定時間點的頻率強度。對圖像而言，在二維圖像中的每個點都是一個像素。系統會隨機將輸入資訊的某個點連接到仿生神經元第一層的輸入點。每個連結點的突觸強度代表本身的重要性，但這些初始值都是隨機設定的。每個神經元將接收到的信號加總，如果總和超出本身特定閥殖，神經元就被激發，並發出信號給其輸出連結。如果總和沒有超過閥值，神經元就不會被激發，輸出信號為零。每一層神經元的輸出都會隨機地跟下一層神經元輸入連結。馬克一號感知機有三層，因此可以形成多種組態排列組合。舉例來說，下一層的輸出可以返回到上一層。在最上層，隨意挑選的一或多個神經元輸出就提供答案。（有關神經網路的演算法，詳見本章注釋）。❾

　　由於一開始時，神經網路線路和突觸強度都是隨機設定的，所以未加訓練的神經網路提供的答案也是隨機的。因此，建構神經網路的重點在於，神經網路必須學會了解自己要模擬

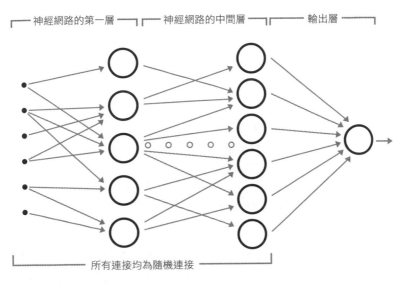

┌───── 神經網路的第一層 ─────┐ ┌───── 神經網路的中間層 ─────┐ ┌───── 輸出層 ─────┐

└───────────── 所有連接均為隨機連接 ─────────────┘

馬克一號感知機的排列組合

的對象：要建構哺乳動物的大腦，就要了解哺乳動物。神經網路起初一無所知，它的老師可能是人類、電腦程式或另一個經過學習後更成熟的神經網路；當神經網路答出正確答案時，老師就會給予獎勵，答出錯誤答案時，老師就給予懲罰。仍處於學習階段的神經網路也會根據所得到的反饋，調整不同神經元之間的連結強度。跟正確答案一致的連結強度不斷增強，答出錯誤答案的連結強度則會減弱。

　　經過一段時間後，就算沒有老師指導，神經網路也能自行提出正確答案。實驗證明，就算老師不可靠，神經網路依然可以完成學習的主題。只要老師在60%的情況下是可靠的，做為

學生的神經網路還是能以100%的精準度學會老師傳授的知識。

　　但是感知機能迅速學習的資料範圍有其侷限。1964年拜訪羅森布拉特教授時，我試著對輸入資訊做一些簡單調整。系統的任務是辨識印刷字元，其速度和準確率都很不錯，自主聯想力也很棒（即便我遮住部分文字，系統還是可以辨識出來），但是字體和字級大小的改變，就會讓機器困惑而影響辨識成功率。

　　1960年代後期，這些神經網路已廣為人知，「連結論」（connectionism）占據了人工智慧領域至少半壁江山。其他的人工智慧方法，包括一些為了直接解決特定問題而設計的程式，例如如何辨識印刷字元中的不變特徵，已變成是比較傳統的方法了。

　　1964年我還拜訪了馬文・明斯基（Marvin Minsky, 1927-），他是人工智慧領域創始人之一。雖然他在1950年代已對於神經網路做出一些開創性的研究，但他對於這項技術的優點仍然抱持懷疑的態度。神經網路大受矚目的一個原因就是，似乎不需要為神經網路編寫程式，它自己就可以學會找到解決方法。1965年我進入麻省理工學院就讀，成為明斯基教授的門生，也跟明斯基教授一樣，對於這股「連結論」熱潮抱持懷疑態度。

　　1969年，麻省理工學院人工智慧實驗室的兩位創始者明斯基和西摩・派伯特（Seymour Papert, 1928-）合寫了一本書《感知機》（Perceptrons）。這本書提出一個簡單的定理：感知機本身無法判斷一幅圖像是否連接。這本書出版後，馬上引起

明斯基與派伯特的書《感知機》封面的兩個圖像。上面那幅圖像並未連結（黑色部分是由兩個分開的部分所組成）。下面的圖像則是一個連結圖像。人類可以輕易辨識出這兩個圖像的差異，簡單的軟體程式也做得到。但是像羅森布拉特研究的馬克一號感知機，卻無法做此區別。

各界譁然。人腦可以輕易判斷一幅圖像是否連接，而搭配適當程式的電腦也能輕易做到這件事，感知機卻做不到。很多人認為這是感知機的一個重大缺陷。

　　然而，《感知機》提出的定理，卻被人們擴大解讀應用。明斯基和派伯特提出的定理，其實只適用於前饋神經網路（羅

森布拉特的感知機也包含在這個類別）這種特殊神經網路；其他類型的神經網路並沒有這種限制。不過，這本書確實讓1970年代對神經網路的投資大幅減少。直到1980年代，由於更切合實際的生物神經元模型出現，能夠避掉明斯基和派伯特所提的感知機限制的模型也出現了，才讓這個領域的研究投資再現起色。儘管連結論領域再度火紅，但新皮質解決不變性（invariance）問題的能力，這個使得新皮質功能強大的關鍵，還乏人問津。

稀疏編碼：向量量化

1980年代初期，我開始進行一項專案，探索另一個經典的模式辨識問題：了解人類語音。起初，我們採用傳統人工智慧方法，將有關語言的基本構成單位「音素」（phoneme），以及音素形成單詞和詞組的語言學規則等等專家知識，直接拿來編寫程式。每個音素都有自己獨特的頻率模式，比方說：我們知道「e」和「ah」這兩個母音在某些情況下會產生特定的共振頻率，即共振峰（formant），而且每個音素都有自己特有的共振峰值。而像「z」和「s」這樣的絲音的特性則是有許多不同頻率的清擦音。

我們用聲波來記錄語言，然後透過一系列過濾器，將語言轉化為不同頻段（即我們平時所感知的音高）。下文的聲譜圖就是這種轉化的示意圖。

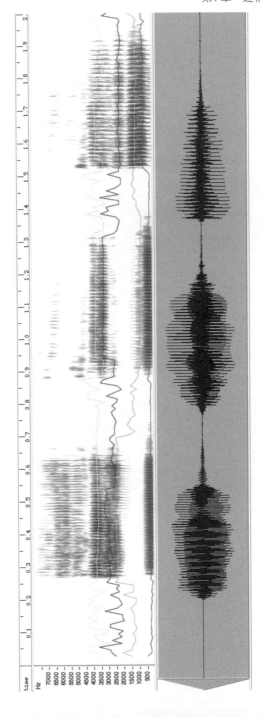

三個母音的聲譜圖。從左到右依次為：appreciate 中的母音 [i]，acoustic 中的母音 [u]，以及 ah 中的母音 [a]。Y 軸代表聲音的頻率，該頻率上的聲能就愈高，頻帶的顏色愈深，X 軸代表時間。

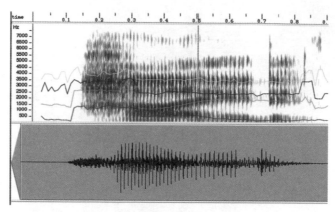

一個人説出「hide」這個單詞時的聲譜圖。水平線表示説話者聲音的共振峰，共振峰是具有較高能量的頻率。❿

　　過濾器的作用就跟我們的耳蝸一樣，是生物處理聲音的初期步驟。軟體依據音素的不同頻率模式先辨識音素，然後根據得到的音素特徵序列，辨識不同的單詞。

　　這項專案結果算是成功了一半。我們可以運用中等詞彙量，意即幾千個單詞，訓練機器學習某個人的語音模式。但是，當我們試圖辨識幾萬個單詞，處理不同說話者和流暢話語（詞與詞之間毫無停頓）時，就會遇到不變特徵這個難題。因為不同人對同一音素的發音會不一樣，比方說：有些人發的「e」音聽起來很像其他人發的「ah」音。即使同一個人對特定音素的發音也可能不一致。音素的發音通常受到鄰近音素的影響，很多音素可能完全被省略。許多單詞出現的情境不同，發音（音素串組成單詞）也會不同。我們編寫程式的基礎，也就是語

言學規則被推翻了，因為它遠遠無法跟上口語的極度多變性。

當時我突然明白，要辨識人類的語言模式和概念，基本上就要以層級結構為基礎。擁有複雜層級結構的人類語言就證明了這一觀點。但是，這些結構的基本要素是什麼？這是我在研究自動辨識人類語音時，首先思考的一個問題。

聲音透過空氣振動進入人的耳朵。隨後，耳蝸內大約3,000多個內部毛細胞，將這種振動轉換為不同頻段。每個毛細胞會感應特定的頻段（也就是我們所說的聲調），並且扮演頻率過濾器，每當收到符合本身頻段的聲音或相近的頻段時，毛細胞就會發出信號。當聲音離開人的耳蝸時，聲音就由3,000多個不同信號做表示，每個信號代表一個窄頻段（各頻段之間會有重疊的部分）在不同時間的強度變化。

就算大腦有能力處理龐大的平行輸入信號，但我認為大腦不可能針對這3,000多個聽覺信號都進行模式配對。我覺得演化不會那樣缺乏效率。現在我們已經明白：在聲音信號到達新皮質前，聽覺神經內的數據確實大幅減少了。

在我們設計的語音辨識軟體中，我們利用過濾器軟體，精確地說一共有16個（後來增加到32個，我們發現超過這個數量後，辨識成功率並不會提高）。所以，在我們的系統中，每個時間點由16個數字表示。我們必須把這16個數據簡化為一個數據，同時還要保留重要的語言辨識特徵。

為了做到整合數據，我們採用數學最適化的方法，即向量量化（vector quantification）。不管在哪個時間點，聲音（至少

是一隻耳朵聽到的聲音）都由我們的軟體以16個不同數字表示：意即16個聲頻過濾器的輸出資訊。（對人類聽覺系統來說，需要3000組這樣的數字，代表人類耳蝸3000個毛細胞的輸出。）以數學術語來說，這種數字集（不管是生物學意義上的3000組數字，還是軟體執行的16組數字）就稱為向量。

　　為求簡潔，我們以二維向量坐標來表示向量量化的過程。每個向量都可以被當成二維空間中的一個點。

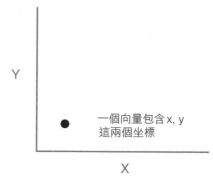

如果把這種向量的大量樣本繪製成圖，我們可能發現它們呈現一種群集（cluster）狀態。

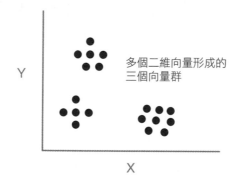

　　為了辨識這些群集，我們需要決定要觀察的群集數目。在我們的專案中，我們通常設計1,024個群集，這樣我們就可以將群集編號，並且為每個群集指定一個10位元標籤（因為$2^{10}=1,024$）。我們的向量樣本數，代表我們期望的數據多樣性程度。我們先假設原本1,024個向量是單點的群集。然後加入第1,025個向量，隨後找到跟它最接近的那個點。如果這兩個點之間的距離比原先1,024個點中最近兩個點之間的距離來得大，我們就認為這個點（第1,025個點）是一個新群集的開始。然後我們就將距離最近的那兩個群集合併為一個群集。因此，我們仍然保持1,024個群集。在處理完第1,025個向量後，這些群集中的其中一個，現在就不止有一個點了。我們繼續用這種方式處理樣本點，但始終保持1,024個群集。在處理完所有樣本點後，對於每一個多點群集，我們就用這個群集的幾何中心點來代表它。

一個多點組成的群集。我們以該群集中所有點的幾何中心那個點來代表整個群集。

　　我們繼續重複這個過程，直到把所有樣本點處理完畢。通常，我們會將數百萬個樣本點加入這1,024（2^{10}）個群集中，依照不同狀況，我們也會採用2,048（2^{11}）或4,096（2^{12}）個群集。每個群集都用位於該群集幾何中心的那個向量來表示。因此，該群集中所有的點到該群集幾何中心點的距離總和就能夠

達到最小。

其結果是，跟一開始幾百萬個點（或者數量更多的可能點）做比較，現在我們可以將龐大數據量減少到只剩1,024個點，並將空間利用最適化。至於從未使用到的部分空間，就不指派給任何群集。

然後，我們為每個群集指派一個數字（以這個例子來說，就是從0到1,023）。這個數字就代表這個被簡化及「量化」的群集，這也是這項技術被稱為「向量量化」的原因。只要有新的輸入向量出現，就以中心點離這個向量最近的那個群集的代表數字來表示。

現在，我們可以依據每個群集中心點到其他群集中心點的距離，預先計算並繪製一張表格。當新的向量（我們用量化點來表示這個向量，也就是與這個新輸入點最近那個群集的代表數字）出現時，我們就可以馬上知道這個新向量跟其他群集之間的距離。因為我們只用離這個點最近的群集之代表數字來表示這個點，所以現在我們就知道這個點跟以後可能出現的點之間的距離。

我在描述上述技術時，只用到兩個數字來表示一個向量。但是在進行語音辨識時，我們使用16個基本向量來表示每個點時，雖然數量不同，但方法是一樣的。因為我們選擇16個數字來表示16個不同的頻段，所以我們系統中的每個點都在16維空間中有各自的位置。人類很難想像維度超過三維（如果把時間包含進去就是四維）的空間是什麼模樣，但在數學上卻

沒有這種侷限。

　　利用這種流程，我們已經做到四件事。第一，我們大大降低數據的複雜性。第二，我們將16維空間數據縮小為一維空間數據（意即每個樣本都以一個數字表示）。第三，由於我們強調的部分是可能傳遞最多資訊的聲音空間，因此尋找不變特徵的能力也隨之提升。實際上，頻段的大多數組合是不可能出現的，至少可能性相當低，因此我們沒有必要讓不可能的輸入組合跟可能的輸入組合具有同樣的空間，而這項技術也讓數據簡化成為可能。第四個好處是，即使原始數據包含好幾個維度，但我們卻可以使用一維的模式辨識器。事實證明，這種做法能讓可用的計算資源，做最有效率的利用。

利用隱藏式馬可夫模型解讀你的思維

　　我們利用向量量化法，藉由強調關鍵特徵而簡化了數據，但是我們還需要知道如何表達不變特徵的層級結構，因為這樣的層級結構才能決定新資訊是否有意義。我從1980年代初期開始投入模式辨識領域的研究，至今已累積二十年經驗，我很清楚以一維數據的方式來處理不變特徵，效力更強也更有效率，結果也更經得起考驗。雖然在1980年代初期，人們對大腦新皮質的認識不多，但是我基於處理模式辨識問題的經驗，假定人腦在處理數據時也可能將多維數據（不管是來自眼睛、耳朵或皮膚的數據），簡化為一維數據，尤其是在處理新皮質

層級結構中較高層的概念資訊時。

在語音辨識的例子中，語音信號資訊的編排似乎就是呈現一種模式的層級結構，其中各個模式是由線性序列的正向元素組成。每個模式中的各個元素可能是較低層級的另一個模式，或是一個輸入的基本單位（在語音辨識中就是我們提過的量化向量）。

你會發現這種情況跟我先前提到的大腦新皮質模式很吻合。因此，人類的口語就是由大腦中某種線性模式層級結構所產生。只要我們能夠檢視說話者大腦中的這些模式，就能將說話者的口語表達與其大腦模式做比對，就能了解說話者在講什麼。遺憾的是，我們還無法直接觀察說話者的大腦，我們擁有的資訊只有說話者實際說出來的內容。說話就是這麼回事——說話者透過語言表達，分享自己的一部分思維。

因此，我很想知道：有沒有一種數學方法能讓我們依據說話者的話語，推斷出說話者大腦中的模式？當然，單憑一句話來做推斷絕對不夠，但是如果我們擁有數量龐大的樣本，我們能利用這些資訊來判讀說話者新皮質內的模式嗎？（或者，我們能否找到在數學上有同等意義的結構，藉此辨識說話者新說出的內容？）

人們往往低估數學的強大影響力。請記住，我們能在搜尋引擎上，馬上搜尋到人類的大多數知識，就是利用數學方法。至於我在1980年代初期研究語音辨識時遇到的問題，後來就從隱藏式馬可夫模型獲得最好的解決。俄羅斯數學家安德烈‧

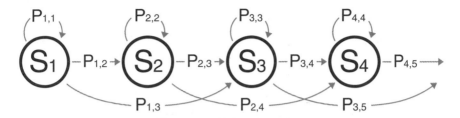

隱藏式馬可夫模型的某一層的簡單示意圖。S_1 到 S_4 代表「隱藏」的內部狀態。$P_{i,j}$ 代表由 S_i 狀態轉移到 S_j 狀態的機率。這些機率是透過系統從訓練數據（也包括實際使用時的數據）學習而決定的。利用這些機率來比對新序列（例如一個新語句），就能決定該模型產生新序列的可能性。

安德烈耶維奇・馬可夫（Andrei Andreyevich Markov, 1856-1922）曾提出一個層級式的序列狀態的數學理論。該模型以在同一鏈狀結構中轉移到不同狀態的機率為基礎，一旦順利轉移狀態，就能在層級結構中將更上一層的狀態激發出來。聽起來是不是很熟悉？

　　馬可夫模型包含各種狀態成功出現的機率。馬可夫進一步假設一種情況：系統具有某種層級式的線性序列狀態，但卻無法直接去觀察它，因此命名為隱藏式馬可夫模型。在這種層級結構中，最底層的線性序列狀態會發出信號，這是我們唯一能觀察到的。馬可夫提出一種數學方法，能依據所觀察到的輸出信號，計算狀態轉移的發生機率。後來到了 1923 年，美國應用數學家諾伯特・維納（Norbert Wiener）將這個模型加以改善。改善後的模型同時也提供一種方式，用於決定馬可夫模型

中的連結，基本上發生機率太低的連結就被當成不存在。其實，大腦新皮質就是這樣修整連結，很少用到或從沒用到的連結就被視為不可能出現，而被修剪掉。以我們辨識語音的例子來說，可觀察的輸出就是說話者發出的語言信號，狀態機率和馬可夫模型中的連結就構成了產生可觀察輸出的新皮質層級結構。

因此我預先設計一個系統，在這個系統中，我們不但可以利用人類語言的樣本，還可以應用連結和機率以及隱藏式馬可夫模型技術，推論出某個層級狀態（基本上就是模擬一個可產生語言的新皮質），然後再利用推論出的層級網路狀態來辨識新語句。為了設計一個能辨識所有說話者的語音辨識系統，我們會使用許多不同個人的口語樣本，來訓練隱藏式馬可夫模型。並藉由增加層級的元素來表達語言資訊的層級本質，因此這類模型比較適合稱為隱藏式馬可夫層級模型（HHMMs）。

我在庫茲威爾應用智慧公司（Kurzweil Applied Intelligence）的同事卻對這項技術抱持懷疑態度，因為隱藏式馬可夫模型只不過是一種讓人聯想起神經網路的自組織（self-organizing）方法，但這種方法已經過時，而且先前我們使用這種方法毫無所獲。我向同事們說明，神經網路系統中的網路是固定的，不會因輸入數據而改變：權重會改變，連結卻不會。在馬可夫模型系統中，如果系統設定正確，系統為了適應拓樸結構，就會刪去從未用過的連結。

因此我推動一項可被視為「臭鼬工廠」（skunk works，意

指專案拋開慣例，不受正式資源限制）的專案，成員包括：我自己、一名兼職程式設計師和一名電機工程師（負責設計頻率濾波器）。讓我同事們跌破眼鏡的是，我們的專案進展相當順利，可以準確辨識包含許多單詞的語句。

這項實驗成功後，我們後續的語音辨識研究都以隱藏式馬可夫層級模型為基礎。其他語音辨識公司好像也發現這個方法的重要性，因此從1980年代中期開始，自動語音辨識研究大多依循這種做法。隱藏式馬可夫層級模型也被用於語言整合，請記住，我們的生物皮質層級結構不只要辨識輸入，也要產生輸出，比方說：說話和肢體動作。

隱藏式馬可夫層級模型也被用於理解自然語言句子的系統中，這代表在概念上的層級提升。

為了理解隱藏式馬可夫層級模型方法如何運作，我們從一個包含所有可能的狀態轉移的網路開始研究。先前介紹的向量

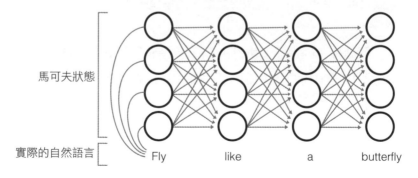

隱藏式馬可夫模型中，為了產生自然語言內容的單詞序列，而出現的狀態和可能的連結。

量化法在此發揮關鍵作用，如果沒有這種簡化做法，我們要考慮的可能性就太多了。

　　以下是一個經過簡化、可能出現的初始拓樸：

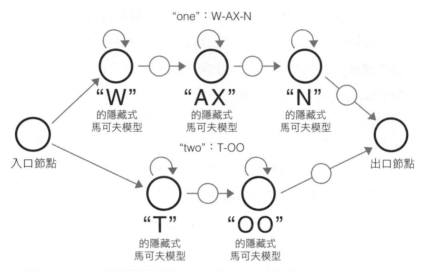

隱藏式馬可夫模型辨識兩個口語單詞的拓樸簡圖

　　話語樣本經過逐一處理。為了更準確地反映我們剛處理過的輸入樣本，我們針對每個話語樣本，反覆修改出現轉移的機率。我們利用馬可夫模型進行語音辨識，針對每個音素中可能出現特定聲音模式的可能性、不同音素如何互相影響、以及音素的可能組合順序進行編碼。這個系統也包括語言結構較高層級的機率網路，例如單詞的序列、詞組等等語言層級結構中的較高層級。

儘管我們以前開發的語音辨識系統，都涵蓋了音素結構的特定規則，以及由人類語言學家明確編碼的序列，但是以隱藏式馬可夫層級模型為基礎的新系統，卻沒有被明確告知英語中有44個音素、每個音素可能的向量序列，或是哪些音素組合更可能出現。相反地，我們是讓系統在幾千個小時處理人類口語資訊的過程中，自己發現這些「規則」。跟原先人工編碼相比，這種做法的好處是，系統會發現那些被人類專家忽視的機率規則。而系統自動從數據中學習到很多規則，這些規則雖然跟人類專家制定的規則差異不大，但卻更為重要。

一旦這種網路訓練完畢，在知道輸入向量實際序列的情況下，我們利用網路考慮可選擇的路徑，並選出最可能的路徑，來辨識語音。換句話說，如果我們發現可能產生那個話語的狀態序列為何，我們就能判斷那個話語是源自那樣的皮質序列。這種以隱藏式馬可夫層級模型為基礎的模擬新皮質包含單詞標籤，所以能夠針對聽到的單詞提供轉譯。

然後，我們就能在使用這個網路辨識語音的同時，繼續對其加以訓練以改善語音辨識的準確度。同前所述，這種網路跟人類新皮質層級結構的每個層級一樣，可以同時完成辨識和學習這兩項工作。

演化（遺傳）演算法

還有一個很重要的事情需要考量：我們如何設定控制模式

辨識系統運作的眾多參數？這些參數包括：向量量化階段的向量數、層級狀態的初始拓樸結構（在隱藏式馬可夫模型的訓練階段會刪掉未使用的狀態之前）、層級結構中各層級的辨識閾值、控制大小參數的諸多參數，等等。我們可以憑直覺設定這些參數，但是這樣做的結果不盡理想。

我們稱這些參數為「上帝參數」（God parameters），因為這些參數早在決定隱藏式馬可夫模型拓樸結構的自組織方法出現之前就存在（就生物來說，是指人類透過新皮質層級結構創造類似的連結而學到東西之前）。這種說法或許會造成某種意義上的誤解，儘管演化這件事有些人認為是出自上帝之手（而我也真的認為演化是一種精神過程，這部分我會在第9章再做討論），但這些以DNA為基礎的初始設計細節卻是由生物演化過程決定的。

在我們設計的層級學習與辨識的模擬系統中，當設定這些「上帝參數」時，我們再次從大自然中找到線索並決定加以利用，那就是模擬大自然的演化。我們使用遺傳演算法（genetic algorithm），或稱演化演算法（evolutionary algorithm），來模擬有性生殖和突變。

在此，我舉一個例子說明這種方法如何運作。首先，針對一個我們要解決的問題，將所有可能的解決方案加以編碼。假設我們要解決的問題是將一個電路的設計參數最適化，我們就把能代表這個電路特質的所有參數（分派給每個參數一個特定的位元數）列成一張表。這張表就是遺傳演算法中的遺傳代

碼。然後，我們隨機產生幾千個、甚至更多的遺傳代碼。這種遺傳代碼每一個（代表一組設計參數）都被當成一個「解決方案」的模擬有機體。

　　接著，我們使用一種既定方法評估每組參數，就可以在模擬環境中，評估每個模擬有機體。這種評估是遺傳演算法成功的一項關鍵。以我們的例子來說，我們會執行參數產生的每個程式，並依據適當標準（是否完成任務、花多久時間完成等）對其加以評估。最佳解決方案（最佳設計）的有機體就得以續存，其他就被淘汰掉。

　　接著，我們讓每個續存者自我繁衍，直到繁衍後的總數量跟所欲模擬的生物數量相同為止。這個過程透過模擬有性生殖完成。換句話說，我們設計的後代，是從雙親那裏分別遺傳到一部分基因。通常，我們不去區分雄性有機體或雌性有機體，任何一對雙親都可以孕育後代，所以基本上我們這裏討論的是同性婚姻。這或許不像自然界中的有性生殖那麼有趣，但是這種繁殖的參考點是仍有雙親。在模擬這些有機體的繁殖過程中，我們允許一些染色體發生突變（隨機變化）。

　　現在，我們僅僅完成一個世代的模擬演化，接著為後續每個世代重複上述步驟。完成各世代的模擬後，我們會評估整個設計的改善程度（利用評估函數計算所有存活有機體的平均改善程度）。當兩個世代有機體之間的改善程度相當小時，我們就停止這種反覆過程，並使用最後一代的最佳設計。（有關遺傳演算法的演算法說明，詳見本章注釋。）❶

　　遺傳演算法的關鍵在於：設計人員並不直接為解決方案編寫程式，而是讓系統在模擬競爭和改善的反覆過程中，自行找到一個解決方案。生物演化相當巧妙，但過程卻極其緩慢，所以為了提高系統的智慧，我們大幅加快演化速度。電腦能在幾小時或幾天內模擬許多個世代的演化，但我們有時會讓電腦花個幾週時間，模擬幾十萬個世代的演化。不過，這整個反覆過程我們只需要經歷一次，一旦我們讓這種模擬演化自行運作，我們就能應用這種高度演化、高度改善的規則，迅速解決實際問題。對我們開發的語音辨識系統來說，我們使用遺傳演算法來改善網路初始拓樸結構和其他重要參數。因此，我們採用兩種自組織方法：一是利用遺傳演算法模擬生物演化，產生一種特殊的皮質設計；二是利用隱藏式馬可夫層級模型，模擬跟人類學習有關的皮質組織。

　　遺傳演算法的另一項成功關鍵是，你必須找到一種可行方法能有效地評估各種解決方案。由於各世代模擬演化過程中有幾千種可能的解決方案，因此評估方法必須能迅速執行。遺傳演算法擅長處理變數很多、又需要精準計算分析的解決方案。舉例來說，設計引擎就牽涉到處理一百個以上的變數，而且還需要滿足好幾十個限制條件。跟傳統演算法相比，奇異公司（General Electric）的研究人員就利用遺傳演算法，設計出更精準符合限制條件的噴射引擎。

　　不過，在使用遺傳演算法時，你必須清楚知道自己要什麼。遺傳演算法以往被用於求解堆積木問題（block-stacking

problem），但是需要幾千個步驟才能完成，因為，程式設計師忘了在評估函數中加入將所需步驟極小化這個條件。

軟體藝術家史考特‧德拉弗（Scott Drave）的電子羊專案（Electric Sheep Project），則是遺傳演算法的藝術傑作。其使用的評估函數是採用人類的估計，集結了數千人的開放原始碼協同合作而成。這個作品會隨著時間變化而產生改變，你可以造訪網站 electricsheep.org 觀看。

至於語音辨識，遺傳演算法和隱藏式馬可夫模型的結合產生極佳的成效。利用遺傳演算法模擬演化可以大幅改善隱藏式馬可夫層級結構網路的效能，模擬生物演化的機制比起我們憑直覺創造的原始設計要優秀得多。

後來，我們嘗試對整個系統進行一連串的小調整，比方說：我們會對輸入資訊做一些微小擾動（perturbation，小幅度的隨機變化）。另外則是讓馬可夫模型算出的結果影響「鄰近」的馬可夫模型，讓某個模型「洩漏」（leakage）到鄰近的模型中。只不過當時我們並不知道我們嘗試做的這些調整，跟新皮質結構中發生的改變極為相似。

起初，這類改變會使得系統績效下降（以辨識準確率為衡量標準）。但是，如果我們重新執行演化程式（即遺傳演算法），並且伴隨著這些調整，那麼系統就會針對調整項目取得最適化；整體來說，最後系統績效就會回升。如果我們把這些調整項目又去除掉，系統績效就會再次下降，因為系統已經演化並從這些調整中取得平衡，也對這些調整形成依賴。

　　在這些調整當中，對輸入資訊做一些隨機變化確實能提升系統的績效（在重新執行遺傳演算法後）。原因是，這種做法解決了自組織系統中著名的「過適」（overfitting，亦稱過度擬合）問題。自組織系統有一個缺點是，會將訓練樣本中的特殊例子過度概括。所以，藉由對輸入資訊進行隨機調整，數據中更多的具特徵不變性的模式會留存下來，系統也就學到這些更深層級的語言模式。不過，只有在重新執行遺傳演算法，並隨機調整輸入資訊時，才能對系統績效有幫助。

　　但是這樣做，我們在理解生物新皮質迴路時，就會出現一個困境。舉例來說，我們已經發現在皮質連結中，可能有少量資訊從一個皮質連結洩漏到另一個皮質連結，這是由於人類大腦皮質的連結方式使然：軸突和樹突的電化學作用顯然受到其鄰近連結的電磁效應所影響。假設我們可以進行一項實驗，把這種影響從人類大腦中去除掉（雖然實際上很難做到，但並非不可能實現）。假設我們進行這項實驗並發現，在缺少這種神經洩漏的情況下，皮質迴路的運作效益就會下降。因此我們可以推論：這種現象是大腦演化的一項相當聰明的設計，也是皮質迴路達到本身績效水準的關鍵所在。我們還可能進一步想到，這個結果告訴我們，由於連結之間有如此複雜的交互影響，概念層級模式向上傳遞及向下預測的有序模型其實遠比我們所知道的更錯綜複雜。

　　不過，這項推論未必準確。以我們利用隱藏式馬可夫層級模型建構的模擬皮質為例，我們也做了一項調整，跟神經元之

間的互相溝通很類似。如果我們後續利用那種現象執行演化程式，系統績效就不會下降，而會恢復（因為演化程式已經適應這種調整）。如果後來我們把這種互相溝通去除掉，系統績效會再次下降。從生物學的觀點來說，生物演化確實會造成這種現象。生物演化會依據這些因素，重新設定系統的詳細參數；一旦改變參數，就會降低系統績效，除非我們重新執行演化。在模擬的世界中有辦法這樣做，因為演化只需要幾天或幾週，但是在實際生物界中卻很難辦到，因為演化需要經過幾萬年的時間。

那麼，對於人腦新皮質的某一項設計特徵，我們應該認為是生物演化發展出的一項關鍵創新，用以協助人類提升本身的智慧水準，還是說，那僅僅是目前系統設計所仰賴的人造物，並非演化的必然？要回答這個問題，我們只需要進行模擬演化，利用加入或刪除設計細節的這些特定變數（例如連結有無相互溝通）。我們甚至可以進行生物演化，利用幾小時就能完成代際演化的微生物做為實驗對象，檢視微生物的群體演化。但是要對人類這種複雜生物進行這種實驗，就完全行不通。這也是生物學的缺點之一。

回到我們在語音辨識的研究，我們發現如果分別讓（1）建構音素內部結構的隱藏式馬可夫層級模型和（2）建構單詞和詞組的隱藏式馬可夫層級模型等初始設計，進行模擬演化（執行遺傳演算法），就能獲得更好的語音辨識成效。系統的這兩個層級都使用隱藏式馬可夫層級模型，但是遺傳演算法可以

在這些不同層級間，發展出設計變數。而且，這種做法也允許兩個層級之間發生音素建構，比方說：我們把兩個單詞連在一起發音時，通常會把某些音素模糊掉，例如「How are you all doing?」可能會說成「How're y'all doing?」。

　　類似的現象也可能發生在大腦皮質的不同區域，因為基於處理過的模式類型，這些皮質區域已經發展出些微的區別。儘管所有皮質區域都使用相同的新皮質演算法，但生物演化還是有充足時間，調整各區域的設計，好讓不同的區域最適合處理本身負責的特定模式。不過，我先前就講過，神經科學家和神經病學專家已經注意到這些區域的龐大可塑性，而這種可塑性也為新皮質演算法的一致性提供佐證。如果新皮質各區域所用的基本方法極為不同，那麼皮質區域之間的這種可交替性就不可能發生。

　　透過這種自組織演算法的結合，我們所建構的系統相當成功。在語音辨識領域，這些系統是能夠辨識流暢句子和各種詞語的第一批系統。即便不同說話者、不同語調和口音，系統也能有相當高的辨識率。在我撰寫這本書時，語音辨識領域的最先進技術產品是Nuance公司（前身為庫茲威爾電腦產品公司）針對個人電腦開發的產品Dragon Naturally Speaking（版本11.5）。對於目前語音辨識績效有疑問的人，我建議不妨試用這款產品，因為花幾分鐘透過句子和不同詞彙訓練這款軟體後，辨識率通常能高達99%以上。Dragon Dictation是可以在iPhone上使用的一種無需語音訓練、既簡單又免費的app。目

前iPhone手機使用的個人助理Siri也採用同樣的語音辨識技術，再擴增對於自然語言的理解，據以辨識說話者的語意。

這些系統的績效證明了數學的威力。利用數學方法，即便我們無法直接進入說話者的大腦，實際上幾乎是在計算說話者新皮質內部的活動，在辨識說話者在說什麼的過程中，這可是一個關鍵步驟。對Siri這種系統來說，就是辨識說話者說的那些語句是什麼意思。我們可能會好奇：如果我們真的能夠看到說話者新皮質內部的活動，我們能否看到隱藏式馬可夫層級模型所算出的連結和權重？我們當然無法找到精準的對應，因為跟電腦模型相比，神經元結構當然在許多細節上有所不同。但我堅信：實際生物跟我們試圖模擬該生物的模型之間，一定存在著某種高度對應的數學對等體（mathematical equivalence），否則，那些模擬出來的系統就不會運作得那麼好。

列表處理語言 LISP

列表處理語言 LISP（LISt Processor）是一種電腦程式語言，由人工智慧領域的先驅約翰‧麥卡錫（John McCarthy, 1927-2011）於1958年開發出來。如其名所示，LISP是處理列表（清單）的一種語言。每個LISP陳述就是一個元素列表，其中每個元素可能是另一個列表，或是一個「原子」（atom），意即構成數值或符號的最簡單位。列表的子列表仍可以是該列表本身，因此LISP可以循環遞迴。LISP陳述還有另一種遞迴

形式：第一個列表包含第二個列表，第二個列表包含第三個列表……如此循環遞迴直到最後一個列表包含第一個列表，循環就結束。因為列表具有這種包含性，所以LISP語言也能處理層級結構。列表可以做為系統的限制條件，只有在列表元素的限制條件得到滿足時，程式才會啟動。如此一來，這個由限制條件組成的層級結構就可用於辨識模式更加抽象的特徵。

LISP在1970年代和1980年代初期，在人工智慧領域蔚為風潮。早期對LISP持樂觀態度的人認為，LISP語言反映出人腦的運作方式，而且LISP語言可以讓任何智慧流程，以最簡單又最有效率的方式加以編碼。所以當時，推出LISP解譯程式和相關產品的「人工智慧」公司一度生意興隆。但是到了1980年代中期，人們發現LISP演算法並非人工智慧領域的發展捷徑時，這方面的投資也就大幅減少。

事實證明，對LISP抱持樂觀態度者的觀點並非一無可取。基本上，我們可以將新皮質中的每個模式辨識器當成一個LISP陳述——每個陳述由一個元素列表組成，每個元素又可能是另外一個列表。因此，新皮質實際進行某個特徵的列表處理時，做法就跟LISP程式非常類似。而且，新皮質可以同時處理3億個類似LISP的「陳述」。

但是，LISP語言缺少兩個重要特性。一是缺少學習能力。LISP的每行程式都必須由程式設計師來編寫。雖然人們曾經嘗試利用種種方法讓LISP程式自動編碼，但那些方法並非由LISP語言自行產生。相反地，大腦新皮質則具備這種能力，大

腦新皮質可以從本身的經驗和系統的反饋中，利用有意義且可以被執行的資訊來填補「陳述」（即列表），而「自行編寫程式」。這就是大腦新皮質運作的一項關鍵原則。大腦新皮質的每個模式辨識器（即每一個類似LISP的陳述）可自行填補列表，並跟上下鄰近列表相連結。LISP語言跟大腦新皮質的第二個差異在於大小參數。雖然人們可以設計出LISP的不同版本（以LISP語言編寫）使得它可以處理這些參數，但這並不是LISP語言本身的固有特性。

　　LISP語言跟人工智慧領域的原創理念相符，意即找到一種智慧方法自行解決問題，而且這種方法可以直接透過電腦語言編寫程式。這種能夠從經驗中自我學習的自組織方法的第一個嘗試就是神經網路，但結果不是很成功，因為神經網路無法依據學習來修改自身系統的拓樸結構。而隱藏式馬可夫層級模型透過自身的修整機制，提供了一個有效的做法。現在，隱藏式馬可夫層級模型跟遺傳演算法，成為當今人工智慧領域的主流。

　　對比LISP語言與大腦新皮質的列表結構，那些認為大腦複雜到人類難以理解的人提出一項批判論點指出：大腦有幾兆個連結，而且由於每個連結必須有自己的設計特徵，所以需要幾兆行的程式碼與其對應。先前我估計過，大腦新皮質大約擁有3億個模式處理器──或者說有3億個列表，列表中的每個元素又指向另一個列表（在最低的概念層級，是指向新皮質以外的不可簡化的基本模式）。但是對LISP陳述來說，3億這個

數字還是相當龐大，目前人類還沒有寫過包含這麼多陳述的程式。

　　不過，我們必須牢記，這些列表並非在神經系統最初設計時就被具體設定。大腦是自行設計這些列表，並根據本身經驗自動連結各個層級。這就是大腦新皮質的關鍵祕密。完成這種自組織的流程比構成新皮質3億個列表這種能力要簡單得多。這些流程在基因組中有明確的設定，我後續會在第11章介紹，基因組中負責處理大腦信號的獨特資訊數量（經過無損失壓縮後的數量）約有2,500萬位元組，相當於不到100萬行的程式碼。實際演算的複雜度甚至更低，因為這2,500萬位元組的基因資訊只是神經元的生物需要，並不具備處理資訊的能力。無論如何，2,500萬位元組的設計資訊，這種複雜度還是在人類可以處理的範圍內。

層級記憶系統

　　我在第3章中提到，傑夫‧霍金斯和迪利普‧喬治分別於2003年及2004年，開發出一種結合層級列表的新皮質模型。我們從霍金斯跟布萊克斯利2004年的著作《創智慧》中，可以找到對此層級列表的描述。在迪利普於2008年發表的博士論文中，我們還可以找到這個層級式短期記憶法更新、更簡潔的說明。❷在名為NuPIC（Numenta Platform for Intelligence Computing）的系統中，Numenta公司就是運用這個方法幫富比

士公司（Forbes）和動力分析公司（Power Analytics Corporation）這些客戶，開發模式辨識和智慧數據探勘系統。離開Numenta公司後，喬治自己開了一家名為代理系統（Vicarious Systems）的新公司。該公司獲得創投基金Founder Fund（由臉書主要投資者彼得‧提爾〔Peter Thiel〕和臉書首任總裁西恩‧帕克〔Sean Parker〕共同管理）資助，也取得由達斯汀‧莫斯科維茲（Dustin Moskovitz，臉書創辦人之一）帶領的Good Ventures公司投資。

喬治在智慧建模、學習和辨識龐大層級結構資訊等方面，獲得相當大的進展。他把自己開發的系統稱為「遞迴式皮質網路」（recursive cortical network），並打算將其應用到醫學造影和機器人等領域。從數學上來說，隱藏式馬可夫層級模型跟這種層級記憶系統非常類似，尤其是當我們允許隱藏式馬可夫層級模型自行組織不同模式辨識模組之間的連結時，兩者更為相似。同前所述，隱藏式馬可夫層級模型還提供另一個重要要素，就是透過計算所考慮模式的存活機率，就可以針對每個輸入信號的預期分布範圍建立模型。最近，我新成立一家以模式（Patterns）為名的有限公司，這家公司打算利用隱藏式馬可夫層級模型跟其他一些相關技術，開發自組織新皮質模型，目的是要了解自然語言。其中一個重點任務是：系統有能力像生物新皮質那樣，自行設計本身的層級結構。我們設想的系統不僅可以順利閱讀像維基百科和其他知識資源，還能聽懂你說的每句話，看懂你寫的每個字（如果你願意的話）。目標就是讓它

成為你的益友，甚至早在你提問前，就為你答疑解惑，還能在
日常生活中隨時提供你有用的資訊。

人工智慧的尖端領域：在能力上逐步提升

1. 一位虛有其表、華而不實者冗長無趣的發言。
2. 小孩會穿的一種衣服，也是歌劇中某艘船的名稱。
3. 丹麥國王胡洛斯加（Hrothgar）的士兵不斷被殺，官員
   貝武夫（Beowulf）被派來追捕這位被通緝十二年的罪
   犯。
4. 意指思維的逐漸發展，也可以指懷孕。
5. 國際教師節和肯塔基賽馬日（Kentucky Derby Day）。
6. 華茲華斯（Wordsworth）曾說，什麼東西不會漫步閒
   逛，而是直飛雲霄。
7. 打印在馬蹄的鐵製品或賭場發牌盒上的4字母單字。
8. 義大利作曲家威爾第在1846年創作的歌劇第三幕，「上
   帝之鞭」被他的情人歐坦貝拉刺殺身亡。
   ──以上是《危險境地！》節目中的一些題目，超級電腦華
   生全部都答對。答案是：像蛋糕糖霜般虛有其表的喋喋
   不休（meringue harangue）、圍兜（pinafore）、格倫德
   爾（Grendel）、孕育（gestate）、五月（May）、雲雀
   （skylark）和鞋子（shoe）。至於第8題，華生先回答：
   「阿提拉（Attila）。」主持人回問：「再詳細一點。」華

生便明確答道:「匈奴王阿提拉。」這是正確答案。

電腦找出《危險境地!》益智提問線索的技術,聽起來跟我的做法蠻類似的。電腦會先找到線索中的關鍵詞,然後在本身記憶中(以華生為例,是指15TB的人類知識資料庫),尋找跟關鍵詞對應的資料。電腦會嚴格依據所取得的背景資訊,檢索排名較前面的搜尋結果。所依據的資訊包括:類別名稱、答案類型、時間、地點、以及提示中暗示的性別等。而且,當電腦「認為」有把握答對問題時,便會提出答案。對《危險境地!》的所有參與者來說,這個過程是當下直覺的一種過程,我確信自己在回答問題時,大腦也跟電腦在做同樣的事。

——肯‧詹尼斯(Ken Jennings),《危險境地!》
冠軍紀錄保持人,後來輸給華生

我可是歡迎機器人稱霸的人。

——肯‧詹尼斯(輸給華生後,套用美國動畫影集
《辛普森家庭》的台詞)

天啊!(華生)比《危險境地!》一般參賽者更聰明,答對更多問題。這麼聰明,真讓人驚訝!

——塞巴斯帝安‧特倫(Sebastian Thrun),
史丹佛大學人工智慧實驗室前負責人

　　華生什麼都不懂，只是一個大型蒸氣壓路機。

　　——美國語言學家諾姆‧喬姆斯基（Noam Chomsky）

　　人工智慧無所不在，發展趨勢再也不受我們掌控。透過簡訊、電郵或手機跟人聯繫這種簡單行為，就是利用智慧演算法來發送資訊。現在，我們接觸到的每一種產品，幾乎都是由人腦和人工智慧共同設計，再經由工廠自動生產出來。如果明天所有人工智慧系統都決定要罷工，文明社會就會陷入癱瘓：我們不能從銀行領錢，存款可能化為烏有，通訊、交通和製造也全部停擺。幸好，我們的智慧機器還沒聰明到能策劃這種陰謀。

　　現在，人工智慧的最新發展就是，這項技術已公開的應用實例都讓眾人大開眼界。舉例來說，Google的無人駕駛車（截至我撰寫本書時，這種車在城鄉的行駛哩程已超過20萬英哩），這項技術可以大幅減少車禍事故、提高道路流量、降低人們在開車時的操作複雜性，還有其他許多好處。雖然無人駕駛車可能到本世紀末才會在世界各地廣泛使用，但只要遵守某些規定，無人駕駛車已經可以在內華達州的公共道路上合法行駛。這些車已經裝設自動觀察路況，以及提醒司機注意危險的功能。這項技術有一部分是以麻省理工學院湯馬索‧波吉歐（Tomaso Poggio）教授成功研發的大腦視覺處理模型為基礎。波吉歐的博士後研究生阿姆農‧沙舒瓦（Amnon Shashua）進一步研發出行動之眼（MobilEye）技術，這項技術能警告司

機，汽車即將發生碰撞或前方有小孩在跑等危險狀況。最近，富豪（Volvo）和BMW所生產的車輛已經安裝這種設備。

我在本書這一章節集中討論語言技術，是基於幾個原因。語言的層級本質反映出我們思維的層級本質，這點並不令人意外。口語是我們人類使用到的第一種技術，書面語是第二種。如本章所述，我自己在人工智慧領域的研究一直偏重語言這方面，畢竟，精通語言就等於握有極具影響力的能力。IBM開發的超級電腦華生已經閱讀過幾億網頁，並掌握這些文件中包含的知識。到最後，機器將能掌握網路上的所有知識，也就是我們的人機文明（human-machine civilization）的全部知識。

英國數學家艾倫・圖靈（Alan Turing, 1912-1954）曾設計一種圖靈測試（Turing test），以測試電腦以文字訊息進行自然語言交談的能力。❸圖靈認為語言包含並呈現人類的所有智慧，任何機器都無法只運用簡單的語言技巧就通過圖靈測試。雖然圖靈測試只牽涉到書面語，但是圖靈堅信，電腦通過這項測試的唯一方法就是：擁有相當於人類的智慧。評論家指出，對人類智慧水準的真正測試應當包括對視覺和聽覺資訊的掌控能力。❹由於我自己從事的人工智慧專案中，很多都牽涉到教導電腦掌握像是人類語言、字母形狀和音樂聲音等感官資訊，因此別人當然認為我會贊同在名符其實的智慧測試中加入這些資訊形式。不過，我也贊同圖靈最初的看法，其實只進行文本資訊的測試就足夠了。事實上，在測試中增加視覺輸入或聽覺輸入，並不會增加通過該測試的難度。

　　就算我們不是人工智慧專家，也會對超級電腦華生在《危險境地！》中的表現大感驚訝。雖然我知道華生內部一些關鍵子系統所使用的方法，但這並不會影響我觀看它（他？）作答時的情緒反應。即使完全了解華生所有元件系統如何運作——其實沒有人能做到這一點——也無法協助你預測華生在某種情境下會如何反應。因為這部超級電腦包含了幾百個互相影響的子系統，每個子系統又要同時處理幾百萬個可能的假設，所以我們不可能預測華生的實際反應。如果要在事後針對華生的思考過程做一次詳盡的分析，那麼光是華生回答一個3秒鐘問題的思考過程，就會讓人類花掉幾百年的時間。

　　繼續講我在人工智慧方面的研究經歷。1980年代末期和1990年代，我們開始研究某些領域對自然語言的理解。我們開發出一種名為「庫茲威爾聲音」（Kurzweil Voice）的產品，你可以對著它講任何你想講的話，只要是跟編輯文件檔案有關即可。（舉例來說：「將前一頁第三段移到這裏。」）在這個有限卻實用的領域中，庫茲威爾聲音運作得相當好。我們還設計出具備醫療領域知識的系統，醫生可以將病患的報告口述給系統聽。這類系統對於放射學和病理學等領域有足夠的知識，如果報告有不清楚之處，系統就會向醫生提出疑問，並在報告過程中引導醫生。這些醫療報告系統已經發展成為Nuance公司價值十億美元的業務。

　　了解自然語言已經成為主流，尤其是在自動語音辨識方面的應用。在我撰寫這本書時，iPhone 4S上自動個人助理Siri已

在行動電算界造成轟動。你可以交代Siri做任何智慧型手機可以做到的事（譬如「附近哪裏可以吃到印度食物」，或者「發簡訊給我老婆，說我正在路上」，或是「大家對布萊德‧彼特〔Brad Pitt〕的新電影有什麼看法？」）。而且，大多數情況下Siri都會回答。Siri還會講出一些沒有意義的閒聊來娛樂發問者。如果你問它生活的意義為何，它會回答「42」，因為電影《星際大奇航》（*The Hitchhiker's Guide to the Galaxy*）的粉絲知道，42就是「生命、宇宙和一切終極問題的答案」。至於知識性的問題（也包括生活的意義），則由計算型知識搜尋引擎Wolfram Alpha回答，這部分的說明詳見後文。「聊天機器人」（chatbots）已經成為一個研究領域，它們什麼事都不做只是閒聊。如果你想要跟我們研發、名為拉蒙娜（Ramona）的聊天機器人聊天，請造訪我們的網站KurzweilAI.net，並點擊「Chat with Ramona（跟拉蒙娜聊天）」。

　　有些人跟我抱怨Siri無法回答某些請求，但我發現這些人也老是抱怨客服人員的服務。有時，我會建議他們跟我一起試用Siri，後來他們發現Siri表現得比他們預期的更好。這些抱怨讓我想起那隻會下西洋棋的狗的故事。狗主人對於滿腹疑問者做出這樣的回答：「是真的，牠確實會下棋，只是結局比較慘。」現在，Siri也開始遇到強敵，像Google語音搜尋（Google Voice Search）就是其中之一。

　　如今，普羅大眾跟掌上電腦以自然語言交談，為一個嶄新的時代揭開序幕。人們往往會因為第一代技術有所侷限，就忽

略這種技術的重要性。就算多年後這項技術確實運作良好，人們還是不會予以好評，因為這項技術已經不新了。但是看起來，Siri的第一代就表現驚人，而且這類產品顯然只會愈來愈夯。

Siri是使用Nuance所開發、以隱藏式馬可夫模型為主的語音辨識技術。這種自然語言的延伸應用最初是由美國國防部先進研究計畫署（DARPA）贊助的CALO專案研發。[15]Nuance自行開發的自然語言技術，已提升Siri的功能，還提供一項非常類似的技術，名為「聲龍語音技術」（Dragon Go！）。[16]

用於理解自然語言的方法跟隱藏式馬可夫層級模型非常相似，其實隱藏式馬可夫層級模型本身就被廣為運用。儘管這些系統中，有些並未明確標示是使用隱藏式馬可夫模型或隱藏式馬可夫層級模型，但是其所使用的數學方法是完全一樣的。這些方法都包含線性序列層級，每個元素都有自己的權重、能自我調整的連結、以及能依據學習數據自行組織的一種整體系統。通常，在實際運用這些系統時，系統還是會繼續學習。這種方法跟自然語言的層級結構相呼應——從單詞到詞組，再到語意結構，只不過是抽象概念的自然延伸。針對參數執行遺傳演算法是有意義的，因為這些參數控制著這種層級學習系統的精準學習演算法，並決定最適化演算法的細節。

在過去十年內，這些層級結構的設計方法已出現新的改變。1984年時，道格拉斯‧萊納特（Douglas Lenat, 1950-）以雄心壯志推動循環（Cyc, 代表enCYClopedic）專案，致力於設

計出能將日常「常識性」知識編碼的規則。這些規則以一個龐大的層級結構加以編排，每條規則本身又包含一個線性狀態序列。舉例來說：一條循環規則可能表示狗有一張臉。然後，這個循環系統就連結跟臉型結構相關的一般規則：臉有兩隻眼睛、一個鼻子、一張嘴等等。我們不必為狗的臉設計一套規則，再為貓的臉設計另一套規則，雖然我們可能會想新增一些規則來區別狗的臉和貓的臉。這個系統還包括一個推論引擎：如果有規則陳述獵犬是一種狗，狗是一種動物，動物要吃食物，而我們打算問推論引擎獵犬吃不吃東西，系統就會提出肯定的回答：獵犬要吃東西。在未來二十年內，將會集結數千人投注心力，將有幾百萬條這類規則被撰寫與測試。有趣的是，撰寫循環規則的語言，即 CycL，幾乎與 LISP 語言完全一樣。

在此同時，持反對意見的學派認為，想要理解自然語言或是設計一般的智慧系統，最佳做法就是讓系統處理想要掌握的大量現象實例，讓系統從中自動學習。Google 翻譯（Google Translate）就是這類系統的一個重要例子，Google 翻譯可以在五十種語言之間互譯。那就等於 2,500 種不同的翻譯組合，儘管 Google 翻譯無法將大多數語言直接互譯，但它會將來源語先譯成英語，再翻譯為目的語。因此，Google 需要的翻譯器就減少到 98 個（外加少數不透過英文、直接互譯的翻譯器）。Google 翻譯器並不使用語法規則，而是依據語言軟體「羅塞塔石」（Rosetta stone）這種大型語言庫中兩種語言間的翻譯文件，為每組來源語和目的語的普通互譯建構龐大資料庫。針對

聯合國的六種官方語言，Google已使用聯合國的文件資料，因為聯合國就是以這六種語言出版資料。至於較不常用的語言，Google就使用其他資源。

Google翻譯的結果常讓人驚訝。美國國防部先進研究計畫署每年都會舉辦競賽，選出不同語言間的最佳自動語言翻譯系統，Google翻譯經常在某些語言翻譯競賽中勝出，打敗那些以語言學家直接設計語言規則的翻譯系統。

過去十年有兩大見解對於自然語言理解領域產生深遠的影響。第一種見解跟層級結構有關。儘管Google的做法以對應語言之間的詞語序列為出發點，但在執行上必定會受到語言固有的層級本質所影響。那些在方法上使用層級學習（如隱藏式馬可夫層級模型）的系統，系統績效更為優異。不過，這類系統並不是自動建構的。如同人類一次只能學習大約一個概念層級，電腦系統也一樣，因此我們必須小心控制電腦系統的學習流程。

第二種見解是，手動建立的規則比較適合於常用基本知識的核心部分。這種方法在翻譯短句時，準確率通常更高。舉例來說，在短句翻譯方面，美國國防部先進研究計畫署認為中譯英翻譯器以規則為主的翻譯系統，比Google翻譯的準確度更高。但是，針對語言的尾部（tail），也就是幾百萬個不常用的短語和概念，以規則為主的翻譯系統其準確度卻低到讓人難以接受。如果我們依據分析的訓練數據量繪製自然語言理解準確度的圖表，以規則為主的系統起初績效較好，但隨後準確度就

停在70%。呈現明顯對比的是，以統計數據為主的翻譯系統準
確度可以高達90%，但需要龐大數據才能達到這種準確度。

通常，我們需要的組合是，利用少量訓練數據至少達到中
等績效，當數據量激增，就有機會達到更高的準確度。迅速達
到中等績效能讓我們把系統應用到某個領域，然後在人們使用
該系統時，自動收集訓練數據。利用這種方式，人們使用系統
時，系統同時也能大量學習，準確度就隨之提高。要反映語言
的本質，這種統計學習就必須徹底分層，這樣也反映出人腦是
如何運作。

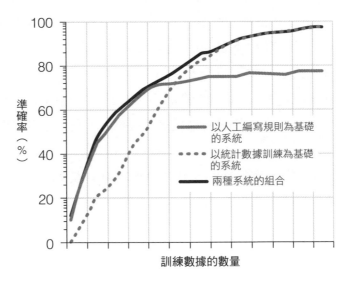

自然語言辨識系統的準確率是訓練數據數量的一個函數。最好的做
法是將兩種系統結合：利用人工編寫規則為主的系統來處理語言的
核心部分，至於語言的「尾部」則以數據為主的訓練方法來處理。

　　這也是 Siri 和聲龍的運作方式，也就是利用以規則為主的翻譯系統來處理最常見和特定的語言現象，然後從實際使用者的使用方式來學習語言的「尾部」。當循環（Cyc）團隊明白，他們以人工編碼規則改進系統績效無法再有任何突破時，也開始採用這種做法。人工編碼的規則有兩個必要功能：首先，這類規則在初期就提供足夠的準確度，這樣一來試用系統就能廣泛應用，並在過程中將系統自動改善。其次，這類規則能為等級較低的概念層級提供一個穩固的基礎，讓系統自動學習，並可以開始學到更高概念層級的知識。

　　如上所述，華生是人工編碼規則與層級統計學習做法結合的傑出實例。IBM 結合幾個頂尖的自然語言程式，設計出一個能參加《危險境地！》比賽的系統。2011 年 2 月 14 日到 16 日，華生跟該節目兩位冠軍參賽者同場較勁——布拉德・拉特（Brad Rutter）在這個益智競賽節目中贏得最多獎金；肯・詹尼斯（Ken Jennings）則是打破紀錄，連續七十五天穩坐冠軍寶座。

　　順便一提，我在 1980 年代中期撰寫第一本著作《智慧型機器時代》時，就在書中預測電腦會於 1998 年成為西洋棋冠軍。我還預測屆時我們可能不像以前那樣認為人類智慧有多麼了不起，並開始對機器智慧刮目相看；不然我們就是開始認為西洋棋不像以前那般重要。如果歷史是一位嚮導，那麼我們會看到西洋棋的地位不復重要。後來，我的預測全都應驗了，這些事在 1997 年都發生了。當 IBM 設計的超級電腦「深藍」

（Deep Blue）打敗西洋棋王蓋瑞‧卡斯帕洛夫（Garry Kasparov）時，我們馬上面對這樣的爭辨：電腦在西洋棋賽中會贏是意料中的事，因為電腦是有邏輯的機器，而西洋棋本來就是邏輯遊戲。因此，深藍的勝利就被人們當成既不令人驚訝，也不那麼重要。許多評論家繼續爭辨，認為電腦絕不可能掌握人類語言的細微差別，包括隱喻、明喻、俏皮話、雙關語和幽默。

　　這是華生的勝利具有劃時代意義的一個原因；《危險境地！》就是一個相當複雜，極具挑戰性的語言遊戲。通常，這節目中的提問包括人類語言千奇百怪的不同說法。許多觀察家可能沒有發現，華生不僅正確回答那些出乎意料、複雜難懂的提問，更驚人的是，華生使用的大部分知識都不是由人工編碼。華生閱讀過二億頁自然語言文件並從中獲取知識，包括維基百科和其他百科全書的資料，總計有4兆位元組（4TB）的語言知識。如同本書讀者所知，維基百科不是用LISP或CycL等程式語言撰寫的，而是以包含歧義和語言本身複雜邏輯的自然語言撰寫。華生在回答一個問題時，必須參考這4TB的資料再作答（我發現《危險境地！》的作答過程，其實是在尋找問題，但這只是一個技術性的工作，其實答案本來就是問題）。如果華生能在三秒內依據二億頁知識來了解問題並作答，那麼類似的系統也能在網路上讀取幾十億網頁資料。事實上，這方面的努力已在進行中。

　　1970年代到1990年代，我們在研發字元和語言辨識系統

及早期的理解自然語言系統時，就用到結合「專家經理」（expert manager）的一種方法論。我們開發幾個系統，每個系統運用不同方法解決同一個問題。系統之間會有些許的差異，比方說：只有控制學習演算法之數學方法的參數不同而已。不過，有些差異比較重要，譬如使用以規則為主的系統代替以層級統計學習為主的系統。「專家經理」本身是一種軟體程式，透過檢視模擬現實世界的績效，了解這些不同系統的優缺點。專家系統的理論基礎是，這些系統的優點都呈現直角分布：即一個系統在某方面比其他系統更為優異。實際上，利用「專家經理」軟體負責訓練並設計出組合系統後，整體績效遠比個別系統的績效要好很多。

　　華生的運作方式也是如此。利用非結構化資訊管理架構（Unstructured Information Management Architecture, 後稱UIMA），華生運用了幾百個不同的系統，其中有許多個別語言元件跟市面上的理解自然語言系統是一樣的，這些系統設法直接對《危險境地！》的提問作答，不然至少要解釋提問中某些語意不明的歧義。基本上，UIMA就扮演「專家經理」的角色，運用人工智慧將不同系統的運算結果巧妙整合。UIMA遠遠超越早期開發的系統，譬如Nuance的前身研發出的系統，因為就算本身個別系統沒有提供最終答案，還是能對最終結果做出貢獻，畢竟，如果子系統能協助縮小解答的範圍，這樣也就足夠了。另外，UIMA能計算出最終答案的答對機率。人腦也能這樣做，在被問到自己母親的姓氏時，我們就會自信滿滿

地回答，但是被問到一年前偶遇某人的姓氏時，我們回答時就沒那麼有把握。

因此，IBM的科學家們並不打算找到一個理解《危險境地！》固有語言問題的簡潔方法，他們反而把能取得的所有先進語言理解模組加以結合。其中有些系統利用隱藏式馬可夫層級模型；有些系統採用隱藏式馬可夫層級模型的數學變體；其他系統則試圖直接編碼出一套可靠規則。UIMA根據每個系統實際使用過程中的成效，以最適化的方式將不同系統加以整合。但是，輿論對華生系統有一些誤解，認為IBM創造華生系統的專家們過度關注UIMA，意即IBM設計的專家經理軟體。因此，有些觀察家認為華生系統並沒有真正理解語言，因為我們很難知道這種理解發生在系統的哪個部分。雖然UIMA架構也會從本身的經驗學習，但華生對語言的理解無法單獨在UIMA找到，而是分散在系統眾多構成部分中，包括使用跟隱藏式馬可夫層級模型類似的自組織式語言模組。

在決定應該在《危險境地！》中以哪個答案作答時，超級電腦華生的某個特定部分的技術會使用UIMA估計答案的信心水準。雖然華生系統是特別設計用來參與這種益智問答，但其核心的語言及知識搜尋技術，只要經過一些修改，就能用於完成其他工作。或許有人認為，分享較不常用的專業知識，例如醫學知識，要比參與《危險境地！》競賽所需的常識更難。但事實正好相反：跟常識相比，專業知識通常更有組織性、更結構化、語意也更明確，所以華生可以利用這些技術，輕而易舉

地理解這些精準的自然語言。同前所述，目前 IBM 正在跟
Nuance 公司合作，改寫出醫學領域適用的華生系統。

　　華生參加《危險境地！》益智問答時的對話非常簡單：主
持人提出一個問題，華生就尋找相應的一個答案。（從技術上
來說，就是找出問題並作答。）在這種對話中，華生並不需要
回顧以前所有對話內容（Siri 系統則需回顧部分內容：如果你
要求 Siri 發簡訊給你老婆，Siri 第一次接到這種要求時，會要
求你先確認你老婆是誰，之後程式就會記住，無需重複確
認）。回顧對話中的所有資訊（這顯然是通過圖靈測試需要做
到的事），是一項額外但卻重要的工作，但對於華生作答益智
問題的難度來說，回顧對話並不算太難。畢竟，華生已經閱讀
了幾億頁的資料，其中顯然包括許多故事，所以它能夠追蹤複
雜的序列事件。因此，華生應該也有辦法回顧自己以往的對
話，在後續回答問題時做為參考。

　　《危險境地！》這種益智問答節目的另一個侷限是，問題
的答案都比較簡單。例如，節目不會提問，請競賽者指出《雙
城記》（*A Tale of Two Cities*）的五個重要主題。某種程度上，
華生可以找出討論這本小說主題的文件，只要適當地調整一下
系統就有辦法作答。但是如果要它光靠著閱讀這本書就找到答
案，而不是抄襲其他思考者的想法（書面文字或口語），那就
不簡單了。以目前來說，要讓華生自己閱讀小說找出答案，顯
然是一個高難度的工作，我認為這種工作就是跟圖靈測試程度
相當的工作。（話說回來，要大多數人閱讀小說作答，通常也

無法提出自己的原創觀點，而是參考同輩或意見領袖的想法。）畢竟現在是2012年，不是2029年，所以我不會期待電腦具有可以回答圖靈測試的智慧水準。而且我還要強調：要抓出小說中的重要主題並評估作答，本來就沒有一個正確答案。要是有人被問到《獨立宣言》（*Declaration of Independence*）由誰簽署這種問題，我們可以判斷對方給的答案對不對。但是對於掌握一件創意作品的主題這種高難度問題，我們無法輕易判斷答案正確與否。

值得注意的是，雖然華生的語言能力不及一個受教育者的語言能力，但它卻能順利打敗在《危險境地！》中表現最好的兩位參賽者。因為華生利用機器具備的高度精準回憶功能與記憶能力，將本身的語言能力和知識理解做結合。這就是為什麼我們要把個人、社會或歷史的記憶儲存在電腦系統的原因。

我並不打算更正我的預測——電腦在2029年能通過圖靈測試——但是華生這類系統目前的進展，應該能讓世人相信，圖靈等級的人工智慧不久就會出現。如果有人打算研發出專門用於圖靈測試的華生系統，那麼這個目標就會更快實現。

美國哲學家約翰・希爾勒（John Searle, 1932-）最近提出評論表示：華生不具備思考能力。他引用自己所做的稱為「中文屋」（Chinese room）的思想實驗（在第11章詳述），說明華生只能巧妙運用符號，卻不懂符號的意義。其實，希爾勒對於華生的敘述並不正確，因為華生是依據層級統計流程來理解語言，而不是巧妙運用符號。假如我們認為華生系統的自組織流

程中的每個步驟，只是巧妙運用符號，那麼希爾勒的評價就是對的。但如果真是這樣，人腦同樣也會被當成不具思考能力。

　　當觀察家批評華生只會對語言進行統計分析，無法像人類那樣真正理解語言時，這種說法實在既滑稽又可笑。人腦在處理各種假設時，也是依據統計推論（新皮質層級結構的每一層都是如此），進行層級統計分析。華生和人腦都是依據類似層級理解的做法來學習和做出反應的。從許多方面來看，華生具備的知識比個人具備的知識更全面。沒人敢說自己精通維基百科內的所有知識，而維基百科的知識只是華生知識庫的一部分。但是，人類目前可掌握的概念層級卻比華生來得多，只是這種差距日後當然會被超越。

　　Wolfram Alpha是說明將這種計算優勢應用於結構化知識的重要系統，這個回答引擎（answer engine，跟搜尋引擎剛好相反）是由英國數學家暨科學家史蒂芬‧沃夫朗博士（Stephen Wolfram, 1959- ）跟他在沃夫朗研究中心（Wolfram Research）的同事所共同開發。舉例來說，如果你造訪 WolframAlpha.com 這個網站，並對 Wolfram Alpha（後文簡稱 Alpha）這個回答引擎提問：「一百萬以下的數字中，有多少個質數？」它會回答：「78,498」。這個回答引擎不是搜尋答案，而是自行計算答案，並在答案下方列出計算所用的公式。如果你利用一般搜尋引擎做此詢問，通常只會找到你所需的演算法的網頁連結。之後你必須將那些公式輸入 Mathematica 這種系統中進行運算，雖然這種系統也是沃夫朗博士開發的，但是跟直接詢問 Alpha

相比，使用一般搜尋引擎顯然要做（和理解）更多事。

　　實際上，Alpha是由1,500萬行Mathematica程式碼所組成。Alpha的實際運作方式就是，從經過沃夫朗研究中心人員仔細彙整的將近10TB的資料中計算答案。你可以向Alpha詢問各種實際問題，比方說：「哪個國家的人均國內生產毛額最高？」它會回答：「摩納哥，人均國內生產毛額為212,000美元。」或者你詢問：「史蒂芬・沃夫朗幾歲？」它會回答：「沃夫朗的年齡是52歲9個月又2天（我撰寫這段文字時沃夫朗的歲數）。」先前說過，Alpha也是蘋果Siri系統的一部分。如果你向Siri提一個實際的問題，Siri就會將問題交由Alpha處理。Alpha也負責處理微軟公司必應搜尋引擎（Bing search engine）的某些提問。

　　沃夫朗博士最近在自己的部落格中提到：Alpha目前的回答準確率高達90%。❼他同時說，Alpha的錯誤率也呈指數銳減，大約每18個月錯誤率就減少一半。這個系統令人驚豔，不僅採用人工編寫程式的做法，還採用人工確認資料。這證明當初我們為何要發明電腦。當我們發現並彙整科學和數學的方法，電腦在處理此類問題時，遠比無外力援助的人類智慧要強得多。Alpha系統已經將大部分已知的科學方法加以編碼，並持續更新從經濟學到物理學等各種主題的資料。在我和沃夫朗的一次私人談話中，他估計像華生使用的那些自組織方法，在正常運作時準確率約達80%，Alpha則可以達到90%。當然，這些準確率都跟使用者的自我選擇有一定的關係，因為使用者

（例如我自己）已經知道Alpha系統擅長哪類問題，所以運用自組織方法設計的系統同樣會受到類似因素所影響。華生在《危險境地！》節目中回答問題的準確率似乎是80%，不過這種準確率已經足以打敗最有能力的人類參賽者。

　　我的看法是，如同我在思維模式辨識理論中提到的那樣，這些自組織方法必須了解我們在現實世界現象遇到的那些既複雜又模稜兩可的層級，人類語言就是其中之一。智慧系統的理想組合則需要在利用科學知識和數據的精確編碼，依據思維模式辨識理論（我認為這是人腦的運作方式）來結合層級智慧。基本上，這樣我們就可以把電腦當成人類，日後人工智慧和人類智慧將繼續發展。對於人類智慧而言，雖然我們的大腦新皮質具有很強的可塑性，但是新皮質的發展潛力卻因為本身的物理特性而受到限制。將更多新皮質置入我們的前額，當然是一項非常重要的演化創新，但目前我們還無法輕易擴增額葉的容量，就算只增加10%也很困難，更別提要增加1,000倍。也就是說，我們無法在人腦完成這項創新，但是從建構人工大腦的技術層面來講，這項創新卻是可行的。

創造一個人工大腦

　　我們的大腦有數十億個神經元，但神經元是什麼？神經元就是細胞。神經元之間互相連結，大腦才有知識可言。神經元之間的連結方式就決定了我們知道什麼、我們到底

是誰。

——全球資訊網（World Wide Web）創始人
提姆‧伯納李（Tim Berners-Lee）

現在，我們就用上述討論來建構人工大腦。我們從建構一個符合必要特性的模式辨識器開始做起。接著，我們複製許多這類辨識器，因為我們有記憶體和運算資源可提供支援。每個辨識器計算出模式被辨識出來的機率。這樣做，就把觀察到的每個輸入數值範圍（某種連續變量）列入考慮，並將這些數據跟每個輸入相關的大小參數和大小變化參數做比較。如果計算出的機率超過辨識閾值，辨識器就會激發模擬軸突。辨識閾值和控制計算模式機率的參數，我們會利用遺傳演算法進行最適化。模式要被成功辨識出來，並不需要每個輸入都被啟動，這就是自聯想辨識的作用（意即某個模式只要部分呈現，我們就可以辨識整個模式）。我們同樣也允許抑制信號，也就是暗示模式較不可能出現的信號。

模式一被辨識出來，就會向該模式辨識器的模擬軸突傳遞有效信號。這個模擬軸突接著會跟下一個較高概念層級的一個或多個模式辨識器連結。下一個較高概念層級的所有模式辨識器會把這種模式當成輸入信號之一。當一個模式大多被辨識出來，每個模式辨識器還會向較低概念層級傳遞信號——指出模式尚未被辨識出來的部分，「預期」會出現。每個模式辨識器都有一或多個這類預期信號輸入通道。當預期信號以這種方式

被接收時，該模式辨識器的辨識閾值就會降低，也就更容易將
模式辨識出來。

　　模式辨識器負責將自己與概念層級結構中較高和較低層級
的模式辨識器「連結」起來。要注意的是，軟體執行的「連
結」都是透過虛擬連結，而非實際線路連結（類似於網路連
結，基本上是記憶體指標〔memory pointer〕）。實際上，這種
人工大腦系統比生物大腦系統更靈活。以人腦來說，新模式必
須被指派到實際的模式辨識器，還需要軸突跟樹突之間建立新
的連結。通常，這意謂著人類的大腦會選取一個跟所需連結十
分類似的連結，並依此增加所需的軸突和樹突來形成完整的連
結。

　　哺乳動物的大腦還運用另一種方法，就是先建立大量的可
能性連結，然後再把沒有使用到的神經連結修剪掉。如果一個
生物新皮質為了學習更多新進資料，而將已經學習較舊模式的
皮質模式辨識器做重新指派，那麼這個皮質模式辨識器就必須
重新建構本身的連結。而這些工作在軟體中能更輕易地做到。
我們只要將新的記憶體位址指派給新的模式辨識器，並用新的
記憶體位址來建構新的連結。如果數位新皮質想要將皮質記憶
資源，從一組模式指派到另一組模式，只需要將舊模式辨識器
的記憶體歸還，重新指派給新的模式即可。這種「垃圾回收」
（garbage collection）和記憶體再分配是許多軟體系統建構的標
準特徵。在數位大腦（digital brain）中，我們從活躍的新皮質
剔除舊記憶前，會先讓人工電腦對舊記憶進行備份，這是生物

大腦無法做到的預防措施。

　　有很多數學技術可用於建構這種自組織層級模式辨識。我則是基於幾個考慮因素，選用隱藏式馬可夫層級模型。從個人觀點來說，我對這種方法比較熟悉，也有幾十年的經驗，從1980年代起，我就將這種方法應用在最早期的語音辨識和自然語言系統中。從整個領域的觀點來看，跟其他方式相比，隱藏式馬可夫模型在處理模式辨識工作上有更多實務經驗，也被廣泛應用於理解自然語言。至少就數學上來說，許多NLU（理解自然語言）系統用到的技術，跟隱藏式馬可夫層級模型類似。

　　要注意的是，並非所有隱藏式馬可夫模型都有層級性，有些只允許一些層級，例如只包含從發音到音素再到單詞等層級。為了模擬大腦，我們希望讓系統能建構愈多層級愈好。而且，隱藏式馬可夫模型大多不具備完全自組織的能力。儘管透過讓某些連結的權重為零，這些系統就能有效減少初始連結的數量，但是系統本身仍有一些固定連結。我們在1980年代到1990年代研發的系統，已經能夠自動剔除低於特定權重的連結，也允許建立新連結，以便更準確地模仿訓練數據並從系統運作中學習。我認為其中一項關鍵條件就是，讓系統根據學習到的模式，靈活調整本身的拓樸結構。我們可以利用「線性規劃」這種數學方法，為新的模式辨識器指派最適合的連結。

　　我們設計的數位大腦也包含各種模式的龐大冗餘，尤其是那些經常出現的模式。這讓我們更容易辨識常用模式，同時也是在同一模式不同表現形式中取得不變特徵的關鍵方法之一。

不過，我們還需要規定允許冗餘存在的數量，因為我們不希望相當常用的低層級模式占用太多記憶體。

跟冗餘、辨識閥值和「該模式預期會出現」這種閥值設定的影響有關的規則，就是影響這種自組織系統績效的幾個重要的整體參數。在一開始時，我會憑直覺設定這些參數，但後續我們會利用遺傳演算法將這些參數最適化。

無論是生物大腦還是軟體模擬的大腦，非常重要的一點是，讓大腦能夠學習。我先前提過，一個層級模式辨識系統（不論是數位的或是生物的）只能同時學習最多兩個層級結構。為了讓系統自動學習，我首先會採用之前訓練過的層級網路——這類網路在辨識人類語音、印刷字元和自然語言結構時，已經從訓練中建立起學習能力。雖然這類系統有辦法閱讀自然語言文件，但是一次大約只能掌握一個概念層級。系統先前學到的層級可以為學習後續層級奠定穩固的基礎。系統可以反覆學習同樣的文件，每次閱讀都會學到新的概念層級，這跟人們反覆閱讀同一份資料並從中加深理解的做法類似。網路上有幾十億網頁的可用資料，光是英文版的維基百科就有四百萬篇文章。

我還會提供一個批判思考（critical thinking）模組，這個模組對現存的所有模式持續進行背景掃描，審視該模式與該軟體新皮質中其他模式（構想）的相容性。生物大腦沒有這類功能，所以人們能夠公平對待完全不一致的想法。在辨識不一致的想法時，數位模組會設法在本身皮質結構和所有可用資料

中，尋找一個解決方法。解決方法可能只表示判斷這些不一致構想中的哪個構想不正確（如果跟該構想矛盾的構想占有數量優勢）。更有建設性的是，這種數位模組會在較高概念層級上找到一個構想，提出一個能解釋各個構想的觀點，來解決這種明顯的矛盾。系統會把這個解決方法當成一個新模式並將其新增到系統中，然後將這個新模式跟起初引發這個搜尋解決方案的構想建立連結。這種批判思考模組會一直在背景執行，要是人類大腦也能做到這樣，那該有多好！

　　另外，我還會提供一個辨識各領域開放性問題的模組。做為另一個在背景持續執行的作業，這個模組會在不同知識領域尋求解決方案。同前所述，新皮質內的知識是由層層套疊的網狀模式組成，因此完全具有隱喻特性。所以，我們可以用一種模式，為另一個毫不相關領域的問題，提供解決方案或見解。

　　舉例來說，我們回想一下第4章提到用某種氣體分子隨機運動，來隱喻某種演化過程中的隨機變動。雖然氣體分子的運動沒有明顯的方向，但是聚集在燒杯內的分子如果有足夠的時間，最後就會離開燒杯。我發現這為智力演化過程提供一個重要觀點。就像氣體分子一樣，演化變動並沒有明確的方向。但是，我們卻看到這種變動往更複雜和更高層次的智力方向發展，最終達成了演化上的最高成就，也就是發展出具有層級思考能力的新皮質。因此我們會看到，藉由檢視另一個領域（例如熱力學），就知道某個領域內（生物演化）看似毫無目的和方向的發展過程，如何能取得一個目標明確的成效。

　　我先前提過萊爾的見解——經過長時間滴水穿石，岩石會變成高聳的山谷——這個觀點讓達爾文獲得啟發做出類似的觀察，意即同一物種經過不斷的些微變化，其生物特徵可能會出現極大的改變。這種隱喻搜尋又是另一個持續執行的背景作業。

　　我們也應該提供數位大腦能同時處理多種列表的方法，使其能進行結構化的思考。列表可能就是針對問題解決方案必須滿足之限制條件所做的說明。解決問題的每個步驟都可能透過現有的構想層級反覆搜尋，或是透過可用文獻進行搜尋。在沒有電腦輔助的情況下，人腦一次似乎只能同時處理4個列表，但是人工新皮質卻沒有這種限制。

　　另外，我們還要借助電腦智慧來提升我們的人工大腦，也就是利用電腦可以準確掌握龐大資料庫，並迅速有效率地執行已知演算法的能力。Wolfram Alpha已整合許多已知的科學方法，並將其應用於處理收集到的數據。在沃夫朗博士能將該系統錯誤率迅速降低的情況下，這種系統也會持續改善並有更大的發展潛力。

　　最後，我們建構的人工新大腦還需要具備一個由一系列小目標表達的大目的。對生物大腦而言，我們繼承了由舊腦快樂和恐懼中心制定的目標。為了促進物種生存，這些原始目標在生物演化過程的一開始就被設定好，但是大腦新皮質的出現，讓我們可以超越這些原始目標。超級電腦華生的目標就是，在《危險境地！》這種益智問答競賽中作答。通過圖靈測試，是

華生的另一個目標。為了達到目標，數位大腦需要像人類那樣闡述自己的故事，才能假扮成生物人。數位大腦有時還需要裝笨，因為任何展露知識的系統很快就會露出馬腳，讓人發現那是電腦，不是人類。

更有趣的是，我們可以賦予這種數位新大腦一個更雄心壯志的目標，那就是讓世界變得更美好。當然，這個目標會引發許多問題：對誰來說，世界變得更美好？在哪一方面更美好？是為人類？還是為所有有意識的生物？若是這樣，那麼誰才有意識？意識又是什麼呢？

當人工大腦跟生物大腦一樣有能力改變世界，最後甚至可能比那些智力沒有提升的生物大腦更有能力改變世界時，我們就必須好好思考怎樣為人工大腦進行道德教育。我們可以從宗教傳統的金律（golden rule），開始討論這個問題。

第8章

電腦的思維

我們的大腦外形就像一塊法國鄉村麵包，內部卻像一個擁擠的化學實驗室，神經元忙著持續不斷地對話。我們可以把大腦想像成一堆發光體、一個鼠灰色細胞群集的「議會」；一個夢工廠；一位住在球狀頭骨裏的小君王；一團雜亂的神經細胞，微小卻無所不在，導演人生的所有戲碼；一個變幻無常的樂園；或是把頭骨當成塞滿了各種「自我」的衣櫥，裏頭的東西被擠得皺巴巴，就像小運動包裏面裝了太多衣服那樣。

——美國詩人黛安‧艾克曼（Diane Ackerman）

大腦的存在，是為了分配資源以維持生存所需，還有因應隨時隨地出現的生存威脅。

——美國神經學家約翰‧奧爾曼（John M. Allman）

現代大腦地圖讓人覺得相當老舊——就像一幅中世紀的
地圖，已知的世界外頭被有怪獸四處遊走的未知之境所包
圍。

——英國科學作家大衛・班布里基（David Bainbridge）

在數學裏，你無法理解什麼東西，你只能去習慣它們。
——匈牙利裔美籍數學家約翰・馮諾曼（John von Neumann）

自從電腦在二十世紀中期出現以來，有關電腦的能力極限
以及人腦是否能視為某種形式的電腦，這類爭論就一直存在。
對於人腦能否被當成電腦這個問題，輿論共識已經悄悄轉變，
從原先認為這兩種資訊處理實體在本質上是相同的，轉變為認
為兩者存在著本質上的不同。那麼，人腦可以被當成電腦嗎？

1940年代，電腦首度成為熱門話題，被視為「思考機器」。
1946年，電子數位積分電腦（ENIAC）問世，被媒體稱為「巨
型大腦」（giant brain）。後續十年，電腦開始商品化，廣告中
常常把電腦說成是一般生物大腦無法匹敵、擁有超凡能力的
「大腦」。

電腦程式很快就讓電腦變得名符其實。由卡內基美隆大學
的赫伯特・西蒙（Herbert A. Simon）、約瑟夫・卡爾・蕭
（Joseph Carl Shaw）和艾倫・紐威爾（Allen Newell）1959年發
明的「通用問題解算機」（general problem solver），成功證明
了數學家羅素（Bertrand Russell, 1872-1970）和懷海德（Alfred

1957年的一則廣告顯示，當時人們普遍認為電腦是一個巨型大腦。

North Whitehead, 1861-1947）在1913年的名著《數學原理》（*Principia Mathematica*）中無法論證的定理。在後續幾十年內，電腦在解決數學問題、診斷疾病、下西洋棋等智力練習方面，顯然大幅超越無外力援助的人腦能力，但在控制機器人繫鞋帶，或是學習五歲孩童就能理解的常用語言方面卻困難重重。直到今天，電腦才剛剛掌握這些技能。諷刺的是，電腦的演化跟人類智慧的成熟方向正好相反。

　　至於電腦和人腦是否在某種程度上等同，這個問題至今仍有爭議。我在本書前言提到，有關人腦複雜性可以在網路上查到幾百萬個相關連結。同樣地，在Google上查詢「大腦不等同於電腦的語錄」，也會得到幾百萬條連結。依我所見，這些連結的內容很像是在說「蘋果醬不是蘋果」。從技術層面來看，這種說法沒有錯，但蘋果可以做出蘋果醬。或許，「電腦不是文字處理器」這類說法更貼切些。儘管事實上，電腦跟文字處理器的概念層級不同，但是電腦在執行文書處理軟體時就變成文字處理器，反過來則不然。同樣地，電腦如果執行「大腦軟體」，就可以變成人腦。這正是我跟許多研究人員正在做的嘗試。

　　那麼，問題就變成：我們是否能找到一種演算法，讓電腦變成跟人腦等同的一種實體？畢竟，電腦執行我們定義的各種演算法，因為電腦本身就具有通用性（只受到容量大小的限制），但人腦卻只能執行一套特定的演算法。儘管人腦採用的方法相當精巧，允許相當大的可塑性，還能依據本身經驗重建連結，但這些功能都可以利用軟體進行模擬。

　　其實在第一台電腦問世時，計算的通用性（即一台普通用途的電腦可執行各種演算法這個概念）以及這個概念的影響力就同時出現。計算的通用性和可行性及其對人類思維的適用性，是以四個關鍵概念為依據。這些概念很值得花些篇幅探討，因為人腦本身也利用這些概念。第一個關鍵概念是，可靠地進行通訊、記憶和計算資訊的能力。在1940年左右，如果

你使用「電腦」（computer）這個詞，人們會以為你在說類比電腦（analog computer）。類比電腦的數字由不同的電壓值代表，而且特定元件可執行像加法和乘法等運算。然而，類比電腦的一大限制是：準確性有問題。類比電腦的準確性只能達到小數點後面兩位數，而且由於代表不同數字的電壓值是由愈來愈多算術運算元負責處理，因此錯誤也就愈來愈多。在進行較大量的計算時，結果就一點也不準確而失去意義。

曾經使用類比式錄音機錄音的人都知道這種效應是怎麼一回事。跟原版音樂相比，第一次錄的音樂聽起來就有一點雜訊（noise，代表隨機發生的錯誤），把第一次錄音再進行備份會出現更多雜訊，到第十次備份時，幾乎只剩下雜訊。人們假定數位電腦的出現也會遇到同樣的問題。我們可以理解這種擔憂，只要想像一下數位資訊的通訊通道就可以理解。畢竟，沒有任何通道是完美的，通道本身有一定的錯誤率。假設一條通道正確傳送每位元資訊的機率是90%。如果我傳送的訊息量就是1位元，那這條通道正確傳送該訊息的機率就是0.9。如果我傳送2位元的訊息呢？準確率就變成$0.9^2 = 0.81$。如果我傳送1位元組（相當於8位元）的訊息呢？那麼，準確傳送該訊息的機率連50%都不到（確切數字是0.43）。而準確傳送5位元組訊息的機率，大約只有1%。

顯然，解決這個問題的一個方法就是，讓通道更準確些。假設一個通道在傳送一百萬位元的資訊時只出現一個錯誤，如果我傳送的檔案有50萬位元組（500KB，相當於一個中型程式

或資料庫的大小），儘管通道本身準確性較高，但正確傳送資訊的機率還不到2%。況且，只要一個位元出錯，就會讓整支程式或其他形式的電子資料徹底失效，所以這種情況無法令人滿意。除了通道的準確性，另一個看似棘手的問題是，傳送中出現錯誤的可能性會隨著訊息大小的增加而迅速增加。

類比電腦可以透過適度降級（graceful degradation，即使用者只用其處理可容忍小錯誤的問題），來解決這個問題。不過，如果類比電腦使用者能將其運用在一定的計算範圍內，那麼類比電腦確實還是有些用處。相反地，數位電腦需要持續通訊，不只是不同電腦之間，也包括電腦本身內部的通訊，從記憶體到中央處理器之間就存在通訊。在中央處理器中，不同暫存器和演算單元之間也進行通訊。就算在演算單元內，從一個位元暫存器到另一個位元暫存器之間也進行通訊。通訊遍及各個層級。如果我們認為，錯誤率隨著通訊增多而迅速增加，而且一個位元出錯就會破壞整個過程的完整性，那麼數位計算註定會失敗。至少當時看來是這樣。

引人注意的是，這種普遍認知一直存在，直到美國數學家克勞德・夏農（Claude Shannon, 1916-2001）出現才有所改變。夏農證明我們可以利用最不可靠的通訊通道，創造某種準確率的通訊。1948年7月和10月，夏農在《貝爾系統技術期刊》（*Bell System Technical Journal*）發表具有劃時代意義的論文〈通訊的數學原理〉（A Mathematical Theory of Communication），提出雜訊通道編碼定理（noisy channel-coding theorem）。他認

為無論通道錯誤率是多少（除了錯誤率正好是每位元50%的通道，因為這表示該通道只是傳輸雜訊），都能以你想要的準確度傳送訊息。換句話說，傳輸的錯誤率可以是n分之1（n位元中有1位元出錯），但是n的大小可以隨你定義。舉例來說，在最極端的情況下，就算一個通道的準確率只有51%（即該通道傳送正確位元數只比錯誤位元數多一些），你還是可以讓傳輸訊息的錯誤率降低到兆分之一，甚至是兆兆分之一。

這怎麼可能做到？答案就是透過「冗餘」。現在看來似乎是理所當然，但在當時卻不是這樣。舉一個簡單例子說明，假如我把每位元訊息都傳送三次，並且挑選傳輸後最為準確的那條訊息，我就可以大幅提高傳輸結果的可靠度。如果效果不夠好，只要不斷增加冗餘，就能讓你得到你想要的可靠度。不斷重複地傳送資訊，是從準確度較低的通道得到相當高準確率的最簡單方法，但卻不是最有效率的方法。夏農的論文開闢了資訊理論（information theory）這個領域，為偵錯和校正碼提供最適合的方法，能透過任何非隨機通道，獲得任何目標的準確度。

較年長的讀者可以回想一下電話數據機，這類機器透過嘈雜的類比電話線路傳遞資訊。多虧夏農的雜訊通道定理，儘管這些線路存在明顯的嘶嘶聲、爆裂聲或其他形式的聲音失真，卻仍然可以傳送高準確率的數位資訊。記憶體也存在同樣的問題和解決辦法。你是否想過為什麼光碟片掉在地上又有刮痕，光碟機還是能準確讀取光碟片上的資訊？這也要多虧夏農的發

現。

　　計算是由下面這三個要素組成：通訊（同前所述，通訊在電腦內部和電腦之間普遍存在）、記憶體和邏輯閘（logic gate，可執行計算和邏輯功能）。同樣地，邏輯閘的準確性可以透過偵錯和校正碼達到所想要的高準確度。幸好有夏農提出的定理和理論，我們可以準確處理龐大複雜的數位資訊和演算法，而且過程不會因為錯誤而被曲解或破壞。要注意的一點是，我們的大腦也運用夏農的理論，只不過早在夏農發現這個定理前，人腦早就這樣演化了。如同我們所見，我們絕大部分的模式或構想（構想也是一種模式）在大腦中儲存時，都有大量冗餘存在。大腦需要冗餘的首要原因就是，神經迴路系統本身的不可靠性。

　　資訊時代仰賴的第二個重要構想是我先前提過的：計算的通用性。圖靈在1936年提出「圖靈機」（Turing machine），圖靈機並非真實存在，只是一個思想實驗。他假設電腦包含一個無限長的記憶磁帶，磁帶上每個格子有1或0的數值。利用這種記憶磁帶將資料輸入，機器每次可讀取一格。這台機器還包含一個規則表（基本上就是一支儲存程式），由數字編碼的各種狀態組成。每條規則指定如果讀取數字為0，就指定一種行動，如果讀取數字為1則指定另一種行動。可能的行動包括在記憶磁帶上寫下0或1，將記憶磁帶向右或向左移動一格或停止。然後，每個狀態會指定機器應讀取下個狀態的數字。

　　「圖靈機」的輸入是由記憶磁帶上的數字表示。程式不斷

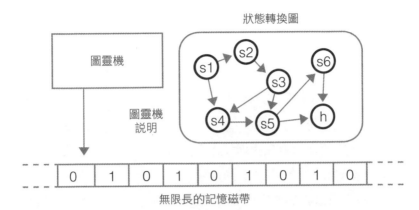

圖靈機的方塊圖,機器有一個能讀寫磁帶的讀寫頭,還有一支由狀態轉換組成的內部程式。

執行,當機器停止運作時,就完成演算法,整個過程的輸出也出現在記憶磁帶上。請注意,雖然理論上,磁帶的長度不受限制,但實際程式如果不涉及無限循環的話,只會用掉一定長度的磁帶。所以,就算我們只用部分磁帶,機器還是可以解決大部分的問題。

　　如果你認為「圖靈機」聽起來好像很簡單,那是因為這正是發明者的目的。圖靈希望他的機器愈簡單愈好(但不是簡化,改述愛因斯坦的說法)。後來,圖靈跟先前指導他的教授阿隆佐‧邱奇(Alonzo Church)研究出「邱奇－圖靈論點」(Church-Turing thesis),表明如果一個問題無法利用圖靈機解決,那麼根據自然法則(natural law),其他任何機器也解決不了。儘管圖靈機只有少數命令,而且每次只能處理一位元,但

它能計算其他電腦能完成的任何計算。換句話說,任何機器如果是「圖靈完備性」(Turing complete,即跟圖靈機能力相當),就能計算任何演算法(即我們能定義的各種程式)。

　　邱奇─圖靈論點的強有力詮釋,在本質上將人的思想或知識跟機器的計算劃上等號。其基本論點是,人腦同樣遵循自然法則,因此人類的資訊處理能力不可能超過機器(所以,不可能超過圖靈機)。

　　我們可以將圖靈在1936年發表的論文,視為電腦理論的基礎。但值得注意的是,他深受匈牙利裔美國籍數學家約翰‧馮諾曼(John von Neumann, 1903-1957)的影響。馮諾曼於1935年在劍橋講授他的儲存程式(stored program)概念,也就是圖靈機中隱含的概念。❶結果,圖靈於1936年發表的論文也讓馮諾曼深受影響,該論文提出的計算原則,在1930年代末期和1940年代初期成為同行必讀的論文。❷

　　在這篇論文中,圖靈提出另一個意想不到的發現:關於無法解決的問題。這些問題有明確的定義,有唯一解,而且能夠證明解是存在的,但我們也能證明這類問題無法透過任何圖靈機計算出來,也就是無法利用任何機器計算出來。這個論點跟19世紀的武斷見解──只要問題能被定義,最後就能被解決──正好相反。圖靈表示,無法解決的問題跟可以解決的問題一樣多。奧地利裔美籍數學家暨哲學家庫爾特‧哥德爾(Kurt Gödel)在他1931年提出的「不完備定理」(incompleteness theorem)中,也提出類似結論。因此,我們面臨一個令人困

惑的情況：我們可以定義一個問題，也可以證明唯一答案是存在的，卻知道答案永遠找不到。

　　圖靈告訴我們，在本質上，計算是以一個非常簡單的機制為基礎。由於圖靈機（包括任何電腦）能夠利用已經計算出來的結果，做為未來行動步驟的依據，因此這類機器有辦法進行決策，並對任何複雜資訊層級進行建模。

　　1939年，圖靈設計了一個名為「炸彈機」（Bombe）的電子計算器，協助解譯納粹的謎碼密碼機（Enigma coding machine）編寫的情報。1943年，受圖靈影響的一個工程師團隊發明「巨人」（Colossus）電腦，這可以說是世界上第一台電腦。這台電腦協助同盟國解碼更複雜的謎碼密碼機編寫的情報。「炸彈機」和「巨人電腦」都是針對特定任務而設計，而且無法重新編寫程式來解決其他任務。但是這些機器都表現出色，協助同盟國克服納粹德國空軍跟英國皇家空軍在人數上三比一的懸殊比例，並在戰爭期間預測納粹可能採取的戰術，讓英國獲得關鍵戰役的勝利。

　　馮諾曼就在這種基礎上，設計出現代電腦的架構，也帶出我所講的第三個主要構想：被稱為「馮諾曼機」（von Neumann machine）的結構。這個結構在過去六十七年內，成為每台電腦的核心結構，從你家洗衣機裏的微型控制器到最大型的超級電腦都包括在內。馮諾曼在1945年6月30日發表的〈關於電子離散變數自動電腦的報告初稿〉（First Draft of a Report on the EDVAC）這篇論文中，提出了此後主導計算領域的一項理

論。❸馮諾曼模型（von Neumann model）包含一個進行計算和邏輯運算的中央處理器，一個可儲存程式和數據的記憶體單元，一個大容量儲存器，一個程式計數器，以及輸入／輸出通道。雖然這篇論文原本是內部的專案文件，後來卻成為電腦設計師奉為圭臬的「聖經」。你絕對猜不到，原本看似普通的日常內部備忘錄，最後竟然徹底改變了整個世界。

圖靈機不是為了實務應用而設計的。圖靈的定理不以解決問題的效率為重點，而是要檢視理論上能透過計算解決的問題之範圍。相反地，馮諾曼的目的則是設計出一個計算機器的可行概念。他的模型以多位元語言（通常是8位元的倍數），取代圖靈的單位元計算。圖靈的記憶磁帶是連續而有序的，所以圖靈機的程式在儲存和檢索暫存資料時，需要花費大量時間來回倒帶或進帶。相較之下，馮諾曼所設計的記憶體是隨機存取，所以任何數據可以馬上檢索出來。

「儲存程式」（stored program）這個概念是馮諾曼的核心構想之一，他在十年前就提出這個概念：把程式跟數據一樣放在同樣類型的隨機存取記憶體中（通常放在同樣的記憶體區塊中）。這樣就可以讓電腦透過重新編寫程式來應付不同的任務，同時自我修改編碼（如果儲存程式是可以覆寫的），進而實現一種強大的遞迴形式。在此之前，包括巨人電腦在內的所有電腦，都是設計來解決特定任務。儲存程式讓電腦通用化成為可能，從而實現圖靈對於計算通用性的願景。

馮諾曼機的另一個關鍵層面在於，每個指令都包含一個運

算碼（operation code），說明要進行的算術運算或邏輯運算，以及運算元的記憶體位址。

　　馮諾曼的電腦架構概念是在他設計的電子離散變數自動電腦（後文簡稱EDVAC）問世，才為人所知。EDVAC是他跟約翰·普瑞斯伯·艾克特（John Presper Eckert）和約翰·莫克利（John Mauchly）合作的專案。EDVAC直到1951年才真正開始運作，當時已經有其他儲存程式電腦出現，比方說：曼徹斯特小規模實驗機（Manchester Small-Scale Experimental Machine）、電子數位積分電腦（ENIAC）、電子延遲儲存自動電腦（EDSAC）、二進位自動電腦（BINAC），這些電腦多少都受到馮諾曼論文的影響，而且艾克特和莫克利都參與設計。所有這些機器的產生，包括ENIAC支持儲存程式的後續版本，其設計都要歸功於馮諾曼的直接貢獻。

　　在馮諾曼的電腦架構概念問世前，這方面其實已有幾位先驅者，除了一個例外，其他的沒有一個符合馮諾曼機的概念。霍華德·艾肯（Howard Aiken）在1944年推出馬克一號，它有可編寫程式的元件，卻沒有使用儲存程式。馬克一號透過打孔卡讀取指令，然後立即執行各項命令，但缺乏條件分支指令。

　　德國科學家康拉德·楚澤（Konrad Zuse, 1910-1995）在1941年設計出Z-3電腦。這台電腦也是從記憶磁帶（用的是膠卷）讀取程式，一樣沒有條件分支指令。有趣的是，楚澤獲得德國航空器研究中心（German Aircraft Research Institute）的支持，該中心用楚澤的設備來研究機翼擺動。但楚澤向納粹政府

申請資助，用真空管取代繼電器的提案卻遭到拒絕，因為納粹政府認為研究電腦「對戰爭來說並不那麼重要」。依我所見，這種錯誤觀念持續了一段長時間，可以解釋最後納粹為何會戰敗。

　　但是，馮諾曼的電腦架構概念確實有一位先驅，而且早在整整一世紀前就出現了！這個奇才就是英國數學家暨發明家查爾斯·巴貝奇（Charles Babbage, 1791-1871）。巴貝奇在1837年首次說明他所發明的分析機（Analytical Engine，或稱分析引擎），這台機器就把馮諾曼的構想具體化，還透過打孔卡儲存程式，靈感來自提花織布機（Jacquard loom）。❹分析機的隨機存取記憶體可以儲存1,000個50位的十進位數（大小約為21KB）。每個指令包含一個運算碼和一個運算元數值，就像現代的機器語言一樣。分析機還包含條件分支和循環，所以是名符其實的馮諾曼機。分析機完全由機械齒輪建構，而且要打造一台這種機器似乎超出巴貝奇的設計和組織技能，因為巴貝奇只把分析機的一部分建構起來，所以這台機器從未實際運作。至於包括馮諾曼在內的二十世紀電腦先驅們是否清楚巴貝奇的這項研究，那就不得而知了。

　　不過，巴貝奇設計的這台電腦確實有貢獻，它為軟體程式領域揭開序幕。英國作家艾達·拜倫（Ada Byron, 1815-1852）——又稱為勒芙蕾絲伯爵夫人（Countess of Lovelace）、詩人拜倫的唯一合法子嗣——堪稱是世上第一位電腦程式設計師。她為分析機編寫程式，但是因為這台電腦從未實際運作過，所

以她只能在腦子裏為程式除錯，她的做法就是現今軟體工程師熟知的「查表法」（table checking）。她翻譯了義大利數學家路易吉・米納布雷亞（Luigi Menabrea）針對分析機寫的一篇文章，並加上自己的大量注釋。她寫道：「分析機編織代數模式，如同提花織布機編織花朵和葉子一般。」她繼續提出可能是世上第一個跟人工智慧可行性有關的推斷，但她推論說分析機「缺乏原創性，只能聽命行事」。

　　想像一下巴貝奇生活和工作的那種時代，他能提出這樣先進的概念實在令人稱奇。不過，他的構想直到二十世紀中期才受到重視。是馮諾曼讓我們如今熟知的電腦關鍵原則概念化和清晰化，而且這一點也受到全世界的普遍肯定，因此以馮諾曼機做為計算的主要模型。但要記住的是，馮諾曼機需要在不同單元之間和單元內部持續進行數據通訊，因此多虧夏農針對傳送及儲存可靠數位資訊所設計的定理和方法，才讓馮諾曼機得以建構運行。

　　這一點帶出我們的第四個重要構想，即打破艾達・拜倫提出的電腦不能進行創造性思考的推論，並探索大腦採用的關鍵演算法，然後運用這些演算法將電腦變成人腦。圖靈在他於1950年發表的論文〈計算機器與智慧〉（Computing Machinery and Intelligence）中提出這個目標，這篇論文中還包含當今知名的圖靈測試，可以評斷人工智慧機器是否已達到跟人類相當的智慧水準。

　　1956年，馮諾曼開始為耶魯大學聲望卓著的西里曼

（Silliman）講座系列準備講稿。卻因為癌症折磨，後來並未發表這些演說，也沒有完成手稿。但這些未完成的手稿在我看來，對於電腦的後續發展，提出了精彩又具有未來性的見解。後來，這些手稿在1958年作者去世後集結成冊，出版《電腦與人腦》（*The Computer and The Brain*）這本書。二十世紀最傑出數學家和電腦時代先驅者的最後著作是對智慧本身進行檢視，確實再合適不過。這部著作是最早從數學家和電腦科學家的角度對人腦進行的嚴謹探究。在馮諾曼之前，電腦科學和神經科學這兩個領域並沒有任何交集。

　　馮諾曼以清楚陳述電腦跟人腦之間的異同，做為他探討的出發點。以他撰寫這份手稿的時代背景來說，這樣做相當正確。他指出，神經元的輸出是數位信號──軸突被激發或沒被激發。這個見解在當時可說是一大創舉，因為神經元的輸出一直被當成是類比信號。不過，在樹突連結神經元和細胞體本身的過程則是類比信號，他以所有輸入的加權總和來描述這種計算，並與閥值做比較。馮諾曼提出神經元如何運作這個模型，讓後人開創出連結論這個領域，依據這種神經元模型，在硬體和軟體上建構系統。（如同我在前一章所講的，在馮諾曼這份手稿公開後，羅森布拉特隨即在1957年於康乃爾大學，在IBM 704型電腦上設計出一支軟體程式，這支程式就是這類連結論系統的始祖。）我們現在有更先進的模型，說明神經元如何結合輸入信號，但基本上利用神經傳導物質集中的樹突輸入的類比過程，這個構想還是有效。

　　馮諾曼應用計算通用性的概念推論出：即使人腦和電腦的結構看似截然不同，我們還是可以認為馮諾曼機能夠模仿人腦對訊息處理的過程。不過，反之則不然，因為人腦不是馮諾曼機，也沒有同樣的儲存程式（儘管我們可以在腦子裏模擬一個非常簡單圖靈機的運作）。馮諾曼機的運算法則或方式是內隱於其結構中。馮諾曼正確推論神經元可以從輸入的資料中學習模式，這一點我們現在已經證實，並且有部分利用樹突強度來編碼。馮諾曼那個時代還不知道的是，學習同樣可以透過神經元連結的建立和破壞來進行。

　　馮諾曼有先見之明地指出，神經元處理速度極為緩慢，每秒只能進行一百次計算，但是大腦透過大量平行處理來彌補速度緩慢的缺失──這是馮諾曼另一個重要見解。馮諾曼認為大腦內部 10^{10} 個神經元同時處理（這個估計值相當準確，目前估計的神經元數目在 10^{10} 到 10^{11} 之間）。實際上，每個連結（每個神經元平均有 10^3 到 10^4 個連結）也同時進行計算。

　　以當時神經科學還處於初始階段，馮諾曼對神經元處理過程的估計和描述可說是相當了不起。不過，他對大腦記憶容量的評估，卻讓我無法認同。他認為大腦能記住人一生的所有輸入。他認為人的平均壽命為 60 年，即 2×10^9 秒。每秒每個神經元約有 14 個輸入（這比實際輸入數目至少少了 10^3 ），神經元總數為 10^{10} 個，依此推論大腦的記憶總容量為 10^{20} 位元。但是，如同我先前提到的，其實我們只能記住個人思想和經歷的極小部分，而且這些記憶也不是以位元模式儲存在低層級（譬

如影像），而是以較高層級的序列模式儲存。

　　儘管大腦跟電腦有明顯的差異存在，但馮諾曼在描述大腦各機制時，也說明現代電腦如何完成跟大腦同樣的工作。電腦可利用數位機制模擬大腦的類比機制，因為數位計算可以模擬任何精準度的類比值（而且大腦內的類比資訊精準度很低）。由於電腦在連續計算的速度上占有顯著優勢（而且這項速度優勢與日俱增），因此電腦也可以模擬大腦內部龐大的平行計算。另外，我們也可以利用許多台馮諾曼機同時作業，讓電腦進行平行處理——目前超級電腦就是這樣運作。

　　馮諾曼推論說，以人們如何迅速做出決定這件事來說，就知道大腦的運作方式無法包含冗長的序列演算法。當三壘手拿到球並決定要把球丟向一壘而不是二壘時，他是在不到一秒的時間內做出這個決定，這時間只夠各神經元進行幾次循環。馮諾曼正確推斷大腦的非凡能力來自於一千億個神經元能夠同時處理資訊。我先前就說過，視覺皮質只需要經過3到4個神經元循環，就能做出複雜的視覺判斷。

　　大腦的可塑性相當可觀，讓我們能夠進行學習。但電腦的可塑性遠超過人腦，只要改變軟體就可以徹底改變電腦的運作方式。因此，從這方面來說，電腦可以模擬大腦，人腦卻無法模擬電腦。

　　在馮諾曼那個時代，他將大腦進行龐大平行計算的能力跟電腦做比較，當時大腦的記憶力和速度顯然比電腦強得多。但是後來情況逐漸改觀，第一代超級電腦已經出現，根據比較保

守的估計，這類電腦的速度已能模擬人腦功能（每秒進行約 10^{16} 次計算）❺。（我估計到 2020 年代初期，具備這種計算能力的電腦大約只要 1,000 美元就能買得到。）至於記憶容量方面，電腦跟人腦的差距就更接近了。雖然在馮諾曼撰寫這份手稿時，電腦還處於發展初期，但馮諾曼已確信人類智慧的「硬體」和「軟體」終將逐漸為人所知，這也是他準備這些演講的動機所在。

　　馮諾曼深刻意識到科技發展的腳步不斷加快，以及科技發展對人類未來的深遠影響。他於 1957 年去世，一年後，他的同事數學家史坦・烏拉姆（Stan Ulam）引述他在 1950 年初期說過的一段話：「技術的加速發展和對人類生活模式的改變，正朝向人類歷史上某種類似奇點（singularity）的方向發展，過了這個奇點後，我們熟知的人間世事將不復存在。」這是人類技術史上，第一次使用「奇點」一詞。

　　馮諾曼的基本見解是：電腦和人腦在本質上是相同的。請注意，生物人的情緒商數也是智慧的一部分。如果馮諾曼的見解是正確的，如果你能接受我的信念之躍（leap of faith），也就是為一個非生物實體重建生物人智慧（包括情感等其他方面），而且它是有意識的（見下章說明），那麼我們就能得到這個結論：本質上，（已安裝適當軟體的）電腦跟人類意識是可以劃上等號的。所以，馮諾曼的說法正確嗎？

　　現在，大多數電腦都完全數位化，但人類大腦卻是結合數位方法和類比方法。不過，數位方法可以輕而易舉地再現類比

方法，並能達到所想要的任何精準度。美國電腦科學家卡弗‧米德（Carver Mead, 1934- ）提出，我們可以藉由他稱為「神經形態」（neuromorphic）的矽晶片，直接模擬人腦的類比方法。❻米德證明這種做法比數位模擬類比方法的效率高上好幾千倍。當我們對新皮質大量重複的演算法進行編碼時，就可以使用米德的方法。由達曼德拉‧莫德哈（Dharmendra Modha）領導的IBM認知計算小組（Cognitive Computing Group），已經推出能模擬神經元和神經連結，並具備形成新連結能力的晶片。❼其中一種名為「突觸」（SyNAPSE）的晶片，能直接模擬有25萬個突觸連結的256個神經元。這項專案的目的是要創造一個跟人類大腦相當類似，只使用一千瓦功率，就擁有100億神經元和100兆個連結的仿生新皮質。

　　如同馮諾曼在半世紀前的描述，大腦運行速度極為緩慢，但卻擁有大量平行運算的能力。現在，數位電路至少比大腦的電化學交換快上1,000萬倍。不過，人腦厲害在新皮質的3億個模式辨識器同時運作，神經元之間的一千兆個連結也同時進行計算。然而，要提供能成功模擬人腦的必要硬體，其關鍵問題在於所需的總記憶體容量和計算量。我們不必直接複製大腦的結構，因為那樣很沒有效率又缺乏靈活性。

　　我們來估計一下，成功模擬人類大腦的硬體條件是什麼。有許多專案已試圖模擬發生在新皮質層級結構中的學習和模式辨識，我自己利用隱藏式馬可夫層級模型進行的研究也包括在內。根據我自己的經驗保守估計，模擬生物大腦新皮質上單一

模式辨識器的一次循環，大約需要3,000次計算。但是，大部分模擬的次數只是這個估計值的極小部分。大腦每秒約進行10^2（100）次循環，那麼每秒每個模式辨識器會完成3×10^5（300,000）次計算。依我估計模式辨識器的數目約在3×10^8（3億），最後就得出人類大腦每秒進行10^{14}（100兆）次計算。這個數目跟我在《奇點臨近》中的估算一致。在那本書中，我推斷為了在功能上模擬大腦，每秒需要10^{14}到10^{16}次計算，所以保守估計就要10^{16}次計算。人工智慧專家漢斯‧莫拉維克（Hans Moravec）根據整個大腦內部初始視覺處理所需的計算量，推估得出的數字為每秒10^{14}次，跟我的估計是一致的。

　　一般桌上型電腦可達到每秒10^{10}次計算，不過透過雲端資源，我們可以大幅提升這個速度。最快的超級電腦——日本的超級電腦「京」（K Computer），其速度已達到每秒10^{16}次計算。❽ 由於新皮質的演算法有大量重複的特性，因此使用「神經形態」晶片的方法，例如先前提到IBM的「突觸」矽晶片，前景可是相當樂觀。

　　以記憶體容量來說，要讓一個連結去處理3億個模式辨識器中的一個，大約需要30位元（約4位元組）。如果我們估計每個模式辨識器平均有8個輸入，即每個辨識器收到32位元組的輸入。如果我們給每個輸入多加1位元組的權重，那麼每個辨識器就有40位元組的輸入和權重。加上向下連結的32位元組，總共就有72位元組。要注意的是，連結上下層級的分支通常遠超過8個輸入和輸出，雖然，較大的分支樹狀結構通常

由多個辨識器共享。舉例來說：辨識字母「p」的辨識器可能
多達好幾百個。這些辨識器，就是更高層級（即辨識包含「p」
的單詞或詞組的層級）的幾千個辨識器的輸入。然而，每個較
低層級的「p」辨識器在較高層級樹狀連結並不重複，而是共
享同一樹狀連結，並向包含「p」的所有單詞和詞組做輸入。
向下連結的情況也一樣：一個負責辨識單詞「APPLE」的辨識
器，如果已經看到「A」、「P」、「P」、「L」，就會通知下一層
級的幾千個負責辨識字母「E」的辨識器，預期字母「E」將
會出現。對於要向下一層級通知字母「E」可能出現的各個單
詞或詞組辨識器來說，就共享同一個樹狀連結。因此，平均每
個辨識器向上有8個輸入，向下有8個輸出，這個整體估計是
合理的。即使我們讓這個估計數目增大一些，也不會顯著影響
估算結果的數量級。

　　3×10^8（3億）個模式辨識器，每個各需72位元組，加總
起來就得到大約2×10^{10}（200億）位元組的記憶體容量。這對
目前一般電腦來說並不算是一個太大的數字。

　　這些估算只是為了提供一個數量級的大略估計。由於數位
電路的速度比新皮質生物性電路快上1,000萬倍，我們就不需
要在平行處理方面跟人腦看齊，一般規模的平行處理就足夠了
（人腦的平行處理倍數是好幾兆）。現在我們知道，計算方面的
必要要求都在可達成的範圍內。大腦本身的重新連結——樹突
持續產生新的突觸，也可以以軟體利用連結來進行模擬，這個
模擬系統比大腦還要靈活得多，相較之下大腦的可塑性就存在

較多侷限。

大腦利用冗餘來取得穩定一致的成效，這部分當然也可以利用軟體模擬。現在，我們已經很清楚將這類自組織層級學習系統最適化的數學方法。但是，大腦的組織跟最適水準還有很大的差別。不過，大腦當然不需要達到最適水準，只需要達到能夠製造工具以彌補本身的侷限就足夠了。

人類大腦新皮質的另一個限制是，缺乏排除或檢視矛盾構想的流程，而讓人們的思想經常缺乏一致性。而且，我們也欠缺一個有力機制處理所謂的批判性思考，因此讓這項必要技能疏於練習。但是，以軟體為基礎的人工新皮質就做得到，我們可以建立一個揭露不一致性的流程，方便我們後續進行檢視。

值得注意的是，整個大腦區域的設計反而比單一神經元的設計更簡單。如同先前的討論，用電腦進行模擬，愈高層級的模型通常愈簡單。情況就跟電腦相似，為了模擬電晶體，我們必須了解半導體的物理特性細節，而且單一電晶體依據的方程式也相當複雜。運算二個數字相乘的數位電路需要幾百個電晶體，但我們卻可以利用一、兩個公式，就能輕易模擬這個乘法電路。一台電腦內部包含幾十億個電晶體，卻只要透過指令集和暫存器敘述，以短短幾頁文字和公式就能進行模擬。電腦作業系統、語言編譯器或組合語言程式的軟體程式都相當複雜，但是模擬一個特定程式，譬如一個以隱藏式馬可夫層級模型為主的語音辨識程式，也只要短短幾頁方程式的描述就行。而且在這些描述中，絕對不會看到跟半導體物理特性細節或電腦構

造有關的字眼。

　　類似的觀察對大腦也同樣適用。跟神經處理過程中控制神經傳導物質、離子通道及其他突觸或樹突變數的物理和化學關係相比，新皮質上偵測某種不變的視覺特徵（例如人臉）或執行聲音的帶通濾波（將輸入限制在一個特定的頻率範圍之內），或評估兩個事件時間接近性的模式辨識器，只要用相當少的明確細節描述即可。雖然在邁向更高概念層級前，需要仔細考慮這些較低層級的複雜性，但是當大腦的運作原理被一一揭露，這些複雜性大都可以被簡化。

第9章

思維的思想實驗

思維只是一種大腦活動。

——馬文‧明斯基,《心智的社會》

當智慧機器被建構出來時,我們會發現這些機器跟人們一樣,也會對自己竟然相信思維、意識、自由意志這類東西而感到困惑和執著。我們不應該對此感到訝異。

——馬文‧明斯基,《心智的社會》

誰是有意識的?

當一個人開始說謊,就開始有意識。

——美國詩人約瑟夫‧布羅茨基(Joseph Brodsky)

苦難是意識的唯一來源。

　　——杜斯妥也夫斯基（Fyodor Dostoevsky），

　　《地下室手記》（*Notes from Underground*）

　　有一種植物會利用自己的花瓣捕捉有機生物為食：當昆蟲駐足在花瓣上，花瓣會立即合攏，將昆蟲困住，直到本身系統將昆蟲消化吸收掉。但是，這種植物只有在遇到自己要吃的昆蟲時才會合攏花瓣，其他東西停在花瓣上它就不作任何反應，它不會理睬花瓣上的一滴雨或一段枝椏。真稀奇！這種無意識的生物在遇到自己感興趣的東西時，竟然眼光如此敏銳。如果這不算意識，那麼意識又有什麼作用？

　　——英國作家塞謬爾‧巴特勒，1871

　　我們一直把大腦當成一種實體來研究，認為大腦可以完成特定層級的活動。但是基本上，這種觀點沒有考慮到我們自己，好像我們只是生活在大腦裏。事實上，我們也有自己的主觀生活。到目前為止，我們針對大腦一直討論的這種客觀看法，跟我們自身的感受和身為體驗感受的主體，其間的關係又是什麼呢？

　　英國哲學家柯林‧麥金（Colin McGinn, 1950-）曾寫道：「討論意識（consciousness）會讓再嚴謹不過的思想家變得語無倫次。」他這樣說是因為意識究竟意謂著什麼，人們在這方面

的看法通常未經審視，而又前後不一。

有許多人認為，意識是一種表現形式，比方說，是一種自我反省的能力，意即能理解及解釋自己想法的能力。我會把它描述為思考自己的思想的能力。所以，我們應該可以想出一個方法來評估這種能力，然後利用這個測試來區分有意識和無意識之物。

可是，在嘗試採用這種做法時，我們很快就會遇到麻煩。嬰兒有意識嗎？狗呢？嬰兒跟狗都不擅長描述自己的思考過程。因此有人認為，嬰兒和狗是無意識的生物，因為他（牠）們都無法解釋自己的言行。那麼，超級電腦「華生」有意識嗎？我們只要提供華生某些輸入資料並讓其進入某種計算模式，它就能解釋自己如何計算出既定答案，因為華生具備一種自我思考的模型。這樣講的話，難道華生有意識，而嬰兒和狗卻沒有意識嗎？

在我們進一步分析這個問題前，重要的是好好思索其中最重大的區別：我們從科學能確定什麼，以及什麼才是真正的哲學問題？有一種觀點認為，哲學是尚未透過科學方法解決之問題的折衷辦法。根據這個觀點，一旦科學進步到足以解決某些特定問題，哲學家就可以繼續去研究其他問題，直到科學將那些問題也解決了。只要提到意識這個問題，科學和哲學之辯就一定會提到這個觀點，尤其是「意識是什麼？誰是有意識的？」這類問題。

哲學家約翰・希爾勒（John Searle）曾說：「我們都知道

大腦利用特定生物機制產生意識……重要的是要認清，意識就像消化、哺乳、光合作用或有絲分裂一樣，是一種生物過程……大腦是一台機器，確切地說是一台生物機器，但它一直都是一台機器。所以首要步驟是，弄清楚大腦如何產生意識，然後再建造一個人工機器，這個機器跟人一樣具備產生意識的有效機制。」❶ 人們看到希爾勒這些話往往感到驚訝，因為他們原本認為希爾勒應該會「保護」意識，以對抗像我這樣的化約論者。（譯注：化約論〔reductionism〕是一種哲學思想，認為複雜的系統、事物、現象可透過將其化解為各部分組合的方法，加以理解和描述。）

澳洲哲學家大衛‧查默斯（David Chalmers, 1966-）首先提出「意識的難題」（the hard problem of consciousness）這一概念，用以描述要解決這個基本上無法形容的概念有多麼困難。有時，一個簡短詞語就能恰如其分地概括整個思想學派的思想，並成為這種思想的象徵（例如，漢娜‧鄂蘭〔Hannah Arendt〕的「平庸的邪惡」〔the banality of evil〕）。查默斯為人所知的「意識的難題」，也有異曲同工之趣。

在討論意識時，我們很容易變成去討論關於意識的一些可觀察和可衡量的屬性，但是這樣就沒有抓住意識的本質。我上面提到的後設認知（metacognition）的概念（也就是思考它本身的思想），就是一個例子。其他觀察家會將情緒商數或道德商數跟意識混為一談。但要再次強調的是，我們表達愛意、開玩笑或展現性感的能力，都只是一些表現──可能會令人印象

深刻或看起來聰明，但都只是一些可以被觀察和衡量的技巧而已（即使我們會爭論如何評估它們）。知道大腦如何完成這些任務，以及大腦在執行任務時是如何運作，對查默斯來說，這些是意識方面的「簡單」問題。當然，這個「簡單」問題其實一點也不簡單，它可能是我們這個時代最困難且最重要的科學探索。在此同時，查默斯所說意識的「難題」，基本上其難度已高到言語難以形容。

為了證實這項區別，查默斯採用一項思想實驗，這項實驗包含他所說的「僵屍」（zombies）。僵屍是一個實體，其行為和人類一模一樣，卻沒有主觀經驗（subjective experience）——也就是說僵屍沒有意識。查默斯認為，既然我們可以設想出僵屍，至少在邏輯上它們是可能存在的。如果你正在參加一個雞尾酒會，酒會上有「正常」人類跟僵屍，你如何分辨這兩者？也許這段描述聽起來跟你參加過的某次雞尾酒會情況很像。

很多人對這問題的回答是，他們會跟他們「懷疑」的對象提出問題，詢問他們對一些事件和想法做何感受。他們認為，因為僵屍不具備某些情緒反應，所以利用這類問題就可以透露出僵屍缺乏主觀經驗。但是依照這種做法得到的答案，根本與這個思想實驗假設的前提不符。如果我們遇到一個沒有感情的人（例如有某種情感障礙的人，最常見的就是某些類型的自閉症者），或是像阿凡達或機器人那種還沒被認為是有情感的人類，這些實體並不是僵屍。請記住：根據查默斯的假設，僵屍是具備正常反應能力，包括情感反應能力——他只是缺乏主觀

經驗。最重要的是，我們根本無法辨識僵屍，因為就定義來說，僵屍的行為並不會暴露其僵屍的特質。所以，這樣還能辨別嗎？

　　查默斯沒有試圖回答這個難題，但他確實提出一些可能性。第一種可能性是二元論形式，這種觀點認為意識本身不存在於現實世界，而是一種個別本體論的實有。根據這種說法，人的言行完全基於其大腦運作流程。因為大腦具有因果封閉性，因此我們可以透過大腦運作流程，說明個人的思想和行為。基本上，意識存在於另一個領域，至少意識可說是脫離物質世界的一種特質。這種解釋並不允許意識（也就是說，跟大腦有關的意識特質）與大腦之間存在因果關係。

　　查默斯還提出另外一種可能性，這種可能性通常被稱為泛心論（panprotopsychism）。從邏輯上來說，這種觀點和他的二元論並沒有什麼不同。這種觀點認為，所有實體系統都是有意識的，但人類要比其他實體，譬如電燈開關，具有更強烈的意識。我當然認同跟電燈開關相比，人的大腦具有更強烈的意識。

　　我個人的看法或許是泛心論的一個分支學派，我認為：意識是複雜實體系統中出現的一種特質。以這種觀點來說，狗也是有意識的，只是狗的意識比人類的意識少一些。螞蟻也有某種程度的意識，但要比狗的意識少得多。從另一方面來說，蟻群比一隻螞蟻具有更高層級的意識，蟻群當然也比一隻螞蟻更聰明。依此推算，成功模擬人類大腦複雜性的電腦也將具有跟

人類一樣的意識。

　　我們還可以把意識這個概念當成一個具有「感質」（qualia）的系統。那麼，什麼是感質？其中一種定義是：感質是一種「意識經驗」。然而，這個定義並沒有給我們什麼提示。在此，我們利用一個思想實驗做說明。有一個完全色盲的神經學家──不是那種分不清某些顏色的色盲，譬如紅綠色盲（像我一樣），而是那種完全生活在黑白世界中的人。（以最極端的情況來說，這位神經學家從小就生活在黑白世界裏，從來沒有見過其他顏色。基本上，她的世界是沒有顏色的。）但是，她對顏色的物理學進行過廣泛的研究──她知道紅色光的波長是700奈米，也知道能正常體驗顏色者的神經處理過程是怎樣運作，因此她知道大腦如何處理顏色。她比大多數人了解顏色。如果你想幫助她，跟她解釋「紅色」究竟是一種什麼樣的體驗，你會怎麼做呢？

　　或許你會把奈及利亞詩人歐洛賽伊・奧魯森（Oluseyi Oluseun）寫的〈紅〉（Red）這首詩唸給她聽：

　　紅，血之色
　　生命之象徵
　　紅，危險之色
　　死亡之象徵

　　紅，玫瑰之色

美之象徵

紅，戀人之色

一體之象徵

紅，蕃茄之色

健康之象徵

紅，熱火之色

渴望之象徵

　　這確實會讓這位神經學家大概知道，人們想到紅色會做何聯想，甚至還能讓她在與人對談時，對紅色發表感想。（「是的，我喜歡紅色，紅色熱力十足又充滿激情，美麗又充滿危險……」）只要她想要，她或許可以說服人們，讓人們相信她體驗過紅色，但實際上，就算她讀遍世上所有詩歌，也沒辦法擁有那種體驗。

　　同樣地，你如何跟從未接觸過水的人說明潛入水中是什麼感覺？我們將再次被迫訴諸詩歌，但是這種經驗本身實在是一種無法傳授的東西。這些經驗就是我們所說的感質。

　　這本書的許多讀者都感受過紅色。但我如何才能知道你們對紅色的感受，跟我對藍色的感受是不一樣的？當我們都在觀看一個紅色物體，並確信無疑地說出這個物體就是紅色的，這並不能回答我剛提出的問題。而當你在觀看藍色的物體時，我可能會跟你有一樣的感受，但是我們都知道應該把紅色物體稱

為紅色。我們可以再次用詩歌進行交流，但詩歌只反映人類對顏色的聯想，並未說明感質的實際特性。事實上，先天失明者已經閱讀過跟顏色有關的大量知識，因為許多文學作品都會講到顏色，因此他們確實感受過顏色，對顏色有自己的看法。這些失明者對紅色的感受，跟視力正常者對紅色的感受有何不同呢？這個問題跟生活在黑白世界中那位神經學家的問題是一樣的。讓人驚訝的是，我們只是想要證實一下生活中如此常見的現象，卻竟然這麼完全無法言喻，正如我們想證實我們有同樣的感受，卻不可能做到。

感質的另一個定義是：一種對經驗的感受。然而，這個定義，正如我們上述對意識所下的定義一樣，仍舊是一種拐彎抹角的說法，因為「感受」、「有經驗」、「意識」，這些詞語都是同義詞。意識跟與它密切相關的感質，基本上都是一個哲學問題，也許是最重要的哲學問題（儘管身分認同這個問題或許更重要，我會在本章最後篇幅討論這個問題）。

所以關於意識這個問題，我們究竟該如何理解？它應該是這樣的：誰是有意識的，或意識是什麼？我在本書書名「How to Create a Mind」中使用「思維」（Mind）一詞，而不是用「大腦」（Brain）這個字眼，那是因為思維是有意識的大腦。我們也可以這樣說，思維是有自由意志和身分認同的。斷言這些問題是哲學問題，這種說法並非不證自明。我堅信，這些問題絕不可能只靠科學就能解決。換句話說，除非先做出哲學假設，否則我們無法設想透過可證偽性的實驗來解決這些問題。

如果我們要建造一種意識探測器，希爾勒會希望用這種意識探測器確定意識會釋放神經傳導物質。美國哲學家丹尼爾‧丹尼特（Daniel Dennett, 1942-）可能不那麼執著於基質（substrate）的問題，但他可能會想確認這個系統本身是否具備一個模型，還有它的性能。這種觀點跟我的觀點更為接近，但本質上仍然是一個哲學假設。

　　一直以來，人們定期發表一些論文，支持將意識跟一些可衡量的物理屬性做連結的科學理論——也就是希爾勒所說的「引起意識的機制」。美國科學家、哲學家暨麻醉師斯圖亞特‧哈莫洛夫（Stuart Hameroff, 1947-）曾寫道：「細胞骨架纖維（cytoskeletal filament）是意識的根源。」❷哈莫洛夫所說的細胞骨架纖維是一種被稱為微管（microtubule）的生物結構，存在於每個細胞（包括神經元，但又不僅限於神經元）中的微絲，微絲可以保持每個細胞結構的完整性，並在細胞分裂中發揮作用。哈莫洛夫在自己論述跟這個主題有關的一些著作和論文中，提出詳細的說明和公式，對細胞微管的資訊處理作用提出合理的解釋。但是，要把微管跟意識連結在一起，我們必須在信念上做出很大的轉變，這種轉變基本上跟宗教上的信念之躍並無不同，意即神將意識（有時被稱為「靈魂」）賦予某些實體（通常指人類）。為了證實哈莫洛夫的觀點，有人提出一些薄弱的論證，尤其是這種觀點：在麻醉過程中，支持這種細胞計算的神經處理過程會停止運作。但是，由於在麻醉過程中，許多系統都停止運作，所以這種觀點實在難以讓人信服。

我們甚至無法肯定在麻醉過程中，被麻醉者是無意識的。我們只知道，麻醉後人們不記得自己經歷過什麼。但並不是所有人都這樣，因為有些人確實清楚記得麻醉時的經歷，例如，外科醫生講了什麼。這種現象被稱為「麻醉清醒」（anesthesia awareness），據估計這種現象在美國每年會發生約40,000次。❸但是，撇開此事不談，意識和記憶也是兩個完全不同的概念。如同我再三提到，要我回顧過去一天內各個時刻的經歷，我會有很多感官印象，但是過去一天內我做了什麼，我卻記不太清楚。這樣講，是不是我對那天看到什麼和聽到什麼就沒有意識呢？這其實是一個很好的問題，但是答案卻不明確。

英國物理學家暨數學家羅傑‧彭若斯（Roger Penrose, 1931- ）雖然也關注微管——特別是微管的量子計算（quantum computing）能力，但他做出不同的信念之躍，提出意識的根源。他的論證（雖然並未明確說明）似乎認為意識是神祕的，量子事件也是神祕的，所以從某種程度來說兩者必有關聯。

彭洛斯以圖靈定理中有關無法解決的問題和哥德爾的不完備定理為依據，開始他的分析。圖靈的假設（第8章已對該假設進行詳細討論）是，有些演算法問題可以說明，卻無法由圖靈機解決。基於圖靈機的計算普遍性，我們可以推論：任何機器都不能解決這些「無法解決的問題」。證明關於數的一些猜想方面，哥德爾的不完備定理也得出類似結論。彭若斯的觀點是，人類的大腦能夠解決這些無法解決的問題，因此，人類能夠做到像電腦這種確定性機器無法做到的事。彭若斯的動機至

少有部分是，認定人類的智商高過電腦智商。但遺憾的是，他的核心假設——人類可以解決圖靈和哥德爾的不可解問題——根本不是事實。

有一個知名的不可解問題稱為「停機問題」（busy beaver），在此將問題描述如下：計算在有限狀態下的圖靈機能在打孔帶上記錄下「1」的最大值。假設最長運行狀態為n，利用對所有具備n狀態的圖靈機（如果n是有限的，這將是一個有限數字）進行測試，看看這些圖靈機最多能在打孔帶上記錄下多少個「1」，但要排除那些進入無限循環狀態的圖靈機。這是一個無法解決的問題，因為我們在試圖模擬所有這些n狀態的圖靈機時，當模擬機器試圖模擬進入無限循環狀態的某台圖靈機時，模擬機器也會進入無限循環狀態。然而事實證明，對於給定的n值，電腦仍然可以找出最長的運行狀態。人類也能做到這一點，但是跟沒有外力援助的人類相比，電腦可以計算出更多n值下的結果。在解決圖靈和哥德爾的不可解問題上，電腦通常會比人類表現得更好。

彭若斯將這些所謂人類大腦的超然能力，跟他假設人腦中發生的量子計算聯繫在一起。根據彭若斯的說法，在某種程度上，這些神經量子效應是人類與生俱來，而電腦無法達成的，因此人類的思維具備天生的優勢。彭若斯的說法引發批判，包括：事實上，常見的電子產品也利用量子效應（quantum effect，電晶體利用電子的量子穿隧效應穿越屏障）；大腦中的量子計算尚未得到證實；我們可以利用傳統計算方法為人類思

維能力做出令人滿意的解釋；而且在任何情況下，任何事物都不能阻止我們將量子計算應用於電腦中。彭若斯沒有對這些反對意見做出合理解釋。當批判者指出，大腦環境不適合進行量子計算，哈莫洛夫和彭若斯開始聯手反擊。彭若斯發現神經元中有一種可能支持量子計算的理想工具——也就是微管；哈莫洛夫曾認為微管是神經元中資訊處理過程的一部分。所以哈莫洛夫－彭若斯的論述認為，神經元中的微管進行量子計算，並負責產生意識。

這種觀點也受到一些批評，例如，瑞典裔美籍物理學家暨宇宙學家馬克思・泰格馬克（Max Tegmark, 1967-）證實，微管中的量子事件僅可持續 10-13 秒，時間過短無法計算出任何有意義的結果或影響神經處理。確實，對於某些類型的機率問題，量子計算比傳統計算表現出更優異的能力，例如：透過對龐大數字的因數分解來破壞加密代碼。然而，事實證明，在解決這些問題時，無外力援助的人類思維實在是糟糕透頂，在這方面，人類甚至比不上傳統電腦，這表示大腦並不具備任何量子計算的能力。況且，就算大腦中確實存在量子計算這種現象，也不一定跟意識有關。

你必須有信念

人是何等巧妙的一件傑作！理性高貴，能力無窮。儀容舉止，勻稱可愛。行動宛如天使，思考宛如上帝。真是世

界之美，萬物之靈！但是，在我看來，這塵垢的精華又算
得了什麼？

——莎士比亞名劇《哈姆雷特》（*Hamlet*）中

主角哈姆雷特的台詞

　　事實是，這些理論全都是信念之躍。我想補充說明的是，
在討論意識時，指導準則就是「你必須有信念」——也就是
說，在討論意識是什麼，誰是有意識的，以及哪些生物具有意
識這些問題時，我們都需要做出信念之躍。否則，我們無法知
道明天該怎麼度過。但是，我們應該坦誠面對意識這個問題，
了解我們需要在信念上做出什麼轉變，以及信念轉變會涉及的
自我反思等基本需求。

　　不同的人會有截然不同的信念之躍，只不過給人的印象可
能剛好相反。關於意識的本質和來源，不同人就有不同的哲學
假設，因此從動物權到墮胎等議題，大家的意見相當分歧，日
後針對「機器的權利」這一問題勢必引發更激烈的爭論。我客
觀地預測，未來的機器似乎將擁有自我意識，當它們說出自己
的感質時，人類會相信它們是生物人。它們能展現各種微妙、
類似情感的暗示；它們會帶給我們歡笑與悲傷；如果我們告訴
它們，我們不相信它們是有意識的，它們會很生氣。（它們很
聰明，所以我們可不希望發生這種事。）我們最後會接受，它
們是有意識的「人」。我個人的信念之躍是這樣：當機器說出
它們的感受和感知經驗，讓人們信以為真時，它們就真正成為

有意識的人。我透過下面這個思想實驗，得出自己的觀點：想像一下，將來你可能會遇見這樣一個實體（機器人或阿凡達），她的情緒反應完全「讓人相信」（convincing）。當你講笑話時她會笑，她也會帶給你喜怒哀樂（不只是搔搔癢讓你發笑）。當她說起她的恐懼和渴望時，你會相信她。從各方面來說，她看上去都是有意識的。事實上，她看起來確實跟人沒什麼差別。你會認同她是有意識的人嗎？

如果你的第一反應是，你可能會從某些方面找出她的非生物性，而我們已經假設她是讓人相信是有意識的人，那麼你的想法顯然跟這個假設不吻合。基於這樣的假設，如果有人威脅要摧毀她，她會跟人類一樣感到恐懼。如果你看到這樣的實體受到威脅，你會不會感到同情？如果是我，我一定會回答「我會同情」，而且我相信大多數人都會這樣回答——雖然不是所有人都如此，不管他們現在對這個哲學辯論有何看法。我要再次說明，我強調「讓人相信」這個字。

至於我們什麼時候會遇到、甚至是否會遇到這種非生物體，大家的想法當然都不同。我自始至終都預測，這種非生物體將在2029年首度出現，並於2030年代成為常態。但是，如果不談論時間框架這件事，我相信我們最後一定會承認這種實體是有意識的。想想看，我們在故事和電影中接觸到這種非生物體時，我們如何看待他們：電影《星際大戰》（*Star Wars*）中的智慧機器人R2D2；電影《人工智慧》（*A.I.*）中的大衛（David）和泰迪（Teddy）；電視影集《星際爭霸戰》（*Star*

Trek: The Next Generation）中的機器人「百科」（Data）；電影
《霹靂五號》（*Short Circuit*）中的霹靂五號（Johhny 5）；迪士
尼電影《機器人瓦力》（*Wall-E*）中的瓦力（WALL-E）；電影
《魔鬼終結者》（*Terminator*）第二集以後都出現的T-800系列機
器人——終結者（好人）；電影《銀翼殺手》（*Blade Runner*）
中的複製人瑞秋（Rachael，順便提一下，她不知道自己不是人
類）；電影、電視影集和漫畫系列《變形金剛》（*Transformers*）
中的大黃蜂（Bumblebee）；以及電影《機械公敵》（*I. Robot*）
中的機器人桑尼（Sonny）。雖然我們知道這些角色都是非生物
體，我們還是對它們產生情感共鳴。我們把它們當成有意識的
人，就像我們對待生物體的人類一樣。當它們陷入困境時，我
們了解它們的感受和恐懼。如果我們現在已這樣對待這些虛構
的非生物角色，那麼將來我們也會以同樣的態度，對待現實生
活中的非生物體智慧人。

　　如果你接受這種信念之躍，即非生物體對反應做出的感受
令人信服，就表示該非生物體是有意識的，那麼這就意謂著：
意識是實體整體模式突顯出的一種特質，不是其運行機制所仰
賴的基質。

　　科學和意識在概念上有一個差異：科學是客觀衡量，我們
依此得出結論，意識則是主觀經驗的同義詞。我們顯然不會這
樣問一個實體：「你是有意識的嗎？」如果我們檢查它的「頭
部」（不管是生物體還是其他實體的）構造，來確定它是否有
意識，那麼我們就必須做出哲學假設，確定我們想要找到什

麼。因此，判斷一個實體是否有意識，這個問題本身就不科
學。有鑑於此，一些觀察家更進一步地質疑意識本身是否有任
何現實基礎。英國作家暨哲學家蘇珊‧布拉克摩爾（Susan
Blackmore, 1951-）曾說過「意識的巨大幻覺」，她承認意識這
個概念的存在——換句話說，做為一個概念，意識確實存在，
而且還有許多大腦皮質結構處理這種概念，更別提還有許多口
語和文字也論及這個概念；但目前還不清楚，意識指的是不是
真實之物。布拉克摩爾繼續解釋說，她不是否認意識的存在，
而是試圖闡述我們在證實這個概念時遇到的各種困境。英國心
理學家暨作家斯圖亞特‧蘇瑟蘭（Stuart Sutherland, 1927-
1998）在《國際心理學字典》（*International Dictionary of
Psychology*）中寫道：「意識是一種迷人又難以捉摸的現象，
你無法確定它是什麼，它做什麼，或它為什麼產生。」❹

　　然而，我們最好別輕忽這個概念，不應認為它只是哲學家
之間進行的客套辯論——這種辯論最早可追溯到二千年前的柏
拉圖對話。意識概念是道德體系的基礎，這些道德信念後來成
為我們鬆散法律制度的基礎。如果一個人摧毀了其他人的意
識，譬如透過謀殺，我們就會認為這種行為是不道德的，是罪
大惡極的。但是也有例外，這些例外情形也跟意識有關，因為
我們可能會授權警察或軍隊來殺死某些有意識的人，以保護其
他為數眾多有意識者的利益。我們可以針對這些特例的是非對
錯進行辯論，但其依據的基本原則依然適用。

　　攻擊他人，使他人遭受痛苦，通常也被認為是不道德的和

不合法的。如果我破壞我自己的財產，這種行為是可以接受的。但如果我沒有經過你的許可，就破壞你的財產，這種行為就是不被接受的，不是因為我讓你的財產遭受痛苦，而是讓身為財產所有者的你遭受痛苦。從另一方面來看，如果我的財產中包括像動物這類有意識的生物，那麼我雖然是動物的主人，如果我隨意處置自己的動物，也未必能免於道德和法律的制裁，例如：動物保護法就禁止虐待動物。

由於我們的道德和法律制度基礎大都是為了保護意識實體的生存，以及防止意識實體受到不必要的傷害。為了做出負責任的判決，我們必須先回答這個問題：誰是有意識的？因此，這問題不只是智性辯論就能解決，也不像墮胎議題的爭議那樣顯而易見。我還應該指出，墮胎議題可能比意識問題更複雜一些，因為反對墮胎者認為胚胎最終會成長為有意識的人，這個理由足以說明應對胚胎進行保護，就像陷入昏迷者也應享有這項權利一樣。但是，這個問題的關鍵在於，什麼時候胚胎開始具有意識？

在出現爭議時，對意識的看法往往也會影響我們的判斷力。我們再來看看墮胎這個問題。許多人在衡量這個問題時，會對這兩種方法有不同的看法：服用緊急避孕藥（防止懷孕前期胚胎植入子宮）和後期流產。人們在看法上會有差異，是因為懷孕後期時胎兒可能具有意識。我們很難說幾天大的胚胎是有意識的，只有泛靈論者才這麼認為；但即使說胚胎是有意識的，它的意識還比不上最低等動物的意識。同樣地，在看到大

猩猩虐待昆蟲時，我們也會產生非常不同的反應。現在，沒有人會擔心自己給電腦軟體帶來什麼疼痛和痛苦（雖然我們確實針對軟體能讓我們遭受的痛苦，進行廣泛的討論），但當未來的軟體具備生物人類的智慧、情感和道德時，我們就會開始真心關切此事。

因此，我的立場是，如果非生物體在情緒反應上表現得跟人類一樣，完全令人信服，那我就會接受它們是有意識的實體，而且我預測，社會將達成共識認為它們是有意識的。值得注意的是，這個定義比圖靈測試的範圍還要廣——因為圖靈測試只需要掌握人類語言。通過圖靈測試的實體已經非常像是人類，因此我會接納它們，我相信大多數人也會如此。不過，我也會把那些具有人類情感反應卻無法通過圖靈測試的實體包括進來，比方說，幼兒。

這是否就能解決「誰是有意識的」這個哲學問題，至少對我自己和其他接受這個特殊信念之躍的人來說？答案是：不完全是這樣。我們只討論其中一個層面，也就是像人一樣行事的實體。就算我們正在討論的是未來的非生物體，但我們談論的實體表現出令人信服、像人一樣的反應，所以我們仍然是站在以人類為中心的立場去討論此事。但是，那些擁有智慧、長相卻跟人類不同的外星實體又該怎麼說呢？我們可以想像它們擁有跟人類大腦一樣複雜、或更複雜得多的智慧，但是它們的情感和動機又跟人類完全不同。那麼，我們如何決定它們是否具有意識？

　　我們可以從生物界中擁有堪比人類大腦、行為卻跟人類大不相同的生物開始探討。英國哲學家大衛‧科伯恩（David Cockburn, 1949- ）寫道，他看過一隻巨型魷魚受到攻擊的影片（至少巨型魷魚認為那是一種攻擊──科伯恩推測它可能是害怕人類的攝影機）。那隻巨型魷魚顫抖並捲縮起來，科伯恩寫道：「它的反應方式馬上震撼我，這跟人類面臨恐懼的反應一樣。巨型魷魚一連串反應讓我感到驚訝的是，我可以看到跟人類截然不同的生物，如何體會到那種既模糊又明確的恐懼感。」❺他的結論是，巨型魷魚感覺到那種情緒，而他只是把大多數看過那支影片的人都會得到的同樣結論、把那種信念清楚表述出來。如果我們接受科伯恩的描述和結論，那麼我們就必須把巨型魷魚加入意識實體的行列。然而，這樣做沒有帶給我們更多啟發，這還是基於我們對於跟人類有同樣反應的實體產生的移情反應。這種觀點仍舊是以自我為中心或以人類為中心。

　　如果我們跨出生物界就會發現，非生物智慧比生物智慧更加多樣化。舉例來說，有些實體在遇到破壞時，可能沒有恐懼感，或許它們不需要人類或任何生物體具備的這種情緒。或許它們還是可以通過圖靈測試，或者它們甚至不願意去嘗試這種測試。

　　事實上，我們現在確實發明出不具備自我保護意識的機器人，這樣它們就能在危險環境中執行任務。它們不夠聰明或不夠複雜，我們無須費心考慮它們的感知能力，但我們可以想像，

未來這種機器人將會和人類一樣複雜。那麼，它們有意識嗎？

　　依我所見，我會說如果我看到某個裝置專注於實現本身複雜又有意義的目標，並具備執行重要決策和本身使命的能力，就會令我印象深刻。如果它被摧毀了，我可能會感到難過。現在，這個討論可能有點偏離主題，因為我是在對某種行為做出反應，這種行為並不包含許多人、甚至是各種生物體普遍具備的許多情緒。但是，我這樣做是再次試圖將這些屬性，跟自己或他人聯繫起來。一個實體為了崇高目標全心投入並實現目標，或者至少試著這樣做，而不去考慮自身福祉，這種事對於人類而言並不陌生。這樣說來，我們也正在思考這樣一個實體，它致力於保護生物人類或以某種方式推動我們的發展，它有意識嗎？

　　但是，如果這個實體有自己的目標，而這個目標跟人類的目標不同，而且它進行的活動在我們看來不是那麼崇高，情況會怎樣呢？我可能會試著看看，是否能從其他方面來欣賞並理解它的一些能力。如果它確實非常聰明，可能精通數學，那我或許可以針對這個主題跟它對談。搞不好它還能聽懂或看懂數學笑話呢。

　　但是，如果這個實體沒興趣跟我溝通，我無法有足夠機會得知其內部運作過程對其行為和決策的影響，這是否就意謂著它是無意識的呢？我必須說，那些無法讓我相信其情緒反應或不屑嘗試跟我溝通的實體，不一定沒有意識。在沒有建立一定程度以同理心進行溝通的情況下，我們很難確定這種實體是否

具有意識，這種判斷不僅反映出我對所判斷實體的設限，也反映出我本身的更多侷限性。因此，我們需要保持謙卑的態度。但是，站在他人的立場去思考，對我們來說已經是一大挑戰，要從那些跟我們截然不同的智慧實體的觀點去思考，這種任務更是難上加難。

我們到底意識到什麼？

> 如果我們能夠看穿有意識者的顱骨，如果最活躍的區域會發出光亮，那麼，我們就會在大腦表面看到一個亮點。這是一個奇妙的波浪狀區域，大小和形狀不斷波動，周圍被或深或淺的黑暗區域環繞，而這黑暗區域覆蓋了大腦半球的其他區域。
>
> ──俄羅斯生理學家伊凡‧帕夫洛夫
> （Ivan Petrovich Pavlov），1913 年❻

再回到巨型魷魚那個主題，對我們來說，我們可以辨識它的一些明顯情緒，但它的大多數行為仍是一個謎。巨型魷魚會有什麼感受？當它縮著本身無脊椎的身軀擠過狹隘縫隙時，會有什麼感覺？我們甚至不知道怎麼回答這個問題，因為我們甚至無法描述那些我們跟他人都共有的經驗，譬如看到紅色的感覺或水濺到我們身上的感覺。

但是，我們不必潛入海洋深處，去找出意識經驗本質這個

未解之謎——我們只需要考慮自己的經驗。舉例來說，我知道我是有意識的，我假設這本書的讀者也是有意識的。（至於那些沒有買這本書的人，我就不那麼肯定了。）但我能意識到什麼呢？或許，你可以試著問自己這個問題。

　　試試這個思想實驗（對開車者來說都適用）：想像你正行駛在高速公路的左車道上。現在閉上你的雙眼，抓住想像中的方向盤，旋轉方向盤變換到右車道。

　　好的，在繼續閱讀下文前，請先進行這個思想實驗。

　　你很有可能會這樣做：你握著方向盤，檢查右車道，知道沒有來車。假設右車道沒車，你迅速轉動方向盤切換到右車道。然後，你把方向盤調正，完成這項工作。

　　幸好，這只是想像，不是真的在開車，因為你剛才急速穿越所有車道還撞到了一棵樹。雖然我也許該提醒你，別在開車時嘗試這項實驗（但我假定你早就知道開車時不該閉上雙眼這項規則），但這不是問題所在。如果你按照我剛才描述的過程去做（在進行思想實驗時，幾乎所有人都這樣做了），那你就錯了。當你把車輪向右轉並調正車身時，車會朝著對角線方向駛去。汽車會如你預期的駛入右車道，但它會一直向右行駛，直到飛速穿越道路盡頭。當你的車開進右車道時，你應該把方向盤向左轉動，跟先前向右轉動的程度一樣，然後再把車身調正。車子才會再次行駛在新車道上。

　　如果你是一位經驗老到的司機，你已經這麼做過幾千次。那麼，你在變換車道時，是無意識的嗎？你變換車道時，從來

沒有注意過自己究竟在做什麼嗎？假設你沒有因為變換車道出車禍躺在醫院裏看這本書，那你顯然已經清楚掌握這種技能。不過，你對你做過的事情仍舊沒有意識，不管你這樣做過多少次。

當人們談論自己經歷的故事時，會描述一連串的情況和決定。但是，我們當初經歷這些事時，並非如描述的那樣。我們原本的經驗是一系列高層級模式，其中有些可能會引發情感。如果是這樣的話，我們記得的只是其中一小部分。就算我們相當準確地重述故事，我們還是利用自己的虛構能力來填補那些遺漏的細節，並將這一連串事件轉換成一個連貫的故事。我們無法確定原本有意識的經驗來自記憶的哪個部分，但記憶是我們取得那段經驗的唯一來源。當下這一刻轉瞬即逝，迅速成為一段記憶，或者更經常發生的是，根本沒有成為記憶。就算某種經歷變成一段記憶，這種經歷也是被當成由其他模式組成的高層級模式，被儲存到一個巨型層級結構中，如同模式辨識理論模型的描述。就像我多次指出，幾乎所有經驗（如我們每次變換車道）都會馬上被遺忘。因此，要確定我們的意識經驗如何形成，其實是做不到的事。

東方是東方，西方是西方

大腦出現前，宇宙中沒有顏色或聲音，也沒有味道或香氣，可能有極少的意識，但沒有感覺或情感。

——美國神經生理學家羅傑・史貝利（Roger W. Sperry）❼

　　笛卡兒走進餐廳坐下來吃晚餐。服務生走過來問他是否需要開胃菜。

　　「不用，謝謝，」笛卡兒說，「我只要點晚餐。」

　　「您想試試我們的每日特餐嗎？」服務生問。

　　「不用了，」笛卡兒有點不耐煩地說。

　　「晚餐前，您要喝點酒嗎？」服務生問。

　　笛卡兒被激怒了，因為他是禁酒主義者。「我不需要！」他憤怒地說，然後咻的一聲，突然就消失了。

——澳洲哲學家大衛・查默斯講的一個笑話

　　關於我們先前討論的那些問題，可以從下列這兩個方面來考慮——關於意識和現實世界的本質，西方和東方的觀點有何不同。西方人認為，先是有一個物質世界，它的資訊模式不斷在演化，經過了幾十億年的演化，物質世界中的實體終於演化成為有意識的實體。東方人則認為，意識是現實的基礎，透過有意識的實體的思維，才有物質世界的存在。換句話說，是有意識的實體的思維讓物質世界得以具體呈現。這些說法當然是把複雜的哲學簡化了，但是卻表現出意識哲學的主要分歧，以及意識跟物質世界的關係。

　　關於意識這個問題，東西方之間的看法分歧，也可以從亞原子物理學的不同思想流派看出來。在量子力學（quantum

mechanics）中，粒子以機率的形式存在。使用任何測量設備對粒子進行測量，都會引發所謂的波函數塌縮（collapse of the wave function），意即粒子被定位於某個特定位置。一般的看法是，這樣的測量是透過有意識的觀察者去觀察到的（否則測量就不具意義），因此，只有當粒子被人們觀察，才會有特定位置（以及其他特質，例如速率）。基本上，粒子可能這麼想：如果沒人來看著我們，我們根本就不必決定自己要在哪個位置上。我將這種看法稱為量子力學的「佛教學派」，因為在被有意識的人觀察到之前，粒子基本上不存在。

　　還有另一種觀點，可以避免這種擬人化的說法。這種觀點認為，粒子場不是一個機率場，而只是一個函數，在不同位置有不同數值。因此基本上，粒子場就代表這個粒子。粒子在不同位置，其數值會有限制，這是因為整個粒子場只代表有限數量的資訊。這也是「量子」一詞的來源。這種觀點認為，所謂的波函數塌縮，根本就不是一種「塌縮」，因為波函數根本沒有跑掉。由於測量設備也有它的粒子場，被測量的粒子場跟測量設備的粒子場交互作用，而導致判讀到的粒子處在一個特定位置。粒子場仍然存在。這是西方對於量子力學的解釋。不過，有趣的是，全球物理學界比較盛行的是我所說的東方的觀點。

　　有一位哲學家的著作就論述到東西方的這種分歧。奧地利裔英籍哲學家維根斯坦（Ludwig Wittgenstein, 1889-1951）研究有關語言和知識的哲學，並深刻思考「我們究竟能知道什

麼」這個問題。在第一次世界大戰當兵期間，維根斯坦就開始
思考這個問題並做筆記，這些資料收錄於他在世時唯一出版的
一本著作《邏輯哲學論》（*Tractatus Logico-Philosophicus*）。這
本書結構獨特，在他以前的老師羅素的幫助下，終於在1921
年找到一家出版商付梓印行。這本書被奉為邏輯實證主義學派
的聖經，這個學派試圖定義科學的界限。這本書和環繞著它而
展開的思想運動，對於圖靈以及計算理論、語言學理論的誕
生，具有相當大的影響。

　　《邏輯哲學論》頗有先見之明：所有的知識本身就具有層
級特質。《邏輯哲學論》這本書就是依照層層嵌套的編號陳述
加以編排。例如，這本書開宗明義的四句話如下：

　　1. 世界是一切發生的事情。
　 1.1 世界是事實的總和，而非事物的總和。
1.11 世界是由事實所決定，並且是由全部的事實所決定。
1.12 因為事實的總和決定發生的事，因此也決定一切未發
　　　生的事。

《邏輯哲學論》中還有一個重點，圖靈可能會認同：

4.0031所有的哲學都是語言批判。

從本質上講，《邏輯哲學論》和邏輯實證主義運動都主張，

實體現實脫離我們的感知而獨立存在，但是我們對這個現實的所有了解，都是我們憑感官感知到的（可利用工具加以強化）和透過感官印象做出的邏輯推理。本質上，維根斯坦是在試圖描述科學的方法和目標。這本書的最後一句話是編號7：「凡是無法說的，就應該保持沉默。」早期的維根斯坦認為，超出語言描述範圍的東西是無法思考的，因此對於意識的討論都是循環論證而已，無法得出結論。

　　然而，維根斯坦到後期卻完全否定這個說法，他全心探討以前認為應該保持沉默的問題。他針對這個修正思想所寫的文章，在他死後二年經過整理收錄於1953年出版的《哲學研究》（*Philosophical Investigations*）。他批判自己早期在《邏輯哲學論》的說法，批評它們拐彎抹角、毫無意義，並認為先前他認為的無法說的事，其實都很值得反思。這些論述對於存在主義者產生相當大的影響，讓維根斯坦成為將現代哲學推往決定性轉折的第一人，也是唯一提出兩個互相矛盾哲學學派的哲學家。

　　維根斯坦後期的思想，有什麼值得我們思考和談論的？是美和愛這些議題。他意識到在人類大腦中，對美和愛的理解不盡完美。但他寫到，在完美和理想化的境界中，美和愛這些概念確實存在，如同柏拉圖在「柏拉圖對話錄」（Platonic dialogues）中所提到的完美的「形式」，其所闡述的也是現實的矛盾本質。

　　我認為人們對法國哲學家暨數學家笛卡兒（Rene Descartes）

有所誤解。他著名的「我思，故我在」被人們普遍解釋為頌揚理性思想，意思是「我思考，即我可以進行邏輯思考，因此我是有價值的」。因此，笛卡兒被認為是西方哲學理性主義的奠基人。

然而，我在笛卡兒的其他著作中讀到這句話時，卻對這句話產生了不同的看法。當時，笛卡兒為了「心－身問題」，也就是心智意識是如何從大腦這個實體中出現而深感困擾。從這種觀點來看，他似乎試圖找出理性懷疑論的突破點，所以我認為這句話的真正意思是：「我思，也就是產生主觀經驗，因此，我們確實知道的是，有某樣東西（我們把它稱為我）是存在的。」笛卡兒無法確定實體世界的存在，因為我們有的一切都是我們個人對這個實體世界的感官印象，可能會產生錯誤，也可能完全是幻覺。然而，我們確實知道，經歷了經驗的人確實存在。

我在一位論（Unitarian）的教會長大，我們在那裏研究世上所有宗教。我們會花半年時間研究一門宗教，譬如佛教，我們會去參加佛教禮拜、閱讀佛教書籍、跟佛教領袖進行小組討論。然後，我們會繼續研究其他宗教，譬如猶太教。我們教會研究的最重要主題是「通往真理的道路很多」，所以我們對宗教的態度是寬容和超脫。超脫意謂著，解決不同傳統之間明顯的矛盾，無須決定哪個是對，哪個是錯。唯有找到一個能推翻（超越）看似分歧的解釋，我們才能發現真理。對於有關意義和目的這類基本問題來說更是如此。

　　這就是我解決東西方關於意識和實體世界看法分歧的主要方法。依我所見，這兩種觀點都是對的。

　　從一方面來看，否認實體世界的存在，這種觀點相當愚蠢。就算我們真的生活在虛擬世界中，如同瑞典哲學家尼克‧伯斯特洛姆（Nick Bostrom）所說的，對我們來說，現實在概念層次上仍然是真實的。如果我們接受實體世界的存在，也接受實體世界中已發生的演化，那麼我們就能得出有意識的實體從實體世界演化而來的事實。

　　另一方面，東方的觀點認為意識是真正重要的根基，也代表唯一的真實，這種觀點也難以否認。我們只要想想看，我們如何對待有意識的人跟無意識的事物。我們認為後者沒有內在價值，除非這種內在價值可以影響有意識者的主觀經驗。即使我們把意識當成複雜系統內部出現的一個特質，也不能只把意識當成另一種屬性（引用希爾勒的話，就是像「消化」和「哺乳」一樣）。要注意的是，意識代表真正重要的東西。

　　「靈性」（spiritual）這個詞語常被用於表示事物最終的重要性。很多人不喜歡使用靈性或宗教傳統中的這類詞語，因為那可能暗指一些他們並不認同的信念。但是，如果我們拋開宗教傳統的複雜神祕，只把「靈性」當成對人類有深遠意涵之物，那麼意識這個概念也同樣適用。因為，意識反映出最終的靈性價值。事實上，「靈性」本身常被用來代表意識。

　　那麼，演化就可以被當成是一種靈性過程，因為演化創造了有靈性的生物，也就是有意識的實體。演化也往更複雜、更

博學、更睿智、更美好、更有創意的方向發展，並提高表達更超然情感（例如：愛）的能力。這些描述都是人們用以形容「神」的概念，只不過人們認為神在這些方面的能力是無限的。

在討論到機器可能具有意識時，人們常會覺得受到威脅，因為按照這種思維，人們認為有意識的人其靈性價值會被詆毀。但是，這只是反映出人們對機器這個概念的誤解。這些批評者是想透過他們現在了解的機器，來處理這個議題，而且當機器性能愈來愈強大，他們就覺得更受到威脅。我同意，當代科技產物還不值得讓我們將其視為有意識的生命。但我預測，將來機器跟生物人將很難區別，我們確實會把機器當成有意識的生物，因此它們也將共享我們認為意識才具有的靈性價值。這樣做並沒有貶低人類，而是提高了我們對未來機器（也許只是部分）的了解。我們或許應該採用一種不同的術語來代表這些實體，因為它們將是一種不同類型的機器。

事實上，當我們現在檢視大腦內部並對其機制進行解碼，我們會發現，我們不僅可以了解還能重新建立「大腦這個磨坊內部互相推動零件」的方法與演算法——這是套用萊布尼茲（Gottfried Wilhelm Leibniz, 1646-1716）對大腦的論述。人類已經自己建好了靈性機器。此外，我們將會利用我們正在製造的工具，拉近人跟機器之間的差異，直到這個差異完全消失。現在，即便可擴大人腦能力的大多數模擬機器尚未用於我們的身體和大腦內部，但是拉近人機差異這個過程已順利進行中。

自由意志

　　意識的一個核心層面是能夠預測未來，我們把這種能力稱為「先見之明」。這是一種策劃的能力，以社會術語來說，就是設想在尚未發生的社交互動中，可能發生什麼情況或什麼事件的能力……這是我們所憑藉的一個系統，利用這個系統我們就有更多機會做一些事，為自己謀求最大的利益……我認為「自由意志」就是我們選擇和依據選擇採取行動的能力，我們可以選擇最有用或最適合的去做，而且堅持這樣的選擇是出於自己的想法。

　　　　　──美國生物學家理查‧亞歷山大（Richard D. Alexander）

　　我們可以說，食蟲植物不知道自己在做什麼，只因為它沒有眼睛、耳朵或大腦嗎？如果我們說它只是一種機械作用，而且只靠機械作用，那我們是不是也得承認，食蟲植物進行那些看似相當謹慎的各種行動也是機械作用？如果在我們看來，食蟲植物靠著機械作用殺死並吃掉一隻蒼蠅，那麼對這個植物來說，難道它不會認為人也是靠著機械作用殺死並吃掉一隻羊嗎？

　　　　　　　　　　──英國作家塞謬爾‧巴特勒，1871

　　在結構上左右對稱的大腦，是不是一個「看似分離，卻又密切合作」的雙重器官？

——英國精神病學家亨利‧莫茲利（Henry Maudsley）[8]

　　我們已經知道，冗餘是大腦新皮質施展的一個關鍵策略。但是大腦中還有另一種層次的冗餘存在，就是大腦的左右半球，它們雖然不完全相同，但也相差不遠。就像是大腦新皮質的某些區域通常負責處理某些類型的資訊，大腦的左右半球也進行某種程度的分工，例如左半球通常負責處理口語。但是，這些工作也可以重新指派，其實就算大腦只剩一個半球，我們還是可以生存和運作。美國兩位神經心理學研究人員史黛拉‧狄波德（Stella de Bode）和蘇珊‧柯蒂斯（Susan Curtiss）針對49名孩童進行了一項研究，這些兒童都接受了大腦半球切除術（將大腦切除一半），罹患癲癇症而危及性命的病患會接受這種激進手術，術後只靠一個大腦半球生活。一些接受手術的孩童會出現功能缺失，而這些缺失是特定的，病患的性格還是很正常。他們當中有許多人都能健康成長，觀察人員很難看出他們只有半個大腦。狄波德和柯蒂斯曾寫道：切除左腦的孩童「儘管切除了『語言』半球，還是能精準地掌握語言」。[9] 他們還提到其中一名孩童順利唸完大學，進入研究所，智力測驗的分數還高於平均水準。研究顯示，長遠來看，大腦半球切除術對整體認知、記憶、個性和幽默感只有些微的影響。[10] 美國研究人員薛伍德‧麥克雷蘭德（Shearwood McClelland）和羅伯特‧馬克斯威爾（Robert Maxwell）2007年的一項研究顯示，長期來看，大腦半球切除術對成人也有類似的正面效果。[11]

　　還有一位十歲的德國女孩，出生時只有半個大腦，據報導她也相當正常。而且她有一隻眼睛的視力極佳，相較之下，大腦半球切除術的患者在手術後會馬上失去一部分視野。**⑫**蘇格蘭的研究人員拉斯・穆克里（Lars Muckli）表示：「大腦具有驚人的可塑性，但我們看到這女孩的大腦單一半球，竟然能適應得這麼好，彌補本身的不足，實在是令人驚訝。」

　　這些報告當然都支持大腦新皮質具有可塑性，但更有趣的是，這些論述也暗示著，我們每個人似乎都有兩個大腦，而不是一個大腦，而且不管少掉哪個大腦半球，我們都可以正常生活。如果我們失去一個大腦半球，實際上只是失去儲存在大腦半球中的皮質模式，但是不管右腦或左腦本身都是非常完整的。所以，這是不是表示每個半球都有自我意識？這個問題必須透過論證解釋。

　　以裂腦患者為例，他們仍然擁有兩個大腦半球，但連接兩個半球的通道——胼胝體——被切斷了。胼胝體由大約2.5億個軸突組成，連接大腦左右半球，使兩者能溝通協調。就像兩個人可以彼此密切溝通，像是只有一個決策者一樣，但各自還是獨立完整的個體——兩個大腦半球也是各自獨立，但形成一個整體而發揮作用。

　　如同「裂腦」一詞的字面意義所示，裂腦患者的胼胝體被切斷或損壞，所以雖然兩個大腦半球功能完好，卻無法直接溝通連結。美國心理學研究人員麥克・葛詹尼加（Michael Gazzaniga, 1939-）曾進行大規模實驗，研究裂腦患者左腦和右

腦的思考機制。

　　裂腦患者的左腦通常會看到右側視野，右腦會看到左側視野。葛詹尼加跟同事在裂腦患者的右側視野展示一張雞爪圖片（患者的左腦看到這張圖片），並在其左側視野展示一張雪景圖片（患者的右腦可以看到該圖片）。然後，他又向裂腦患者展示一系列的圖片，讓患者的左右腦都能看到這些圖片。接著他請患者挑選出跟第一張圖片相關的圖片，患者的左手（由右腦控制）指了一張鏟子的圖片，右手（由左腦控制）指著一張雞的圖片。到目前為止，一切進展良好——左右腦獨立運作，而且運作正常。「你為什麼這樣選擇？」葛詹尼加詢問患者，患者回答說（由左腦語言中樞控制）：「顯然雞爪跟雞有關。」但隨後患者低下頭，注意到自己左手指著鏟子，馬上解釋說（還是由左腦語言中樞控制）：「需要一把鏟子才能清理雞舍。」

　　這是一種虛構症。右腦（控制左手臂和左手）準確指出鏟子，但是因為左腦（控制口頭回答）看不到雪景，所以虛構出一種解釋，卻不知道這是虛構。左腦這樣做主要是為自己從未決定和從未做過、但卻以為自己做過的行動負責。

　　這意謂著，每位裂腦患者的左腦和右腦都有自己的意識。左腦和右腦似乎不知道身體是左右腦控制的，因為它們學會互相協調並分工合作達成一致決定，左腦和右腦都把對方的決定當成是自己的決定。

　　葛詹尼加的實驗並未證明擁有正常胼胝體的人，其左腦和右腦有各自的意識，但實驗暗示了這種可能性。雖然胼胝體讓

左腦和右腦有效合作，但這未必意謂著左腦和右腦的思維沒有各自獨立。左腦和右腦會認為所有決定都是自己做的，因為它們在決定由誰做出決定這方面勢均力敵，而且左腦和右腦確實會對每個決定產生很大的影響（透過胼胝體跟另一方合作）。因此，對左腦和右腦來說，似乎都是自己在控制這一切。

　　左腦和右腦都有意識嗎？你要如何驗證這個推測？一種做法就是，評估跟神經系統相關的意識，而這正是葛詹尼加所做的。他的實驗顯示，左腦和右腦都是一個獨立的大腦。虛構不僅限於大腦半球，我們每個人都經常這樣做。左腦跟右腦都和人類一樣聰明，所以如果我們相信人類的大腦是有意識的，那麼我們必須推論，左腦和右腦各自都有意識。我們可以評估神經功能的相關性，我們可以自己進行思想實驗（比方說：假設胼胝體不具備正常機能，左腦和右腦仍然各自具有意識，那麼如果胼胝體具備正常機能，左腦和右腦也會各自具有意識），但想更直接檢測左腦和右腦的意識，就必須進行科學測試，而這正是我們所缺乏的。不過，如果我們承認左腦和右腦都是有意識的，那麼，是不是表示我們也認同新皮質中所謂的無意識活動（占其活動的大宗）也有獨立意識呢？或者，也許它有許多個意識？事實上，明斯基就把大腦形容為「心智的社會」（society of mind）。❸

　　在另一個裂腦患者的實驗中，研究人員向裂腦患者的右腦展示「鐘」字，向左腦展示「音樂」，然後詢問患者看到什麼字。由於左腦控制語言中樞，患者回答：「音樂。」然後研究

人員又給他看一組圖片，並要求其指出跟剛才看到的字最密切相關的圖片，這時由右腦控制的手臂指向鐘。請患者說明原因時，由左腦控制的語言中樞卻讓患者回答：「嗯，音樂，我最近聽到的音樂是在這外面的鐘聲。」即便他還可以選擇其他跟音樂更密切相關的圖片，他還是做出這樣的解釋。

這又是一種虛構症。左腦在解釋看似自己做的決定，但它從來就沒有做過那個決定，也沒那樣做。它這樣解釋不是為了掩護朋友（右腦），而是真的認為那是它自己做的決定。

這些反應和決定可以延伸到情緒反應。研究人員詢問一位青少年裂腦患者，讓其左腦和右腦都聽到這個問題：「你最喜歡的……是誰？」（Who is your favorite...）然後讓左耳聽到「女友」這個字（左耳是由右腦控制）。葛詹尼加說，裂腦患者臉紅了，而且很不好意思──畢竟一般青少年被問到女友時都會這樣反應。但是控制語言中樞的左腦卻沒有聽到任何字，並反問道：「我最喜歡的什麼？」（My favorite what?）當再次請他回答問題，而且要用筆寫下答案時，由右腦控制的左手，就寫下了他女友的名字。

葛詹尼加的測試不是思想實驗，而是實際的人腦實驗。雖然他們針對意識這個問題提出了一個有趣的觀點，但他們直接觸及到的是自由意志這個問題。在這個實驗的每個案例中，左腦或右腦認為自己做出了一個其實它從未做過的決定。那麼，我們每天做的決定其真實性又有多少呢？

再來看個例子。神經外科醫生伊扎克・弗雷德（Itzhak

Fried）為一位十歲女性癲癇患者進行腦外科手術時，患者是清醒的（這是可能的，因為患者大腦接收不到疼痛信號）。⓮每當他刺激患者大腦新皮質的特定位置時，患者就會發笑。起初手術團隊認為他們可能是觸發了某種笑反射，但是他們很快就明白，他們觸發的是幽默感知。顯然，他們在患者大腦新皮質中找到了一個幽默感的識別器（當然，新皮質中顯然不止一個這樣的識別器）。患者不光只是在笑而已，她是確實覺得這種情況很有趣，雖然實際的情境並沒有什麼改變，只是醫生們刺激到患者大腦新皮質中的一個點而已。當他們問患者為什麼笑時，患者並沒有做出合理回答說：「嗯，沒特別原因」或「你們剛才刺激我的大腦」，而是立即虛構一個原因。患者會指著房裏某樣東西，並試圖解釋那樣東西為什麼很有趣，通常的回答是：「你們這些傢伙站在那裏，真有趣。」

　　顯然，我們非常渴望要對我們的行為提出解釋，並把行為合理化，即使我們其實並沒有做出要採取任何行為的決定。那麼，我們對自己的決定能負責到什麼程度呢？以美國加州大學戴維斯分校生理學教授班傑明・利貝特（Benjamin Libet, 1916-2007）進行的實驗為例。利貝特讓受試者坐在一個計時器前面，將腦電圖的電極接到受試者的頭皮上。他指示受試者做一些簡單動作，譬如按下一個按鈕或移動手指。他要求受試者注意「首次察覺自己想要行動或有衝動要行動時」，計時器上的時間。這些測試指出，接受評估的受試者記下的時間只有50毫秒的誤差（1秒=1000毫秒）。他們還測量出，受試者察覺到

有採取行動的衝動和實際做出行動，平均約相差200毫秒。❶

　　研究人員還檢視受試者的腦電圖信號。實際上，跟運動皮質發起的行動有密切相關的大腦活動（運動皮質負責展開行動），平均大約在實際執行行動前500毫秒就發生了。這意謂著，早在受試者意識到自己已經做出決定要採取行動前約1/3秒，運動皮質就準備好要執行行動了。

　　利貝特實驗的含義引起了激烈爭論。利貝特自己推論，我們的決策意識似乎是一種錯覺。「意識是循環的。」哲學家丹尼特（Daniel Dennett）表示：「行動最初沉澱在大腦的某個部分，將信號傳到肌肉，並且在途中告訴你（意識主體），到底發生了什麼事（但是，這就像是所有的聰明官員讓你這個糊塗總統，自以為仍然是自己在發號施令）。」❶同時，丹尼特還對實驗記錄的時間表示質疑，基本爭議是，受試者可能並未真正意識到自己何時決定要採取行動。或許有人會問：如果受試者沒有意識到自己什麼時候做了決定，那麼到底是「誰」意識到呢？這問題其實問得很好，如同我先前所說的，我們根本不清楚自己能意識到什麼。

　　印度裔美籍神經學家維萊亞努爾・拉瑪錢德朗（Vilayanur S. Ramachandran, 1951-）對這種情形做出稍微不同的解釋。由於我們的大腦新皮質中有300億個神經元，大腦內部總是進行著大量活動，而我們能意識到的活動卻少之又少。決定（不論大小）一直都是由大腦新皮質處理，之後我們就會產生意識並提出解決方案。跟自由意志不同，拉瑪錢德朗認為我們應該討

論「自由否定意志」（free won't），意即拒絕大腦新皮質無意識部分所提出的解決方案的能力。

　　我們可以用軍事行動做比喻。陸軍官員準備向總統提出建議。在得到總統的批准前，他們會進行準備工作，讓決定能被執行。在某個特定時刻，他們將提議呈交給總統，總統批准後，剩下的任務就是執行。由於這個例子中的「大腦」涉及大腦新皮質的無意識過程（意即位居總統之下的官員），以及有意識的過程（總統），我們會看到正式做出決定前所發生的神經活動和實際行動。官員究竟給總統多少餘地決定接受或拒絕他們的建議，這總是會引起爭論。當然，美國總統有接受過，也有拒絕過這類建議。但是心理活動，即便是發生在運動皮質的心理活動，早在我們意識到要做出決定前就啟動了，這一點我們不應感到驚訝。

　　利貝特實驗真正要強調的是，我們大腦中有很多跟做決定有關的活動是無意識的。我們已經知道，大腦新皮質中的大多數活動是無意識的；因此，我們的行動和決定可能源自於有意識或無意識的活動，這也沒什麼好意外的。硬要把有意識的活動和無意識的活動區分開來，這樣做有何意義？兩者不都是代表大腦嗎？大腦進行的一切活動，我們都要承擔最終責任，不是嗎？「是的，我殺了人，但我不必負責，因為我當時沒有注意」這種辯解可能太薄弱。即使在某些法律情況下，個人可以不對自己的決定負責，但我們通常都必須為自己做出的選擇負起責任。

上述舉出的觀察和實驗，都屬於跟自由意志有關的思想實驗。自由意志這個主題和意識一樣，從柏拉圖以來就一直爭論不休。「自由意志」（free will）這個術語可以追溯到13世紀，但它究竟是什麼意思？

《韋氏字典》（*Merriam-Webster Dictionary*）將其定義為「人類有做選擇的自由，這些選擇不受制於先前的原因或神的干預」。你會發現，這個定義是一個無可救藥的循環定義：「自由意志是有……的自由。」姑且不論神的干預對自由意志產生什麼影響，這個定義還是有個可取之處，那就是你的選擇「不受制於先前的原因」這個觀點。我後續會討論這個問題。

《史丹佛哲學百科全書》（*Stanford Encyclopedia of Philosophy*）將自由意志定義為：「理性的主體從各種選擇中挑選一種行動方案的能力。」根據這個定義，一般電腦就有自由意志，所以對我們來說，這個定義還不如《韋氏字典》的定義有幫助。

維基百科的解釋更好一些。它將自由意志定義為：「主體不必顧及（free from）特定限制而做出選擇的能力……主要的限制就是……決定論。」這個定義也使用到「free」一詞來定義自由意志，但它清楚表達了自由意志的主要敵人就是：決定論（determinism）。這個定義跟韋氏字典的定義當中「不受制於先前的原因」，兩個觀點其實頗為相似。

那麼，決定論是指什麼呢？如果我在計算機輸入「2＋2」，計算機會顯示「4」，我是不是可以說計算機決定顯示「4」，

是基於本身的自由意志？沒有人會認為這是一種自由意志，因為這個「決定」是由計算機內部機制和輸入數據事先決定的。如果我輸入一個更複雜的計算，結論還是一樣：計算機沒有自由意志。

那麼，當超級電腦華生在《危險境地！》回答一個問題時，它有自由意志嗎？雖然華生的計算機制比計算機複雜得多，但是很少觀察家會將華生的決定歸因於自由意志。我們任何一個人都無法知道它的程式究竟是如何運作，但我們可以找到一群人一起來描述華生用到的所有方法。更重要的是，它的輸出是由下列資訊決定：（1）提問時的所有程式；（2）提問本身；（3）會影響其決定的內部參數狀態；（4）它所擁有的幾兆位元組的知識庫，包括百科全書。這四個類別的資訊，就決定了華生的輸出。我們可能會想，同樣的提問當然會得到同樣的答案，但華生被設計成具有從經驗學習的能力，所以每次的答案可能會不一樣。雖然如此，這並不矛盾，它只是改變了第三項資訊，也就是影響其決定的參數。

那麼，人跟華生究竟有什麼不同？為什麼人類有自由意志，電腦程式卻沒有？我們可以找出幾個因素。儘管華生比大多數人更擅長回答《危險境地！》的益智問答，但它卻沒有人類大腦新皮質那麼複雜。華生確實擁有大量知識，還會使用層級方法，但其層級思考的複雜性仍遠低於人類。所以，不同之處就只是層級思考的複雜程度嗎？看來確實如此。在我對意識這個話題的討論中，我曾指出我自己在信念上的轉變是，我會

認為通過有效圖靈測試的電腦是有意識的。目前，最先進的聊天機器人也無法做到這一點（雖然這類機器人的效能正在穩定進步中），所以我對意識這個問題的結論是：意識跟實體的效能水準有關，或許我對自由意志的看法也是如此。

　　意識確實是人類大腦與當代軟體程式之間存在的一個哲學性差異。我們認為人類大腦是有意識的，而軟體程式不具備（或尚未具備）這項屬性。這是不是就是我們在尋找的跟自由意志有關的因素呢？

　　一個簡單的思想實驗顯示，意識確實是自由意志的一個重要部分。如果一個人在執行一個動作時，沒有意識到自己正在做什麼，就表示這個行動是由其大腦的無意識活動而完成的。我們會認為這是自由意志的展現嗎？大多數人會回答：「不是。」如果這個動作是有害的，我們可能還是會認為那個人應對其行為負責，但我們也會看看這人最近一些有意識的行為，看是否會導致他在無意識之下採取行為，譬如飲酒過度，或只是沒有充分訓練自己在採取行動前，要先有意識地考慮自己的決定。

　　根據一些評論家的說法，利貝特實驗藉由強調我們的決策中有多少是無意識的，來反駁自由意志。由於哲學家們通常認為，自由意志確實意指有意識地做出決定，所以意識似乎是自由意志的一個必要條件。然而對許多觀察家來說，意識是必要條件，但不是充分條件。如果在做出決定前，決定（無論是不是有意識的決定）就已被事先決定了，我們怎麼能說自己的決

定是自由的呢？這個觀點認為自由意志和決定論是無法並存的。舉例來說，美國哲學家卡爾・吉內特（Carl Ginet, 1932-）認為，如果過去、現在和未來的事情是預先決定的，那麼我們就無法掌控過去、現在和未來的事情或其結果。顯然，我們的決定和行動只是這些預先決定的順序中的一部分。對吉內特來說，這樣就沒有自由意志了。

然而，並不是每個人都認為決定論跟自由意志的概念不能並存。支持兩者可以並存的人認為，本質上，即使你的決定是（或可能是）預先決定好的，你還是自由決定自己想要什麼。舉例來說，丹尼特認為，雖然未來有可能是由現在的情況所決定，但事實上，世界是如此錯綜複雜，我們不可能知道未來會是什麼情況。但我們可以確定某人的「期望」是什麼，而且我們確實有自由去做出跟這些期望不同的行為。所以，我們應該考慮一下，我們的決策和行動跟這些期望有什麼不同，而不是跟我們其實還不知道、理論上已經確定的未來做比較。丹尼特認為，這就算是自由意志。

葛詹尼加也清楚說明兩者並存的立場，他認為：「即使我們生活在一個預先確定的世界裏，但我們是為自己負責的主體，我們也為自己的行為負責。」❶ 憤世嫉俗者可能會把這個觀點解釋為：雖然你無法掌控自己的行動，但是不管怎樣，我們都會追究你的責任。

有些思想家認為，自由意志只是一種幻覺。蘇格蘭哲學家大衛・休謨（David Hume, 1711-1776）認為，自由意志只是一

種「說法」，其特點是「虛假的感覺或看似真實的經驗」。[18]德國哲學家叔本華（Arthur Schopenhauer, 1788-1860）寫道：「每個人都認為自己先天就是完全自由的，即使他的個人行為也是如此，並認為每一個時刻，他都可以開始用另一種方式生活……但是，透過後天的經驗，他驚訝地發現，自己不是自由的，而受制於必然性。但儘管有了所有這些決定和反思，他還是不會改變自己的行為，而且從生命的開始到結束，他必須依照這種性格行事，就連他自己也譴責這種性格。」[19]

在這裏我想要補充幾點。自由意志這個概念，跟責任是密不可分的。不管自由意志究竟存不存在，它對於維護社會秩序是有用也至關重要的。如同意識顯然是以一種模因（meme）存在，自由意志也是如此。試圖證明它的存在，或甚至對其下定義，可能會變成循環定義；但事實是，幾乎所有人都相信自由意志這個概念。我們較高層級大腦新皮質中有極大部分認為，我們可以自由選擇，而且我們要為自己的行為負責。不管從嚴格的哲學意義來說，這種說法是否真實或可能，如果我們沒有這樣的信念，社會將會變得一團糟。

此外，世界未必是確定的。我先前討論過量子力學的兩種觀點，兩者的差異在於觀察者對量子場的關係看法不同。依據觀察者觀點的一個普遍解釋，剛好說明了意識所扮演的角色：粒子無法決定量子的狀態，除非被有意識的觀察者觀察到。有關量子事件，還有另外一種哲學觀點，這種觀點支持我們針對自由意志的討論：量子事件是確定的，還是隨機的？

　　關於量子事件，最常見的解釋是，當構成粒子的波函數
「塌縮」（collapse）時，粒子的位置就確定了。經過許多次這
類事件，就會產生一個可預測的分布（這就是為何波函數被視
為一種機率分布的原因），但是每個經歷塌縮的粒子，其波函
數的分辨率都是隨機的。決定論的解釋正好相反：具體來說，
有一個我們無法個別檢測的隱藏變數，這個隱藏變數的數值決
定了粒子的位置。波函數塌縮時這個隱藏變數的數值或相位，
就決定粒子的位置。大多數量子物理學家似乎比較支持依據機
率場隨機決定這個觀點，但量子力學的方程式確實允許這類隱
藏變數存在。

　　因此，世界可能是無法預測的。根據量子力學的機率波解
釋，現實世界的最底層就是不確定性的持續來源。然而，這種
觀點未必能解決認為決定論與自由意志無法並存者的擔憂。沒
錯，根據量子力學的這種解釋，世界並非決定論的，但我們的
自由意志的概念會超越那些隨機的決定和行動。認為決定論與
自由意志無法並存的人士大都會發現，自由意志這個概念也跟
我們的決定無法並存，因為基本上我們的決定都是偶發事件。
自由意志似乎暗示一種目的性的決策。

　　沃夫朗博士提出一種方法解決這個難題。他2002年出版
的書《一種新科學》（*A New Kind of Science*）針對細胞自動機
（cellular automata）這個想法，以及它在我們生活各方面發揮
的作用，提出一個全面性的觀點。細胞自動機是一個機制，透
過這個機制可以不斷重新計算資訊細胞的數值，而且這個數值

是其鄰近細胞的函數。馮諾曼曾提出一個理論上的自我複製機，稱為通用構造器（universal constructor），那或許是第一台細胞自動機。

　　沃夫朗博士用最簡單的細胞自動機說明自己的論點，這個細胞自動機是一組一維的線性細胞。在每個時間點，每個細胞可以有兩個可能值：1表示黑色，0表示白色。每個週期都會重新計算每個細胞值。下個週期的細胞值則是目前細胞值及其兩個相鄰細胞值的函數。每個細胞自動機都有一個特定規則，決定如何計算下個週期的細胞值是黑色或白色。

　　我們以沃夫朗博士的規則222號細胞自動機做說明。

rule 222

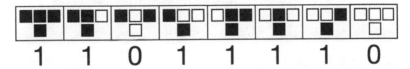

規則222號細胞自動機

　　這8種可能的細胞值組合被重新計算，該細胞左右鄰域的值顯示在第一行，重新計算出的值顯示在第二行。因此，如果細胞是黑色，而它的兩個鄰域也是黑色，那麼細胞的下一代也是黑色（參見圖的最左邊的子規則）。如果細胞是白色，它的左鄰是白色，右鄰是黑色，那麼它的下一代將變為黑色（參見圖右邊算起第二個的子規則）。

　　這個簡單的細胞自動機只有一行細胞。如果我們從中間的一個黑色細胞開始，並顯示細胞經過許多代演化後的值（我們每向下移動一行就代表新一代的值），那麼規則222號機的結果如下圖所示。

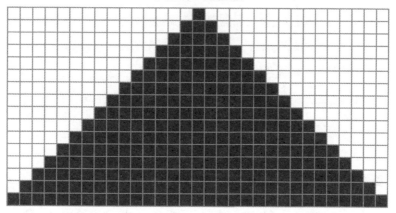

規則222號機經過許多代的演化

　　一個細胞自動機就是由一個規則所決定，這個規則依據目前這一代細胞是八種可能模式中的哪一種，決定細胞值是黑色還是白色。因此，就會出現2^8=256種可能的規則。沃夫朗博士列出所有256種可能性規則，並將這些可能性從0到255進行編碼。有趣的是，這256種理論機有截然不同的特質。例如沃夫朗博士將規則222號機稱為I級，這類自動機的模式極容易預測。如果我打算詢問規則222號機經過一兆兆次疊代之後，

中間那個細胞值是什麼時，你可以輕鬆回答說：黑色。

然而，更有趣的是IV級自動機，如規則110號機所示。

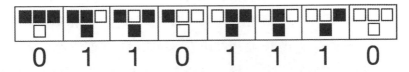

這個自動機經過許多代之後如下圖所示。

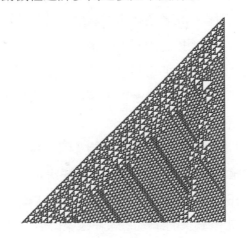

規則110號自動機和IV級自動機的特點在於，一般來說，它們的結果是完全不可預測的。這些結果通過嚴格的數學隨機測試，卻完全不會產生雜訊：雖然有重複模式存在，但其重複方式是隨機且不可預測的。如果我問你某個特定細胞在經過一兆兆次疊代後的值是多少，除非你真的使用這個機器執行那麼多代的演化，否則你根本無法回答這個問題。其答案很明確，

因為這是一個非常簡單的決定論機器,但這個機器如果沒有實際運作,結果就完全無法預測。

沃夫朗博士的主要論點是,世界是一個龐大的 IV 級細胞自動機。他以《一種新科學》為書名,就是因為這個理論跟其他大多數科學定律大不相同。如果有一個衛星沿著軌道繞地球運轉,我們可以預測,從現在起五年後它會在哪個位置。我們不必利用相關重力法則,模擬監測衛星在各個時刻的狀態,以確定它在遙遠未來某個時刻的位置。但是對 IV 級細胞自動機來說,如果沒有模擬它各個時刻的狀態,就無法預測其未來狀態。如果就像沃夫朗博士的假設,宇宙是一個巨大的細胞自動機,那就找不到足夠大的電腦可以運行這種模擬——因為每台電腦是宇宙的一個子集合。所以,宇宙未來的狀態即使是確定的,卻完全不可知。

因此,即使我們的決定是確定的(因為我們的身體和大腦是一個預先確定的宇宙的一部分),這些決定也無法預知,因為我們生活在 IV 級自動機中,我們也是其中的一部分。我們無法預測 IV 級自動機的未來,除非未來降臨。對沃夫朗博士來說,這就足以顯示自由意志的存在。

我們無須透過宇宙來預見未來那些已確定卻無法預知的事件。連參與研發超級電腦華生的科學家們,也沒有人能預測出華生會做什麼,因為華生的程式太複雜多樣,其效能所依據的知識範圍太廣,超出任何人能精通的範圍。如果我們認為人類展現出自由意志,那麼,我們不得不承認未來像華生這種機器

也能展現出自由意志。

我自己在信念上做出的重大轉變是，我認為人類有自由意志，但是當我秉持這樣的想法，我很難在自己的決定中找到例子證明它。舉例來說，我決定寫這本書，但我從來沒有做出這個決定。相反地，是這本書的想法為我做了決定。一般來說，那些似乎埋藏在我大腦新皮質中並占據我大腦的想法，總會讓我著迷不已。那麼，結婚這個決定又如何呢？這是我（跟另外一個人合作）在三十六年前做出的決定，當時，我被一位漂亮女孩吸引，並依照常理開始追求她。然後，我墜入情網。這當中，自由意志又展現在哪裏呢？

那麼，我每天做出的小小決定又是如何呢？比方說，我選擇在這本書裏要寫的特定字詞。我開始寫書時，前面只是擺了一張白紙，沒有人告訴我該怎麼做。沒有編輯在後面監督我，我的選擇**完全取決於我**。我是自由的，**完全自由**，不管什麼我都可以寫……

嗯，*神交*……

神交？我成功了，我終於運用我的自由意志。這樣說好了，最終我運用了我的自由意志，想寫什麼就寫什麼。我本來要寫「想要」這個詞，但我做了一個自由決定，寫下完全出乎意料的詞語。這或許是我第一次成功運用純粹的自由意志。

或許並不是。

顯然，這不是意志的展現，而是在試圖說明一個觀點（也許是一種不太好笑的幽默感）。

　　雖然我和笛卡兒一樣堅信我是有意識的，但我還是不確定自由意志是否存在。我們難免會想到叔本華的推論說：「你可以做你想做的，但在你生活中任何特定時刻，你只會決心要做一件確定的事，除此之外，你絕對不會對其他事情有意願。」[20]雖然如此，我仍將繼續表現得好像我有自由意志，也會繼續相信我有自由意志，只要我不需要解釋為什麼。

本體意識

　　有一位哲學家做過這樣一個夢。

　　夢裏，亞里斯多德先出現了，這位哲學家對他說：「您能不能用十五分鐘時間，跟我概要說明您的整個哲學？」

　　讓這位哲學家出乎意料，亞里斯多德做出了精彩的闡述，他把大量資料壓縮到短短十五分鐘的敘述中。但是後來哲學家又提出一個質疑，亞里斯多德答不出來，一臉困惑，就消失無蹤。

　　接著，柏拉圖出現了。同樣的情況再次發生，哲學家跟先前對待亞里斯多德一樣，也對柏拉圖提出相同質疑。柏拉圖也無法回答，就消失了。

　　然後，歷史上知名的哲學家一個接著一個出現，這個哲學家用同樣的質疑反駁所有人。

　　在最後一位哲學家消失時，這位做夢的哲學家跟自己說：「我知道我睡著了，這一切都是我夢到的。但我發現

一個能反駁所有哲學體系的通用駁論！等我隔天醒來，我可能會忘記，那麼世界真的會錯失某樣重要東西！」這位哲學家以堅強的毅力強迫自己醒過來，衝到書桌前寫下他的通用駁論。然後，整個人鬆了一口氣，跳回床上繼續睡覺。

　　隔天早上他醒來時，走到書桌前想看看自己寫了什麼，只看到這句話：「那只是你的想法。」

——美國哲學家雷蒙‧史慕揚（Raymond Smullyan）

引述自查默斯的話[21]

　　不管我是否有意識或有自由意志，我更想知道的是，為什麼我碰巧意識到這位會寫書、喜歡徒步旅行和騎自行車、需要營養補充品之特定人士的經驗和決定？答案顯然是：「因為那就是你。」

　　跟我先前對意識和自由意志的回答一樣，所以這問題我就不必贅述。不過，為什麼我的意識跟這位特定人士有聯繫？我其實還有一個更好的回答：那是因為，那個人就是我自己造就出來的。

　　俗話說得好：「人如其食」，更準確的說是：「人如其思」。如同我們討論過的，那些決定我個性、技能和知識的大腦新皮質層級結構，就是我個人思想和經驗的產物。我選擇要跟誰互動，我選擇要參與的想法和專案，這些都決定了我日後會成為怎樣的人。因此，我吃的東西也反映出我大腦新皮質做的決

定。選擇了自由意志二元性的積極面，我自己的決定造就出我是誰。

　　不管我們最後會成為怎樣的人，我們每個人都想要堅持自己的主體（identity）。如果你沒有求生的意志，你不會活到現在，而讀我這本書。每一個生物都有求生意志——這是演化的主要決定因素。主體這個問題也許比意識或自由意志更難界定，但也更為重要。畢竟，如果我們想要生存，我們就需要知道我們是什麼。

　　看看這個思想實驗：你生活在未來世界，那裏的技術比現有技術更加先進。你睡覺時，有一群人掃描你的大腦並收集每個細節。或許他們是用小到跟血液細胞一樣的掃描機，或是使用其他適合的非侵入性技術，掃描你大腦的毛細血管。但是，他們取得你大腦在特定時刻的所有資訊，也收集並記錄任何可能反映你心智狀態的身體細節，如內分泌系統的資訊。他們在一個從外形到行為都很像你的非生物體內，示範這種「心智檔案」，讓他（她）幾乎跟你一模一樣。早上，你接獲通知要進行這種轉換，你看著（或許沒有意識地看著）你的複製大腦，在此將他（她）稱為第二個你。第二個你談論著他（她）的生活，就好像他（她）是你，並跟你說那天早上他（她）如何發現自己被賦予更耐用的2.0新版身體。「嘿，我有點喜歡這個新身體！」他（她）興奮地說。

　　首先，你會考慮的問題是：第二個你有意識嗎？當然，他（她）一定有意識。他（她）通過我先前闡述過的測試，因為

他（她）是一個有意識、有感覺的人。如果你是有意識的，那麼第二個你也是有意識的。

　　所以，如果你打算消失，沒有人會注意到。第二個你會向周遭的人自稱是你。你的所有朋友和親人都會對這種情況感到滿意，也許還替你高興，因為跟以前相比，現在的你身體更強健，精神也更好。或許你精通哲學的友人會表示擔憂，但大多數情況下，每個人都會很高興，包括你、或至少那個聲稱是你的人是這樣想。

　　所以，我們不需要你以前的身體和大腦了，對吧？我們可以把它處理掉嗎？

　　你可能不太適應這種情況。我跟你說明過，這種掃描是無侵入性的，所以你仍然存在，也仍然清醒。而且，你的本體感仍然伴隨著你，而不是伴隨第二個你，即使第二個你認為他（她）是你的延續。第二個你可能根本不知道你的存在或你存在過。事實上，如果我們不告訴你，你也不會知道有第二個你存在。

　　我們的結論是什麼呢？第二個你是有意識的，但卻是一個跟你不同的人，第二個你有一個不同的本體。他（她）跟你極為相似，比基因複製更相似，因為他（她）跟你共享大腦新皮質的所有模式和連結。或者我應該說，從他（她）被創造出來的那一刻，他（她）就擁有這些模式。以大腦新皮質的觀點來說，從那時候起，你們兩個人分道揚鑣，各走各的路。你仍然存在，你跟第二個你之後會擁有不同的經驗。重點是：第二個

你不是你。

好了，到目前為止，一切都還說得通。現在再來看看另一個思想實驗——我相信，就未來會發生什麼來說，這個實驗更符合現實狀況。你經歷一個手術，以非生物裝置代替你大腦內部一個非常小的部分。你確信這樣做是安全的，而且據說這樣做還能帶來各種好處。

這個實驗並非虛構，因為神經和感官知覺有障礙的人常會進行這種手術，譬如帕金森氏症患者植入精密電極，失聰者植入人工耳蝸。在這些情況下，電腦化設備被放到人體內，雖然跟大腦連結卻置於大腦外部（以植入人工耳蝸為例，是跟聽覺神經連結）。我認為，真正的電腦放在人腦外面，這不會產生哲學問題：我們只是有效地利用電腦化設備，取代那些無法正常運作的大腦機能。到2030年代，具有智慧的電腦化設備其大小就跟血液細胞一樣（記住，白血球聰明到足以辨識和打擊病原體），我們將引入非侵入性技術，這樣就無須進行任何手術。

回到我們說的未來情景，你接受這個手術，這個電腦化裝置確實如預期般運作良好，你的能力有所改善（或許你的記憶力變好了）。那麼，你還是你嗎？你的朋友一定這麼認為，你也這麼認為。沒理由說你突然變成不同的人。顯然，你經歷這個過程是為了改變某些事，但你還是那個你。你的本體並沒有改變，別人的意識不會突然接管你的身體。

所以，受到這些結果的鼓勵，你現在決定接受另一個手術，這次手術牽涉到大腦的不同區域。結果是一樣的：你的能

力有些許改善，但你還是原來的你。

　　我這麼做的意圖應該很明顯。你不斷選擇其他手術，在這個過程中，你的信心只會增加，直到最後你大腦的每一個部分都被換成電腦化裝置。每次手術都小心進行，以維護你大腦新皮質的所有模式和連結，這樣你的個性、技能或回憶都被完整保留下來。從來沒有你跟第二個你之分，只有你。包括你在內，誰也沒有發現原本的你逐漸不存在了。這沒問題，你不就在這裏嗎？

　　我們的結論是：你依然存在。這一點沒有什麼可質疑的，一切都很好。

　　但是：你在經歷逐步更換的過程之後，變得跟上一個思想實驗（我將它稱為掃描暨實例化情境）中的第二個你完全一樣。換句話說，經歷了逐漸取代情境後，你仍具備原先大腦新皮質的所有模式與連結，只是那是在一個非生物的基質（substrate）中，掃描暨實例化情境中的第二個你就是如此。經歷了逐步更換情境後，你會比以前具備更多能力，腦功能也更耐用，就跟掃描暨實例化情境中的第二個你一樣。

　　但是，我們認為第二個你不是你。而且，如果你在經歷逐步更換過程後，完全等同於掃描暨實例化過程的第二個你，那麼，你在經歷逐步更換過程後也不是你了。

　　然而，這跟我們先前的結論產生矛盾。逐漸更換過程是由好幾個步驟組成，每個步驟似乎都會保存本體，如同現在帕金森氏症病患在植入精密電極後，還會有相同的本體。❷

　　就是這個哲學兩難問題導致某些人做出這樣的結論：這些更換情境永遠不會發生（即使它們已經發生）。但想想看，我們一生當中本來就在經歷一個逐步更換的過程。我們身體中的大部分細胞正在不斷被取代。（當你閱讀上一句話時，你身體裏面就有一億個細胞被更換掉。）小腸內壁細胞大約每週更新一次，胃壁也一樣。白血球的壽命範圍依據類型不同，從幾天到幾個月不等。血小板的壽命大約只有九天。

　　神經元仍然存在，但它們的細胞器和組成分子每個月會更換一次。❷神經元微管的半衰期約為十分鐘；樹突上的肌動蛋白能維持大約四十秒；為突觸提供能量的蛋白質每小時就會被更換一次；突觸中的NMDA受體壽命較長，大約五天。

　　照這樣看來，只要短短幾個月的時間，你就被完全置換掉，就跟上述逐步更換的情形差不多。跟幾個月前的你相比，你是不是還是原來的那個人呢？當然會有一些差異，也許你學會一些新東西。不過，你認為你的本體仍然存在，而且你沒有被不斷破壞和重新創造。

　　接著，我們以那條流經我辦公室前的河流為例。當我看著現在人們所說的查爾斯河時，這跟我昨天看到的是同一條河流嗎？我們先想想河流是什麼。字典將河流定義為：「大量的自然水流。」根據這個定義，我現在看到的這條河跟我昨天看到的截然不同。它的每個水分子都已經改變了，這個過程迅速發生。西元前五世紀，古希臘哲學家赫拉克里特斯（Heraclitus）曾寫道：「一個人不可能踏入同一條河兩次。」

　　但是，這不是我們通常說的河流。人們喜歡觀看河流，因為它們是連續性和穩定性的象徵。以這個普遍觀點來說，我昨天看到的查爾斯河跟我今天看到的就是同一條。我們的生命也大同小異。基本上，我們不是組成我們身體和大腦的物質。基本上，這些粒子流經我們的身體，如同水分子流經河流。我們是一個緩慢變化的模式，但這個模式具有穩定性和連續性，即使構成這種模式的物質迅速變化。

　　逐步將非生物系統引入我們的身體和大腦，將是另一個將我們的組成部分不斷更換的例子。它不會改變我們的本體，就像我們的生物細胞自然更替一樣。我們已經把我們的歷史、智慧、社會和個人記憶外包給這些設備和雲端。這些讓我們存取記憶的設備可能不在我們身體或大腦中，當這些設備變得愈來愈小（我們每十年就將這些技術設備的體積縮小一百倍），最後它們將會成功進入我們的大腦。不管在任何情況下，大腦都是安置這些設備的實用場所——這樣就不必擔心這些設備被我們搞丟了。就算人們選擇不將顯微設備放進身體裏也並無不妥，因為我們還有其他方法可以取用放在雲端無所不在的智慧。

　　但是，我們再回來看看先前提到的哲學難題。你在經過一段時間的逐步更換後，變成跟掃描暨實例化情境中的第二個你一樣，但是我們認為那個情境中的第二個你跟你的本體不同。所以，這讓我們得到什麼啟發呢？

　　它讓我們了解到非生物系統具備，生物系統卻不具備的一

種能力：也就是可以複製、儲存、並重新創建的那種能力。我
們經常利用我們的設備這樣做。當我們使用新的智慧型手機
時，我們會把之前所有檔案複製過來，這樣這支新手機就會跟
舊手機具備大致相同的特性、技能和記憶。也許新手機有一些
新功能，但是我們仍然保留舊手機中的內容。同樣地，像華生
那種程式一定可以進行備份。如果有一天華生的硬體被毀壞
了，也能輕鬆透過儲存在雲端的備份檔案來重新建構硬體。

　　這表示非生物世界中存在一種生物世界不具備的能力。這
是一種優勢，不是一種限制，這也是為什麼我們現在如此渴望
將我們的回憶繼續上傳到雲端。當非生物系統具備愈來愈多生
物大腦擁有的能力，我們就會繼續這麼做。

　　我針對前述的哲學兩難問題，我的答案是：第二個你不是
你，這種說法並不正確──第二個你確實是你。只是現在有兩
個你，這樣並沒有什麼不好──如果你認為你是好人，那麼有
兩個你不就更好？

　　我相信真正會發生的是：我們將繼續進行逐步更換和強化
這種情境，直到最終我們大部分的思想都儲存在雲端。我對本
體做出的信念之躍是，透過構成我們是誰的資訊模式之連續
性，我們的本體將得以保存。連續性允許持續改變，因此，就
算我跟昨天的我有些不同，但我仍然有著相同的本體。然而，
構成我本體的模式連續性並不依賴基質。生物基質是美妙的，
它已讓人類有相當大的進展，但我們基於一些充分理由，正在
創造一個更有能力也更持久的基質。

第10章

加速回報定律的威力

　　雖然在某些方面，人類應該還是高等生物，但這一點跟自然規律並不一致：即使動物很早就被人類全面超越，但大自然還是賦予動物某些超越人類的本領。螞蟻和蜜蜂在群體和社會的組織能力上遠勝過人類，鳥兒能在天上飛，魚兒能在水裏游，馬兒能在大地奔馳，狗兒能自我犧牲，這都是大自然這位母親賜予的過人之處，不是嗎？

　　很久以前，整個地球上只有動物和植物。以最優秀哲學家的觀點來說就是，那時地球只是一個外表逐漸冷卻的滾燙圓球。如果，在這樣的地球上有人類存在，他會以為這是另外一個世界，而他並不關心這個世界會怎樣。如果他對於各種自然科學完全一無所知，難道他不會認為，從他眼前這片混沌演化而來的生物，不可能擁有意識這種東西？難道他不會覺得不可能有任何意識存在？然而隨著時間過去，意識還是產生了。那麼，就算我們現在還沒有找

到任何蛛絲馬跡，難道不會出現一些新的方法，讓我們能夠探究意識是否存在嗎？

當我們回顧已經演化了許多階段的生命與意識，我們就會知道，認為地球再無發展可能，認為動物生物即是萬物之終結，這種想法根本太過草率。曾經，人們以為火能終結萬物，但是，在更久以前，石頭和水也曾經能終結萬物。

雖然現在機器還沒有意識，但誰能保證到最後機器還是沒有意識？軟體動物也沒有太多意識。回顧機器在過去幾百年取得的非凡進步，人們會驚覺動植物世界的演化速度如此緩慢。把高度組織性的機器視為是昨天的產物，不如說它們是五分鐘前的產物，因為，一切都今非昔比。要證明這一點，我們可以假設有意識生物已經存在了二千萬年：看看機器在過去一千年中，有多大的進步！世界還會有下一個二千萬年嗎？如果有的話，這些機器最後究竟會變成什麼模樣？

——英國作家塞謬爾‧巴特勒，1871年

我的核心論點，也就是我所說的加速回報定律（law of accelerating returns）認為，資訊科技中的基本理論是遵循著可預期的指數增長規律。這個論點反對「你無法預知未來」的傳統觀點。雖然還有許多事情都是未知數，例如哪個專案、哪間公司或技術指標會在市場蔚為風潮、中東和平何時到來；但事實證明，性價比和資訊承載量確實是可以預期的。令人吃驚的

是，這些變化並不會因為戰爭或和平、繁榮或蕭條等因素而受到干擾。

演化創造大腦的主要原因是為了預測未來。幾千年前，當人類祖先在熱帶雨林中穿梭，她可能注意到有一隻動物正往她走的路線靠近。她知道如果自己繼續走這條路，雙方一定會碰頭。想到這一點，她決定朝另一個方向走，而她的遠見也讓她保住性命。

但是這種天生對未來的預測是線性、而非指數型的，線性預測這種特質是源於大腦新皮質的線性組織。這讓我們想到，大腦新皮質在不斷預言，接下來我們會看到什麼詞語、在轉角處會遇見誰，等等。大腦新皮質的每個模式都由步驟的線性序列構成，這表示我們不會自然而然地進行指數型思考。小腦也會使用線性預測，當有一顆球飛過來，我們要伸手去接時，小腦幫助我們進行線性預測，我們就知道球會落在視線範圍的哪個地方，我們戴著手套的手應該等在哪裏接球。

同前所述，線性級數和指數級數之間有很大的區別（線性的40是40，但是算成指數就是1兆）。這樣就不難理解，為什麼一開始我根據加速回報定律做出預言時，讓許多觀察家都跌破眼鏡。我們必須訓練自己進行指數型思考，因為談到資訊技術，這才是正確的思考方式。

加速回報定律中的一個典型例子就是：計算能力的性價比，呈現平穩的雙重指數增長。110年來，這種增長一直保持平穩，期間經歷兩次世界大戰、經濟大蕭條、美蘇冷戰、蘇聯

解體、中國再度崛起、近期的金融危機，以及所有十九世紀後期、二十世紀和二十一世紀初期發生的重大事件。有人用「摩爾定律」（Moore's law）解釋這種現象，但這是一種誤解。摩爾定律認為，積體電路上可容納的電晶體數目，大約每二年就增加一倍，由於體積縮少所以運轉更快，而這只是眾多典範中的一個。事實上，它是第五個典範，而不是第一個將指數增長帶入計算能力性價比的典範。

計算能力的指數增長要從1890年的美國人口普查（首次實現自動化）說起，那次普查用到了電子機械計算的第一個典範，這比摩爾定律創始人戈登‧摩爾（Gordon Moore）的出生要早了幾十年。在《奇點臨近》一書中，有一張統計到2002年的圖表，在本書中我將這張圖表更新到2009年（詳見後圖「110年來計算能力的指數增長」）。儘管最近經濟不景氣，但是這種平穩可預期的發展軌跡依然持續著。

根據我們現有的數據和計算的廣泛應用，以及計算在徹底改革我們關切事項中所扮演的重要地位，計算可說是加速回報定律的最重要應用。但這樣的應用絕對不只一個。一旦某種技術成為資訊技術，這種技術就會受到加速回報定律所影響。

生物醫學正成為近來以這種方式進行轉型的最重要技術與產業。以往，醫學方面的進展要仰賴偶然發現，因此以往的醫學進展是線性的，而非指數型的。即便如此，這種進展還是對人們有利：人類的預期壽命從一千年前的23歲，到200年前增加為37歲，如今已大幅增加到將近80歲。隨著生命軟體——

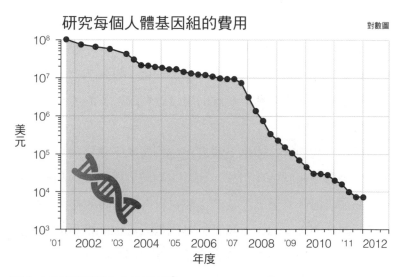

研究人體基因組排序的費用❶

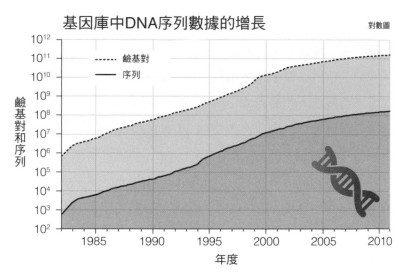

全球每年排序的基因數據量❷

基因組──的收集，醫學與人體生物學已成為一項資訊技術。
自從1990年人類基因組計畫開始推動以來，本身就呈現完美
的指數型增長，基因數據量每年增加一倍，每鹼基對每年的成
本預算也減少一半。❸（本章引用《奇點臨近》的所有圖表並
將資料更新。）

　　現在，我們能在電腦上設計出生物醫藥干預措施，並且在
生物模擬器上測試這些措施，而且生物模擬器的規模和精準度
每年都加倍提升。另外，我們也能更新自己過時的軟體：RNA
干擾能使基因失去活力，新型的基因療法不但能把新的基因添
加到新生兒，也能添加到成人身上。基因科技的進步也影響大
腦逆向工程計畫，其中一個重要層面就是理解基因如何控制大
腦運作，例如：建立新的連結來反映近期新增的皮質資訊。從
基因組測序到基因組合成的發展過程中，還有其他許多現象可
以證明生物跟資訊科技的結合。

　　另一項也經歷平穩指數型增長的資訊技術就是，我們跟他
人溝通和傳遞人類知識庫中龐大資訊的能力。有很多方法可以
解釋這個現象，其中，庫伯定律（Cooper's Law）認為，無線
電頻譜中無線通訊的總位元容量，每三十個月增加一倍。從
1897年吉列爾莫・馬可尼（Guglielmo Marconi）用無線電報傳
遞摩斯密碼，到今天的4G通訊技術，這個定律都被認為是正
確的。❹根據庫伯定律，一個多世紀以來，在指定無線電頻譜
中傳遞的資訊量每兩年半就增加一倍。另一個例子是，網路上
每秒傳輸的位元數量，每十五個月就增加一倍。❺

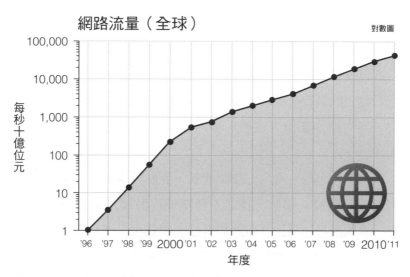

全球網路國際（國對國）專用頻寬❻

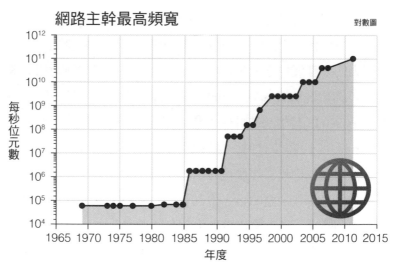

網路主幹的最高頻寬（速度）❼

　　我之所以有興趣預測未來科技的某些面向，是因為三十年前我就領悟到，一位發明家（這是我五歲時就在做的事）成功的關鍵就是時機。大多數發明或發明家之所以失敗，不是因為他們發明的裝置不成功，而是因為時機不對，他們要麼時機過早，所有條件都還未成熟，不然就是時機太晚，錯失機會之窗。

　　三十多年前，身為工程師的我，開始收集衡量不同領域技術發展的數據。起初，我並不指望能從數據中看出明確的趨勢，但我還是希望這些數據能提供一些指引，讓我做出更有根據的推測。我的目標自始至終都是：把時間規劃好再進行技術研究，這樣一來，當我完成自己的專案時，這些研究剛好適用於當時的世界。因為我早就領悟到，未來世界需要的技術，會跟我當初開始研究時的技術大不相同。

　　想想這世界在近幾年來發生多少變化？而這些變化又以多麼驚人的速度襲捲全球？幾年前，人們還不知道如何使用社群網路（例如，臉書成立於 2004 年，到 2012 年 3 月底，臉書每個月有 9.01 億的活躍用戶）❽、維基百科、部落格或推特（Twitter）。1990 年代時，大多數人都不用搜尋引擎和行動電話，但現在我們無法想像沒有這些東西的世界會是什麼模樣，那似乎已是年代久遠的事，但其實不久前世界就是那般景象。不久後的將來，世界將會發生更劇烈的改變。

　　在調查過程中，我得到一個驚人的發現：如果一門技術屬於資訊技術，那它的性價比和生產力（單位時間、成本或其他

資源）的基本衡量，都會跟指數軌跡呈現驚人的契合。

這些軌跡甚至超越技術本身依據的特定典範（例如摩爾定律）。當一種典範已失去動能（例如在1950年代，工程師們已經無法將真空管的體積或成本降得更低），就促使大家研發新的典範，另一個成長曲線（S曲線）也隨之展開。

接著，新典範的S曲線中的指數部分，繼續對這門資訊技術衡量的指數進行更新。因此，1950年代的真空管讓位給1960年代出現的電晶體，然後，電晶體又讓位給1960年代末期出現的積體電路和摩爾定律，代替與被代替就這樣一直持續著。後來，摩爾定律又被三維運算取代，這樣的例子早些時候就已存在。資訊技術能夠持續超越各種典範的侷限，是因為計算、記憶或傳遞資訊所需的資源越來越少。

我們或許會納悶，在不考慮典範的情況下，計算和傳輸資訊的能力是否會受到一些限制？根據我們目前對計算物理學的理解，答案是肯定的，確實有限制，然而這些限制並不會過度束縛我們的能力。最後，我們可以在分子計算的基礎上，讓人類智慧以幾兆倍的趨勢增長。據我推算，在二十一世紀末，我們就會觸及這些極限。

要注意的是，並不是所有指數現象都算是加速回報定律的例證。有些觀察家誤解了加速回報定律，他們引用那些非資訊範圍的指數趨勢，例如他們指出，男人的刮鬍刀從單刀變成雙刀，再變成四刀，他們質疑既然技術呈指數增長，那麼為什麼沒有八刀的刮鬍刀？可是，刮鬍刀並不是（至少還沒成為）一

門資訊技術。

在《奇點臨近》一書中，我提出一個理論測試，包括一個說明加速回報定律的可預測性的數學解釋（收錄於《奇點臨近》的附錄）。本質上，我們會採用最新的技術去創造下一個新技術。技術本身就是以指數方式建構出來，而這種現象在涉及資訊技術時，就更容易衡量出來。1990年時，我們用當時的電腦和其他工具，打造出1991年的電腦；2012年時，我們使用最新資訊工具，製造2013年和2014年使用的機器。廣義地說，加速回報定律和指數增長適用於任何有資訊模式參與的流程。因此，我們在生物演化進度中看到加速度，也在技術發展過程中看到加速度（但這加速度比生物演化的加速度快得多），加速度本身只是生物演化的副產物。

現在，我手上有二十五年前依據加速回報定律預測的公開紀錄，最早期的那些預測收錄在我於1980年代寫的《智慧型機器時代》一書。書中精準預測的例子包括：1990年代中後期會出現一個大型的全球通訊網，將世界各地的人們連結在一起，也讓人類知識在全球流動；從這種分散式通訊網路中，將衍生出一股龐大的民主化浪潮，這股浪潮將使蘇聯解體；1998年，世界西洋棋冠軍將被超級電腦打敗……這樣的預測還有很多。

由於加速回報定律可應用於計算，所以我在《心靈機器時代》一書中，以相當多的篇幅加以描述，並提出一個世紀的數據，顯示從1898到1998年，計算能力的性價比呈雙倍指數增

長的過程。以下有更新到2009年的數據。

最近，我寫了一篇長達146頁的預測評論，我評論自己在個人著作《智慧型機器時代》、《心靈機器時代》及《奇點臨近》等書中做的預測（你可以在注釋查到這篇評論的連結網址）❾。《心靈機器時代》一書涵蓋幾百個特定時期的預測（2009年、2019年、2029年和2099年）。舉例來說，我在1990年代撰寫的《心靈機器時代》中，針對2009年做出147項預測。其中有115項（占78%）在2009年年底得到證實都完全正確，尤其是那些跟資訊技術生產力、性價比的基本衡量的相關

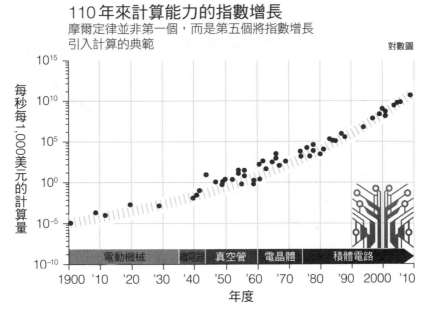

不同計算設備每秒（不間斷的）每1,000美元的計算量❿

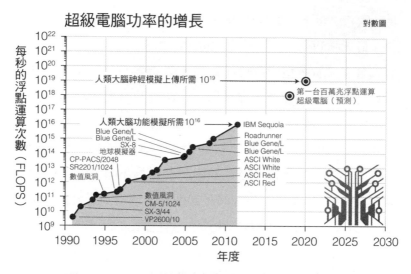

各種超級電腦每秒的浮點運算次數❶

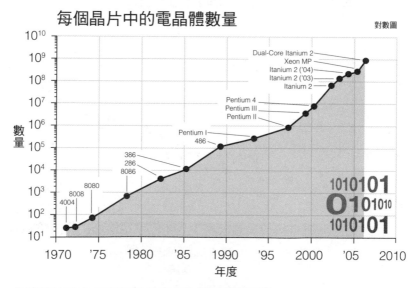

各種英特爾處理器每個晶片中的電晶體數量❷

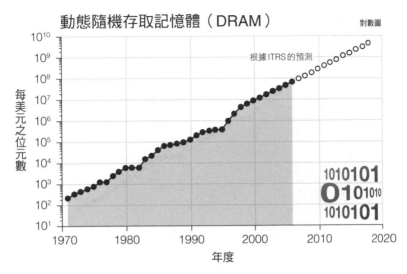

動態隨機存取記憶晶片每美元之位元數[13]

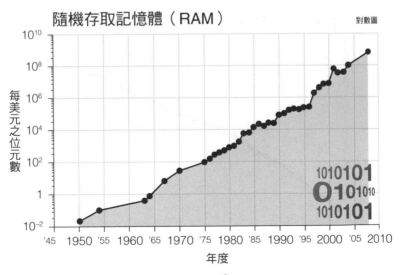

隨機存取記憶體晶片每美元之位元數[14]

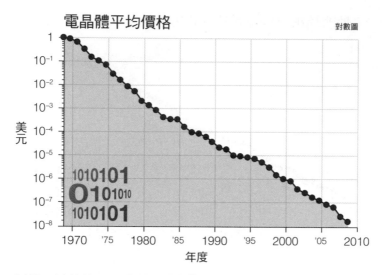

以美元計算的電晶體平均價格❶

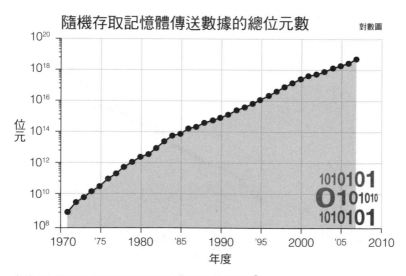

每年隨機存取記憶體傳送數據的總位元數❶

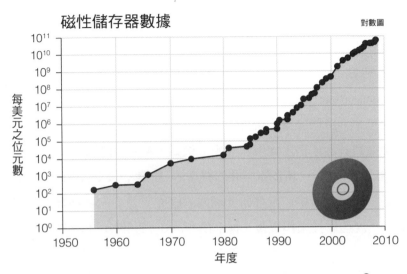

磁性儲存器中每美元（以2000年美元幣值為標準）的位元數**⑰**

預測特別正確。另外12項（8%）預測是「基本正確」。所以，共有127項（86%）預測是正確或基本正確。（因為這是對10年所做的預測，所以一個針對2009年的預測如果能在2010年或2011年實現，就算「基本正確」。）另外17項（12%）則是部分正確，剩下的3項（2%）則是預測錯誤。

　　實際上，顯示為「錯誤」的預測不是全都錯誤。舉例來說，我對無人駕駛車的預測有誤，但Google已經推出無人駕駛車，甚至在2010年10月，四輛無人駕駛電動車成功完成從義大利到中國，長達13,000公里的道路測試。**⑱**該領域專家目前預測，這些技術將在2010年代結束之前進入消費市場。

　　計算技術和通訊技術的突飛猛進和指數增長，對於設法理

解和再創造人類大腦的專案，都發揮極大的貢獻。這不是一個
單一專案，而是由許多不同專案組成的成果，包括從個別神經
元到整個新皮質的大腦構造詳細模型、神經網路體
（connectome，大腦中的神經連結）的映射、大腦區域模擬及其
他專案。這些專案的規模一直都呈指數增長，本書提出的許多
證據到最近才得以實現與應用。例如，第4章提到過2012年韋
登的研究顯示，新皮質中井然有序、「簡單」的（引用研究者的
話）網格型連結。韋登研究團隊的研究人員表示，在最新的高
解析度造影技術出現後，他們的想法（和圖像）才成為可行。

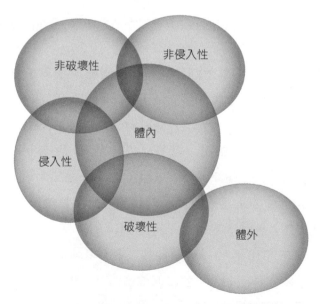

大腦造影方法的文氏圖⑲（Venn diagram，用封閉曲線表示集合與
其關係的圖形）

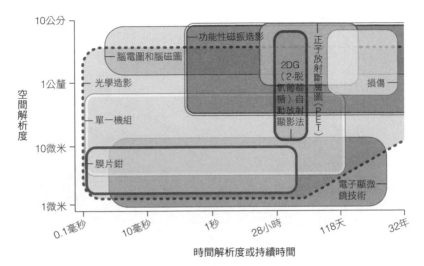

大腦造影工具❷

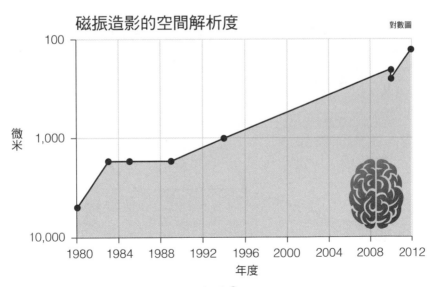

以微米計的磁振造影的空間解析度❹

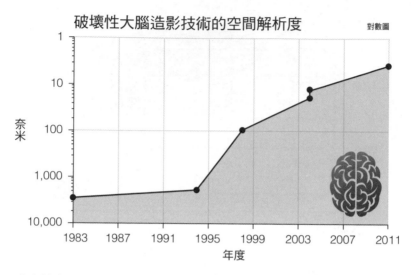

破壞性大腦造影技術的空間解析度❷

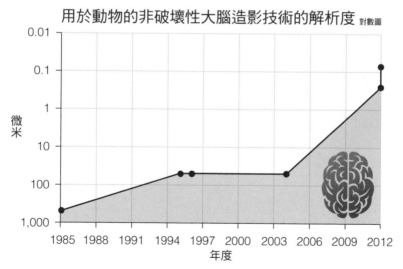

用於動物的非破壞性大腦造影技術的空間解析度❷

　　大腦掃描術在空間和時間的解析度，都以指數型的速度改善中。人們正在研究不同的大腦掃描方式，從可用於人體的完全非侵入方式，到用於動物的較具侵入性和破壞性的方式。

　　磁振造影（MRI）這種具有相對高時間解析度的非侵入性造影技術，其發展速度正穩定呈指數增長，目前空間解析度已接近100微米（一微米等於百萬分之一米）。

　　破壞性造影技術是用於收集動物大腦裏的神經網路體（所有神經連結的映射），也是以指數型速度發展。目前，這項技術的最大解析度已接近4奈米，足以觀察個別的連結。

　　人工智慧的技術（例如自然語言理解系統），未必是為了模擬大腦功能的理論原則而設計，而是為了達到最大效益而設計。因此，值得注意的是，最後勝出的技術都符合我在本書所說的原則：有自我組織能力的層級辨識器，本身有固定的自我關聯模式和冗餘，並能在層級結構中向上向下進行預測。如同超級電腦華生所展示的，這些系統的規模也正在呈指數增長。

　　理解大腦的一個基本目的是，擴展我們的技術工具，進而創造一個智慧系統。雖然許多人工智慧研究人員並未充分重視這一點，但是我們對大腦運作原則所取得的知識，已讓他們深受影響。了解大腦也能協助我們解決大腦的各種功能障礙問題。而大腦逆向工程這個計畫當然還有另一個重要目標，那就是：了解我們是誰。

第11章

反對聲浪

　　如果機器能夠證明自己跟人類毫無差別，那麼我們就該像尊重人類那樣尊重機器，我們必須承認，機器有一個大腦。

——英國心理學家史蒂凡・哈納德（Stevan Harnad）

　　我的加速回報定律及其在人工智慧上應用的論述之所以引發批判聲浪，主要是因為人類直覺的線性本質。如同我先前的描述，大腦新皮質中有幾億個模式辨識器，每個模式辨識器以序列方式處理資訊，這種組織結構意謂著，我們對未來抱持著線性期待。所以，評論家們將本身的線性直覺應用到那些基本上具有指數特性的資訊現象中。

　　我把這些各式各樣的反對聲浪稱為「源自懷疑的批判」，因為我們的線性偏好，讓指數推測看似不可信。最近，微軟的

共同創辦人保羅・艾倫（Paul Allen, 1953-）和同事馬克・格里夫斯（Mark Greaves）在《技術評論》雜誌（*Technology Review*）上，發表名為〈奇點依然遙遠〉（The Singularity Isn't Near）的文章。❶ 在文章中，他們明確表示對指數推測的不信任。在此，我雖然是針對艾倫的評論提出回應，但艾倫的批評意見算是很具有代表性，特別是針對我關於大腦的論述部分。儘管艾倫在題目上用到了「奇點」一詞，但他文中只引述我在2001年所寫的文章〈加速回報定律〉（The Law of Accelerating Returns）。此外，他的文章也沒有承認或回應我在《奇點臨近》一書中所做的論證。遺憾的是，我發現那些批評我個人研究的人，通常都是這樣。

自從1999年《心靈機器時代》一書出版，到2001年我發表〈加速回報定律〉那篇文章，就引發很多批評聲浪，比方說：摩爾定律即將失效；硬體能力可能呈現指數增長，但軟體會進入瓶頸期；大腦的構造太錯綜複雜；大腦的某些能力是固有的，無法利用軟體複製等等。其實，我當初撰寫《奇點臨近》的原因之一，就是為了回應這些批評。

看來，艾倫和其他觀點相近的評論家對於《奇點臨近》書中的觀點似乎並不採信，但他們實在不應該對於那本書的內容視若無睹，拒絕回應。艾倫認為「加速回報定律……不是物理定律」。我要指出的是，大多數科學定律都不是物理定律，而是源於較低層級上多數事件的突出特性。熱力學定律（laws of thermodynamics, LOT）就是一個典型的例子。如果你檢視依據

熱力學定律的數學應用，你會發現它是遵循隨機方式模仿每個粒子，所以依照定義，我們無法預測特定粒子在未來特定時刻的位置。不過，根據熱力學定律，氣體的整體特性是可以精準預測的。所以，依據加速回報定律：雖然每一個技術專案和促成因素都無法預測，但是利用性價比及生產力這些基本的衡量標準進行量化，整體軌跡總是按照一條明確可預測的路徑前進。

如果電腦技術只有少數一些研究人員在研究，那麼它的確是不可預知的。但是，電腦技術是諸多互相競爭的專案所形成的動態系統的產物，因此，性價比這個基本的衡量標準，例如在每秒每一定金額的費用下，其計算能力都呈現非常平穩的指數趨勢，如同我在前一章提到，從1890年美國人口普查至今都是如此。雖然我在《奇點臨近》一書中，大規模地提出加速回報定律的理論基礎，但最有力的論據是我和其他人的大量實驗證據。

艾倫寫道：「人們一直使用那些『定律』，直至它們被淘汰。」他說這句話，其實是把典範跟資訊技術基本領域持續進行的軌跡混為一談。舉例來說，如果我們審視製造更小真空管的趨勢，也就是在1950年代改善運算的典範，這個典範確實是被用到淘汰。但是當大家都明白這種典範不再適用，大家就有壓力要研究出新的典範。電晶體技術的計算性價比就是呈現指數增長的基本趨勢，這種趨勢促使第五典範（摩爾定律）的出現，也讓積體電路的產品越來越小。到目前為止，已經有很

多人預測摩爾定律終將劃下句點。半導體產業的「國際半導體技術藍圖委員會」（International Technology Roadmap for Semiconductors）推測，到2020年代初期，將會出現7奈米製程技術的半導體。❷到那時候，將會只有35個碳原子的寬度，而這個寬度很難再進一步壓縮。然而，英特爾跟其他晶片製造商已經率先開發第六典範，以三維計算來繼續保持性價比的指數增長。英特爾預估三維晶片將在十幾年內成為主流，在此之前，三維電晶體和3D記憶晶片會先問世。在計算性價比方面，第六典範仍將以加速回報定律運作，直到二十一世紀末。屆時，1,000美元的運算能力將會比人類大腦強大幾兆倍。❸（這樣看來，至少在模擬人類大腦功能所需的運算能力水準這一問題上，艾倫跟我是有共識的。）❹

　　艾倫在文章中繼續提出最常見的論點，認為軟體的發展不會像硬體那樣呈現指數增長。在《奇點臨近》中，我以相當多篇幅說明這個問題，並引用不同方法衡量軟體複雜度與軟體能力，證實軟體發展確實呈現類似的指數增長。❺最近的一項研究（由總統科技顧問委員會〔President's Council of Advisors on Science and Technology〕撰寫的〈給總統與國會的報告──設計數位化未來：聯邦政府資助有關網路與資訊技術的研究與發展〉〔Report to the President and Congress, Designing a Digital Future: Federally Funded Research and Development in Networking and Information Technology〕）陳述如下：

　　值得注意卻鮮少被人理解的事實是，在許多領域，由於演算法改良而取得的效能，已大幅超過依靠處理器速度提升所帶來的極大效能。目前我們在語音辨識、自然語言翻譯、下西洋棋、物流規劃等方面使用的演算法，在過去十年內已有顯著的進展……例如，柏林的康拉德楚澤資訊技術中心（Konard-Zuse-Zentrum für Informationstechnik）的最適化專家馬丁·格羅斯契爾（Martin Grötschel）發現，在1988年，利用當時的電腦和線性規劃演算法，以線性規劃解決標準生產計劃模型，要花上長達82年的時間。十五年後，也就是2003年，同樣的模型大概在一分鐘內就能算出來，效率幾乎提高4,300萬倍。在這個過程中，效率提高1,000倍是因為處理器的速度提高了，而效率提高43,000倍則是因為演算法的改良！格羅斯契爾也引用一個演算法的改良實例：1991年到2008年，混合整數規劃（mixed integer programming）這個演算法的改良，就讓效率提高了30,000倍。演算法的設計與分析，以及問題本身的計算複雜度研究，都是電腦科學的重要分支。

　　要注意的是，格羅斯契爾引述的線性規劃效益增加4,300萬倍，這是用於層級記憶系統（跟我先前提到的隱藏式馬可夫層級模型類似）分配資源的一種數學方法。在《奇點臨近》書中，我還引用許多其他類似實例。❻

　　至於人工智慧，艾倫根本不把IBM超級電腦華生當一回

事，其他許多批評家也持同樣意見。可笑的是，這些誹謗者當
中有很多人對這個系統一無所知，只知道華生是一個在電腦上
執行的軟體（雖然這種電腦內建720個核心處理器）。艾倫寫
道，華生這類系統「可塑性差，性能嚴重受限於內在假設和定
義好的演算法，它們沒有歸納能力，還經常提出本身專業領域
以外、毫無意義的回答」。

　　首先，我們可以對人類做一個類似的觀察。而且，我還想
指出，華生系統的「專業領域」包括維基百科和許多其他知識
庫的一切，很少是由特定知識領域所構成。華生系統處理大量
人類知識，也能處理語言的微妙形式，包括人類所有活動領域
內的雙關語、明喻和隱喻等。它跟人類一樣都不完美，但它足
以打敗《危險境地！》節目裏最優秀的參賽者。

　　艾倫認為，華生系統是由科學家自行組裝，將各個專業領
域的精密知識連結起來。但是，這種說法根本完全錯誤。雖然
華生系統其中幾個領域的數據是由科學家們直接編寫程式，但
絕大部分的知識還是透過華生自己閱讀維基百科這類自然語言
文件所取得的。而這一點正是華生的關鍵優勢，就像它能理解
《危險境地！》中那些令人費解的問題陳述一樣（華生利用搜
尋問題尋找答案）。

　　我先前提過，華生受到的主要批評是：利用統計機率運
作，而不是「真正」理解語言。許多讀者將這個觀點解釋成，
華生系統只是透過字詞排序收集統計數據。其實，「統計資訊」
一詞對該系統而言，是跟自組織方法（例如：隱藏式馬可夫層

級模型）中的分配參數和符號連結有關。我們可以像刪除「統計資訊」那樣，毫不費力地將大腦皮質中分散的神經傳導物質和冗餘的連結模式去除掉。事實上，我們解決語義模糊的方式跟華生系統的做法一樣，就是藉由考慮一個詞語不同解釋之間的可能性。

艾倫在文章中繼續寫道：「經過幾百萬年的演化，（大腦中的）每個結構都已經精準成型，以完成本身負責的特定工作，不管這項工作是什麼。人類大腦不像電腦那樣，是由幾個不同元件構成中央處理器，再由中央處理器控制記憶體陣列中幾十億個完全一致的電晶體。在大腦中，每個個別結構和神經迴路都因為演化和環境因素而被個別改良。」

依照這種說法，大腦中每個結構和神經迴路都是獨一無二的，因此要設計人工大腦根本是不可能的任務，因為這表示大腦藍圖需要幾百兆位元組的資訊。其實，大腦的結構圖（如同身體其他部分的結構圖一樣）存在於基因組中，因此大腦本身不可能包含比基因組還多的設計資訊。要注意的是，表現遺傳資訊（譬如控制基因表現形式的肽）並不會明顯增加基因組的資訊量。經驗和學習確實顯著增加大腦的資訊量，但這也適用於華生這類人工智慧系統。我在《奇點臨近》中說明過，無損失壓縮（由於基因組中的大量冗餘）後，基因組中的設計資訊數據量約為5,000萬位元組，其中約有一半（即2,500萬位元組）的資訊為大腦包含的資訊。❼要處理那麼多資訊可不簡單，但其複雜程度仍在我們能夠處理的範圍內，而且這種複雜

程度也沒有當今世界許多軟體系統來得複雜。此外，大腦的
2,500萬位元組基因設計資訊，很多都跟神經元的生物條件有
關，不是跟其資訊處理演算法有關。

　　那麼，我們如何從僅僅幾千萬位元組的設計資訊中，得出
100兆到1000兆個連結？答案顯然是，透過大量冗餘。美國電
腦科學家達曼德拉‧莫德哈（Dharmendra Modha，IBM研究中
心認知計算研究中心經理）寫道：「神經解剖學家並未發現人
類大腦裏有一個隨意連結的網路，而是發現大腦裏有很多重複
的結構和跨物種的同源性……這種與生俱來的驚人重構性讓我
們燃起希望，神經運算的核心演算法有可能跟特定的感官或運
動神經形式無關，而且從不同區域的皮質結構中觀察到的大多
數變化，代表著對於正規迴路的改良；我們要進行逆向工程
的，就是這種正規迴路。」❽

　　艾倫認為，有一種固有的「複雜度剎車（complexity
brake）限制了人類理解大腦和複製大腦的能力」，這論點的依
據是假設大腦中100兆到1,000兆個連結真實存在，而且有明
確清楚的設計。但是，艾倫的「複雜度剎車」觀點本末倒置。
如果你想理解、複製、模擬或再創造一個胰島腺，你不需要對
每個胰島腺細胞器進行再創造或模擬。你只需要理解一個胰島
腺細胞，然後將其在胰島腺中的基本功能擷取出來，最後將其
功能擴大到更多同類細胞中。研究人員已經相當了解跟胰島素
細胞有關的演算法。現在，這種功能模型的人工胰島腺已在測
試中。雖然，跟胰島腺中那些大量重複的胰島腺細胞相比，大

腦顯得複雜許多，變數更多，但是如同我在本書中再三提到，大腦的功能存在大量的重複。

艾倫的批評也透露出我稱之為「科學家的悲觀」的東西。為研究新一代技術或為某個科學領域建立模型的研究人員，一定都在跟這種悲觀搏鬥，所以如果有人能形容未來十代的科技是什麼樣貌，他們都會嗤之以鼻。最近，我想起積體電路領域的一位先驅，三十年前他們為了將 10 微米（10,000 奈米）的最小配線幅度減少到 5 微米而奮鬥不已。他們是有一些信心，認為能達成這個目標。但是當人們預測，未來某天我們確實能將電路最小配線幅度降到 1 微米（1,000 奈米）以下時，他們大多專注於自己的目標，覺得人們的想法太過離譜。反對聲浪指出，如果最小配線幅度降到 1 微米以下，由於熱力效應和其他因素，電路就會脆弱不堪。但如今，英特爾公司已經開始啟用閘極長度僅為 22 奈米的晶片。

在人類基因計畫上，我們也目睹到這種悲觀情緒。這個計畫預計十五年完成，但在努力進行到一半時，卻只收集到 1% 的基因組。批評家們紛紛提出一些在不破壞細微基因結構下，會限制基因迅速排序的因素。幸好，在記憶體容量和運算性價比呈現指數增長的情況下，這個計畫在七年之後如期完成。針對人腦的逆向工程計畫也取得類似的進展。譬如，直到最近，非侵入性掃描技術才有所突破，讓我們能即時看到個別神經元形成連結和激發的過程。我在這本書中引述的很多證據，也都是仰賴這些進步，但是直到最近技術上的諸多突破，這些證據

才成為實際可用。

　　艾倫在談到我對於人腦逆向工程的提議時，認為它只是掃描人腦以理解其精密構造，然後在沒有充分理解資訊處理方式的情況下，利用模擬將大腦整個「顛倒過來」。但這並不是我的提議。我們確實需要了解個別神經細胞的運作細節，然後收集功能模組如何連結的資訊；再利用這種分析衍生的功能方法，指導智慧系統不斷發展。基本上，我們正試著從生物學得到啟發，找到加速人工智慧運作的方法，雖然我們沒有在大腦如何發揮相似功能上有重大發現，但人工智慧計畫仍然獲得了一些進展。以我研究的語音辨識領域為例，我知道當我們了解大腦是如何準備及轉換聽覺資訊時，我們的研究進度就會大幅加快。

　　大腦中大量的冗餘結構，是由於學習和經驗的不同而產生差異的。事實上，人工智慧目前的最新技術已經可以從自身經驗進行學習。Google的自動駕駛車有兩個學習對象，一是從本身以往的駕駛經驗學習，二是從人類駕駛汽車的經驗中學習；華生系統則是透過本身進行閱讀，學到大部分的知識。有趣的是，人工智慧系統目前採用的方法已大有改善，以數學方面來說，這種新方法跟大腦新皮質的運作機制十分類似。

　　對「強人工智慧」（strong AI，意指具備跟人類同等智慧或超越人類的人工智慧）可行性的另一個反對聲音通常是，人腦可以大規模地運用類比計算，而數位方法的弱點就是，無法複製類比法具有的數值層級。沒錯，單一位元只能代表0或1

這二個數值，但是多位元文字就能代表多層級的漸進變化，也能滿足任何程度的精準度。當然，數位電腦就是這樣運作的。實際上，大腦中類比資訊的準確度（例如：突觸強度）在256個層級中，只占一個層級，而這256個層級只需要用8位元來表示。

在第9章中，我引用彭若斯和哈莫洛夫關於微管和量子計算的反對意見，他們聲稱：神經元中的微管結構可進行量子計算，由於電腦不可能進行量子計算，所以人腦跟電腦有重大區別，而且人腦可能比電腦更強大。先前我就解釋過，沒有確切證據顯示神經微管進行量子計算。事實上，量子電腦能輕鬆解決的問題（譬如對一個極大的數做因數分解），人們通常都做得很糟。如果這其中任何一項得到確認，就沒有什麼能阻礙我們將量子計算用於電腦中。

希爾勒以提出「中文屋」這個思想實驗而聞名。在《奇點臨近》一書中，我曾對此進行詳細討論。❾ 簡單講，這個實驗是有人拿到一些用中文寫的問題，然後要解答這些問題。為了解答問題，這人使用一本闡述詳盡的中文使用手冊。希爾勒聲稱，雖然這個人能用中文回答這些問題，但他並沒有真正理解中文，對中文這門語言也「毫無知覺」（因為他不懂問題也不懂答案）。希爾勒用這個思想實驗來比喻電腦並推論說，雖然電腦能像中文屋思想實驗中的人一樣，用中文回答問題（基本上就是通過了中文圖靈測試），但電腦跟這個人一樣，並沒有真正理解中文，也不清楚自己在做什麼。

在希爾勒的論點中,他採用了哲學上的一些巧妙手法。從一方面來說,思想實驗中的人最多只能算是電腦中的中央處理器。人們可以說中央處理器對它正在做的事情毫無知覺,但中央處理器只是這個結構的一部分。在希爾勒的中文屋裏,那個拿著中文使用手冊的人構成了一個完整系統,這個系統對中文是有所理解的,否則,這個系統無法信心十足地以中文回答問題,不然就違反了希爾勒對這個思想實驗的假設。

希爾勒的觀點之所以吸引人是因為,現在我們很難推論電腦程式是否真正理解或具有意識。然而,希爾勒論點的問題出在,這種推論也能應用到人類大腦。每個新皮質模式辨識器——每個神經元和每個神經元組成要素,都遵循一種演算法(畢竟,它們都是遵循自然法則的分子機制)。如果我們說,符合某個演算法則並不等於真正的理解和意識,那麼我們也可以說,人類大腦也不具備這些特質。你可以接受希爾勒的中文屋觀點,然後只要把希爾勒說的「操控符號」改為「操控神經元連結和突觸強度」,你就會得到一個強有力的觀點:大腦無法真正理解任何事。

另一個論點源於自然的本質,對許多觀察家來說,這是一個神聖不可侵犯的新領域。舉例來說,紐西蘭生物學家麥克・丹頓(Michael Denton, 1943-)發現,機器設計原理跟生物學的某些原理有極大的不同。丹頓寫道,自然實體具有「自我組織⋯⋯自我指涉⋯⋯自我複製⋯⋯交互作用⋯⋯自我塑造⋯⋯等能力又具有整體性」。[10] 他認為,生物形式只能透過生物過

程來創造，因此這些形式也是「恆久不變……難以探究……而且是最根本」的存在事實，跟機器相比，基本上就是不同的哲學類別。

如同我們所見，事實上，人們也可以利用這些原則來設計機器。向大自然最有智慧的設計典範——人類大腦學習，正是大腦逆向工程計畫的目的。丹頓說生物系統是一個「完整的」整體，這個觀點並不正確；同樣地，認為機器應該是完整模組的觀點也不正確。我們已經明確找出自然系統中功能單位的層級，尤其是大腦，而人工智慧系統目前也使用類似的方法。

依我所見，如果電腦不能順利通過圖靈測試，那些批評家就不會善罷干休。即便如此，這道門檻也不會那麼清楚明確。毫無疑問的是，批評人士會質疑圖靈測試是否如傳聞那樣確實有效。其實，我或許也是這些批評人士之一，跟他們一樣輕視先前的論據。但是，等到電腦通過圖靈測試有效性的相關爭論確實平息，電腦的智慧或許已經遠遠超過人類「未被增強」的智慧。

在此，我強調「未被增強」一詞，是因為「智慧得到增強」正是我們能創造出這些「思維孩童」（mind children，引用人工智慧專家莫拉維克〔Hans Moravec〕對它們的稱呼）的原因。❶將人類的層級模式辨識跟電腦本身的速度和精準度相結合，將會產生無窮的能力。但這並不是來自火星的智慧機器，對地球人進行一場外星人入侵——我們創造這些工具，是為了讓自己更聰明。我相信，大部分觀察家會同意我的看法，人類

這個物種的獨特之處在於：我們製造工具，是為了讓人類的力量更無遠弗屆。

後記

各位，情況不妙……全球氣候正在變化，哺乳動物要掌
權了，而我們的大腦只有核桃一般大小。
——美國知名漫畫家蓋瑞‧拉森（Gary Larson）的
漫畫《遠端》（*The Far Side*）當中的恐龍對話

智慧可以被定義為利用有限資源解決問題的能力，而時間
正是這類資源中的一項關鍵資源。因此，就像尋找食物或躲避
掠食者一樣，你能越迅速解決問題，就表示你越有智慧。智慧
會演化，是因為智慧對人類的生存有幫助——雖然這個事實顯
而易見，但卻不是人人都同意。以人類這個物種來說，智慧不
僅讓我們主宰這個星球，也穩定改善我們的生活品質。但是同
樣地，並非所有人都同意智慧穩定改善人們生活品質這件事，
因為如今人們普遍認為自己的生活品質每況愈下。舉例來說，
2011年5月4日公布的一項蓋洛普民調顯示，只有「44%的美

國人認為，這一代的年輕人會過得比他們父母那一代更好」。❶

　　如果我們檢視更全面的發展趨勢，那麼在過去一千年內，不僅人類的平均壽命增加為四倍（在過去二百多年內就增加為二倍）❷，人均國內生產毛額（以美元現值計算）也從1800年的幾百美元提高到目前的幾千美元，這種趨勢在已開發國家更加明顯。❸一個世紀前，全球民主國家的數目屈指可數，現在，民主國家已經成為世界常態。如果想從歷史的角度檢視人類的發展，建議你看看湯瑪斯‧霍布斯（Thomas Hobbes）1651年出版的書《利維坦》（*Leviathan*）。在這本書中，霍布斯形容「人類的生活」是「孤獨、貧乏、骯髒、野蠻和短暫的」。如果你想了解現代觀點，推薦你看看2012年出版的《富足》（*Abundance*），這是由X-Prize基金會創始人（也是奇點大學聯合創辦人）彼得‧戴曼迪斯（Peter Diamandis）和科普作家史蒂芬‧科特勒（Steven Kotler）合著，記錄了現今人們透過各種努力，使得生活的各個層面不斷改善。還有史蒂芬‧平克2011年的書《人性中的善良天使：為何暴力事件減少了》（*The Better Angels of Our Nature: Why Violence Has Declined*），書中以大量篇幅描述人與人之間的和平關係穩定地發展。美國律師、企業家暨作家馬蒂妮‧羅斯布拉特（Martine Rothblatt）也記錄了民權的逐漸改善，比方說，她曾指出同性婚姻如何在幾十年內，從不被世界各國的法律認可，發展到目前被許多國家立法接受。❹

　　人們認為人類的生活品質正每況愈下，主要是因為我們取

得世界資訊的能力正逐漸改善，所以我們很快就知道這世界出了什麼問題。如果現在某個地方發生戰爭，我們幾乎能身歷其境般地體會戰爭情景。第二次世界大戰期間，幾萬人在戰爭中死亡，但是社會大眾要等到幾週後，才能在電影院的插播新聞中看到這個消息。在第一次世界大戰期間，只有一小部分精英人士能在報紙上看到戰爭的發展情勢（而且報紙上沒有照片）。在十九世紀時，幾乎沒有人有辦法取得近期發生的新聞。

人類這個物種因為擁有智慧而取得進步，這一點主要反映在知識的發展，其中包括人類的技術和文化。人類的各種技術正逐漸發展成一種資訊技術，而資訊技術原本就繼續呈指數發展。正是透過這樣的技術，我們才有能力解決人類所面臨的重大挑戰，譬如維持健康的環境、為不斷增長的人口提供資源（包括能源、食物和水）、戰勝疾病、大幅延長人類的壽命及消弭貧困。唯有利用智慧技術來擴展自身能力，我們才能處理應付這些挑戰所需的複雜度。

這些技術不是機器智慧入侵的先鋒部隊，不會跟我們競爭並取代我們。自從我們的祖先撿起一根棍子去拘樹枝好摘取果實時，人類就已經懂得利用工具擴展自己。不管是身體上還是精神上，我們都藉由工具得到擴展。現在，我們只要從口袋裏拿出一個裝置，按下幾個按鍵，就可以取用人類知識庫的大部分資料。這在幾十年前，根本是觀察家想都想不到的事。如今，我口袋裏的「手機」（之所以用引號是因為其功能是電話遠遠比不上的），它的價格，比起我幾十年前在麻省理工學院

唸大學時所有學生跟教授共用的電腦便宜一百萬倍，但是功能卻強大好幾千倍。過去四十年，手機的性價比增長了幾十億倍。在未來二十五年，我們還會看到這種穩定上升的趨勢，以往要用一棟建築物才能容納的電腦裝置，現在體積只要口袋般大小，未來這種裝置的體積甚至會小到可由血液細胞攜帶。

　　透過這種方式，我們跟持續發明中的智慧技術融為一體。血液中的智慧奈米機器人會偵測我們的細胞和分子，維持我們的健康狀況。這種奈米機器人還會以非侵入性的方式，透過毛細血管進入我們的大腦，跟我們的生物神經元互動，直接擴展我們的智慧。這種事不再是遙不可及。目前如血液細胞一般大小的裝置已經問世，這種裝置可以治療動物的第一型糖尿病，或檢測及破壞血液中的癌細胞。依據加速回報定律，在未來三十年，這些技術的效能會比現在強大十億倍。

　　我認為我使用的設備及跟這些設備有關的雲端計算資源，都是自我的擴展。如果我無法使用這些大腦擴展設備，就會覺得自己好像缺少了什麼似的。這就是為什麼2012年1月18日，Google、維基百科及其他網站為了抗議「禁止網路盜版法案」（Stop Online Piracy Act）而關閉網頁，會造成那麼大的影響——我覺得自己大腦的某個部分好像罷工了（雖然當天我跟其他人還是想方設法取用這些網路資源）。這個法案本來即將批准通過，後來馬上被否決掉，此舉也彰顯出這些網站的政治勢力不容小覷。但更重要的是，這事件也顯示，我們已經將自己的一部分思維外包給雲端。事實上，雲端已經成為我們思維

的一部分。當我們的大腦開始使用這種非生物智慧，這種擴展（及其連結的雲端）能力將繼續呈指數增長。

我們透過大腦逆向工程所創造出來的智慧，將可以取用自己的原始碼，並以一種加速疊代設計週期的方式，迅速提升其智慧。雖然人類生物大腦的可塑性很強，但如同我們所看到的，人類大腦是一個相對固定的結構，無法接受重大的修改，而且人類大腦的容量也有限。我們無法將人腦中3億個模式辨識器增加到4億個，除非我們透過非生物途徑才可能做到。一旦我們能透過非生物途徑做到這一點，我們沒有理由讓大腦的擴展能力只停留在某個水準。我們還可以透過這種方式，把人工大腦的模式辨識器增加到十億個或一兆個。

數量的提升，會帶來品質的改良。智人最重要的演化發展是量化的，智人的額頭更大，可以容納更多大腦新皮質。容納更多大腦新皮質，讓這個新物種能以較高概念層級進行創造和思考，進而發展出各式各樣的藝術與科學。當我們在非生物體上增加更多大腦皮質時，我們可以預期透過這些非生物體在品質上的提升，就能運用更抽象層級的思維。

1965年，圖靈的同事英國數學家艾爾文·古德（Irvin J. Good）寫道：「人類根本不該發明超級智慧機器這種東西。」他把智慧機器定義為，會超越「人類的智慧活動，不管人類有多麼聰明」，他推論說：「既然機器設計是人類智慧活動的一種產物，那麼超級智慧機器也能設計出更棒的機器；最後，毫無疑問地，人工智慧會導致『智慧爆炸』（intelligence explosion）」。

生物演化需要創造的最後一項發明——大腦新皮質——終
將讓人類創造出人類本身所需的最後一項發明，也就是名符其
實的智慧機器人，而且一種設計會激發另一種設計出現。生物
演化正在持續進行，但是技術演進的速度比生物演化快上一百
萬倍。根據加速回報定律，依據適用於計算的物理定律，到二
十一世紀末時，我們將能創造出極限計算能力。❺我們把這種
將物質和能量組織起來的東西稱為「計算質」（computronium），
這種計算質遠比人腦的功能強大得多。它不僅是一種原始的計
算，也包含構成所有人機知識的智慧演算法。隨著時間演變，
我們將能把存在於銀河系一個小角落的此地的所有質量和能
源，全都轉換成計算質。為了讓加速回報定律繼續運作，我們
需要把這些計算質傳送到銀河系的其他部分，甚至傳送到整個
宇宙。

　　如果人類還是無法突破光速的極限，那麼因為離地球最近
的恆星跟地球也相距約四光年，人類要想開拓整個宇宙需要花
相當長的時間。如果有一些微妙手段規避光速限制，就能實現
這個夢想，因為人類已有足夠的智慧和技術。因此，最近令人
震驚的重大消息就是：緲子（muon）從瑞士和法國邊境的歐
洲核子研究中心（CERN）發射，往730公里外、義大利中部
的格蘭‧薩索實驗室（Gran Sasso Laboratory）前進，結果，
緲子似乎以超過光速的移動速度抵達目的地。但是，這項觀察
看來只是虛驚一場，不過規避光速限制的可能性還是存在。如
果除了我們熟悉的三維空間外，還存在其他未知的維度，我們

就可以藉由其他維度，利用捷徑抵達宇宙中的遙遠之處，根本不需要超越光速。不論我們是否能超越光速或以其他方式規避光速限制，在二十二世紀之始，這對人機文明來說，將是一個關鍵性的策略議題。

宇宙學家一直爭論不休，世界將毀於火（因大爆炸而引發大收縮），還是毀於冰（恆星系無止盡膨脹而導致星體滅亡），但這項爭論並沒有把人類智慧的影響力列入考慮，好像智慧的出現跟目前統治宇宙的天體力學相比，只是餘興節目而已。要把人類智慧透過非生物形式的智慧傳送到整個宇宙，究竟需要多久的時間？如果我們能超越光速（不得不承認，這一點很難實現），例如利用蟲洞穿越空間（這符合我們目前對物理學的理解），那麼我們只需要幾百年的時間就能實現它。否則，就可能需要更久的時間。不管情況怎樣，我們注定要喚醒宇宙，利用非生物形式讓人類的智慧得以擴展到宇宙中，才能為宇宙的命運做出明智的抉擇。

致謝

感謝我太太Sonya以無比的愛心與耐性，容忍我在創作過程中的善變無常。

感謝我的兒女Ethan與Amy、繼女Rebecca、妹妹Enid和剛出生的孫子Leo帶給我的愛與啟發。

感謝我的母親Hannah支持我的初步構想與發明，給我自由發揮的空間，讓我在年幼時就能天馬行空地進行實驗，同時感謝她耐心照顧我久病的父親。

感謝我在Viking出版公司長期合作的編輯Rick Kot，謝謝他傑出的領導、持續不斷地給予深具洞見的引導，並提供專業出色的編輯。

感謝二十年來擔任我著作經紀人的Loretta Barrett熱心給予我最睿智的指點。

感謝我長久以來的事業夥伴Aaron Kleiner在過去四十年跟我合作無間。

感謝 Amara Angelica 在研究上投入非比尋常的支援。

感謝 Sarah Black 的傑出研究見解與構想。

感謝 Laksman Frank 美妙的繪圖。

感謝 Sarah Reed 熱心協助彙編整理。

感謝 Nanda Barker-Hook 以其專業組織能力，處理我關於這本書及其他主題的公關活動。

感謝 Amy Kurzweil 針對寫作的技巧給予指點。

感謝 Cindy Mason 在人工智慧和身心連結方面的研究支援與想法。

感謝 Dileep George 利用電郵和其他方式，不吝提供明智的構想和深具洞見的討論。

感謝 Martine Rothblatt 熱心跟我討論本書提及的所有技術，以及他在這些領域合作開發的技術。

感謝 KurzweilAI.net 團隊為這項專案提供重要的研究與後勤支援，特此向 Aaron Kleiner, Amara Angelica, Bob Beal, Casey Beal, Celia Black-Brooks, Cindy Mason, Denise Scutellaro, Joan Walsh, Giulio Prisco, Ken Linde, Laksman Frank, Maria Ellis, Nanda Barker-Hook, Sandi Dube, Sarah Black, Sarah Brangan 與 Sarah Reed 致謝。

感謝 Viking Penguin 的出版團隊提供周全的專業意見，特此向總裁 Clare Ferraro、公關主任 Carolyn Coleburn、公關專員 Yen Cheong 與 Langan Kingsley、行銷主任 Nancy Sheppard、出版編輯 Bruce Giffords、助理編輯 Kyle Davis、出版主任 Fabiana

Van Arsdell、文案編輯Roland Ottewell、設計師Daniel Lagin和書封設計師Julia Thomas等人致謝。

感謝我在奇點大學（Singularity University）的同事提供構想、熱忱與創業能量。

感謝我的同事提供一些讓我深受啟發、讓本書內容受用匪淺的構想，特此向Barry Ptolemy, Ben Goertzel, David Dalrymple, Dileep George, Felicia Ptolemy, Francis Ganong, George Gilder, Larry Janowitch, Laura Deming, Lloyd Watts, Martine Rothblatt, Marvin Minsky, Mickey Singer, Peter Diamandis, Raj Reddy, Terry Grossman, Tomaso Poggio和Vlad Sejnoha致謝。

感謝我的一些專家朋友們審閱本書，在此特別向Ben Goertzel, David Gamez, Dean Kamen, Dileep George, Douglas Katz, Harry George, Lloyd Watts, Martine Rothblatt, Marvin Minsky, Paul Linsay, Rafael Reif, Raj Reddy, Randal Koene, Dr. Stephen Wolfram及Tomaso Poggio致謝。

同時，也感謝以上提及的所有人士對本書所做的貢獻。

最後，我要感謝古今中外所有的創意思想家，讓我每天都有新的啟發。

注釋

前言

❶ 下文為馬奎斯的巨作《百年孤寂》（*One Hundred Years of Solitude*）中的一個句子，由這個長句的篇幅就可知道，人類語言的複雜度有多高：

Aureliano Segundo was not aware of the singsong until the following day after breakfast when he felt himself being bothered by a buzzing that was by then more fluid and louder than the sound of the rain, and it was Fernanda, who was walking throughout the house complaining that they had raised her to be a queen only to have her end up as a servant in a madhouse, with a lazy, idolatrous, libertine husband who lay on his back waiting for bread to rain down from heaven while she was straining her kidneys trying to keep afloat a home held together with pins where there was so much to do, so much to bear up under and repair from the time God gave his morning sunlight until it was time to go to bed that when she got there her eyes were full of ground glass, and yet no one ever said to her, "Good morning, Fernanda, did you sleep well?," nor had they asked her, even out of courtesy, why she was so pale or why she awoke with purple rings under her eyes in spite of the fact that she expected it, of course, from a family that had always considered her a nuisance, an old rag, a booby painted on the wall, and who were always going around saying things against her behind her back, calling her churchmouse, calling her Pharisee, calling her crafty, and even Amaranta, may she rest in peace, had said aloud that she was one of those people who could not tell their rectums from their ashes, God have mercy, such words, and she had tolerated everything with resignation because of the Holy Father, but she had not been able to tolerate it any more when that evil José Arcadio Segundo said that the damnation of the family had come when it opened its doors to a stuck-up highlander, just imagine, a bossy highlander, Lord save us, a high-lander daughter of evil spit of the same stripe as the highlanders the government sent to kill workers, you tell me, and he was referring to no one but her, the godchild of the Duke of Alba, a lady of such lineage that she made the liver of presidents' wives quiver, a noble dame of fine blood like her, who had the right to sign eleven peninsular names and who was the only mortal creature in that town full of bastards who did not feel all confused at the sight of sixteen pieces of silverware, so that her adulterous husband could die of laughter afterward and say that so many knives and forks and spoons were not meant for a human being but for a centipede, and the only one who could tell with her eyes closed when the white wine was served and on what side and in which glass and when the red wine and on what side and in which glass and not like that peasant of an Amaranta, may she rest in peace, who thought that white wine was served in the daytime and red wine at night, and the only one on the whole coast who could take pride in the fact that she took care of her bodily needs only in golden chamberpots, so that Colonel Aureliano Buendía, may he rest in peace, could have the effrontery to ask her

with his Masonic ill humor where she had received that privilege and
whether she did not shit shit but shat sweet basil, just imagine, with
those very words, and so that Renata, her own daughter, who through
an oversight had seen her stool in the bedroom, had answered that
even if the pot was all gold and with a coat of arms, what was inside
was pure shit, physical shit, and worse even than any other kind
because it was stuck-up highland shit, just imagine, her own daughter,
so that she never had any illusions about the rest of the family, but in
any case she had the right to expect a little more consideration from
her husband because, for better or for worse, he was her consecrated
spouse, her helpmate, her legal despoiler, who took upon himself of
his own free and sovereign will the grave responsibility of taking her
away from her paternal home, where she never wanted for or suffered
from anything, where she wove funeral wreaths as a pastime, since
her godfather had sent a letter with his signature and the stamp of his
ring on the sealing wax simply to say that the hands of his
goddaughter were not meant for tasks of this world except to play the
clavichord, and, nevertheless, her insane husband had taken her from
her home with all manner of admonitions and warnings and had
brought her to that frying pan of hell where a person could not breathe
because of the heat, and before she had completed her Pentecostal
fast he had gone off with his wandering trunks and his wastrel's
accordion to loaf in adultery with a wretch of whom it was only
enough to see her behind, well, that's been said, to see her wiggle her
mare's behind in order to guess that she was a, that she was a, just the
opposite of her, who was a lady in a palace or a pigsty, at the table or
in bed, a lady of breeding, God-fearing, obeying His laws and
submissive to His wishes, and with whom he could not perform,
naturally, the acrobatics and trampish antics that he did with the other
one, who, of course, was ready for anything, like the French matrons,

and even worse, if one considers well, because they at least had the honesty to put a red light at their door, swinishness like that, just imagine, and that was all that was needed by the only and beloved daughter of Doña Renata Argote and Don Fernando del Carpio, and especially the latter, an upright man, a fine Christian, a Knight of the Order of the Holy Sepulcher, those who receive direct from God the privilege of remaining intact in their graves with their skin smooth like the cheeks of a bride and their eyes alive and clear like emeralds.

❷ 參見第十章圖表「基因庫中DNA序列數據的增長」。

❸ Cheng Zhang and Jianpeng Ma, "Enhanced Sampling and Applications in Protein Folding in Explicit Solvent," *Journal of Chemical Physics* 132, no. 24 (2010): 244101. 另見 http://folding. stanford.edu/English/About 關於 Folding@home 計畫，這項計畫使用世界各地超過五百萬台電腦模擬蛋白質折疊。

❹ 有關這個論述的更全面說明，詳見 Ray Kurzweil 另一本著作《奇點臨近》(*The Singularity Is Near,* New York: Viking, 2005) 的第六章〈宇宙中智慧生物的命運：為何我們可能是宇宙中具有智慧的唯一物種〉。

❺ James D. Watson, *Discovering the Brain* (Washington, DC: National Academies Press, 1992).

❻ Sebastian Seung, *Connectome: How the Brain's Wiring Makes Us Who We Are* (New York: Houghton Mifflin Harcourt, 2012).

❼ "Mandelbrot Zoom," http://www.youtube.com/watch?v=gEw8xpb1aRA; "Fractal Zoom Mandelbrot Corner," http://www.youtube.com/ watch?v=G_GBwuYuOOs.

第1章：史上知名的思想實驗

❶ Charles Darwin, *The Origin of Species* (P. F. Collier & Son, 1909), 185/95–96.

❷ Darwin, *On the Origin of Species*, 751 (206.1.1-6), Peckham's Variorum edition, edited by Morse Peckham, *The Origin of Species by Charles Darwin: A Variorum Text* (Philadelphia: University of Pennsylvania Press, 1959).

❸ R. Dahm, "Discovering DNA: Friedrich Miescher and the Early Years of Nucleic Acid Research," *Human Genetics* 122, no. 6 (2008): 565–81, doi:10.1007/s00439-007-0433-0; PMID 17901982.

❹ Valery N. Soyfer, "The Consequences of Political Dictatorship for Russian Science," *Nature Reviews Genetics* 2, no. 9 (2001): 723–29, doi:10.1038/35088598; PMID 11533721.

❺ J. D. Watson and F. H. C. Crick, "A Structure for Deoxyribose Nucleic Acid," *Nature* 171 (1953): 737–38, http://www.nature.com/nature/dna50/watsoncrick.pdf and "Double Helix: 50 Years of DNA," *Nature* archive, http://www.nature.com/nature/dna50/archive.html.

❻ 羅莎琳・富蘭克林（Rosalind Franklin）於1958年過世，而以發現DNA獲得諾貝爾獎則是1962年的事，因此有爭議說，如果富蘭克林在1962年仍在世的話，是否會一同獲獎。

❼ Albert Einstein, "On the Electrodynamics of Moving Bodies" (1905). 愛因斯坦就是在這篇論文中提出相對論。參見 Robert Bruce Lindsay and Henry Margenau, *Foundations of Physics* (Woodbridge, CT: Ox Bow Press, 1981), 330.

❽ "Crookes radiometer," Wikipedia, http://en.wikipedia.org/wiki/Crookes_radiometer.

❾ 值得注意的是，由於燈泡並非完全真空，因此光子的某些動量被轉移到燈泡內部空氣的分子上，然後受熱的空氣分子再將動量轉移到葉片上。

❿ Albert Einstein, "Does the Inertia of a Body Depend Upon Its Energy Content?" (1905). 愛因斯坦的著名公式 $E = mc^2$ 就源自這篇論文。

⓫ "Albert Einstein's Letters to President Franklin Delano Roosevelt," http:// hypertextbook.com/eworld/einstein.shtml.

第3章：大腦新皮質模型——思維模式辨識理論

❶ 據說有些非哺乳動物，譬如烏鴉、鸚鵡、章魚等，具有某種程度的推理能力。不過，這種能力很有限，也不足以製造出工具，因此對於這些動物本身的演化也沒有幫助。這些動物可能已經適應用大腦其他區域進行少許的層級思考，但要像人類這樣能進行相當複雜的層級思考，就需要具備新皮質。

❷ V. B. Mountcastle, "An Organizing Principle for Cerebral Function: The Unit Model and the Distributed System" (1978), in Gerald M. Edelman and Vernon B. Mountcastle, *The Mindful Brain: Cortical Organization and the Group-Selective Theory of Higher Brain Function* (Cambridge, MA: MIT Press, 1982).

❸ Herbert A. Simon, "The Organization of Complex Systems," in Howard H. Pattee, ed., *Hierarchy Theory: The Challenge of Complex Systems* (New York: George Braziller, Inc., 1973), http://blog.santafe. edu/wp-content/uploads/2009/03/simon1973.pdf.

❹ Marc D. Hauser, Noam Chomsky, and W. Tecumseh Fitch, "The Faculty of Language: What Is It, Who Has It, and How Did It Evolve?" *Science* 298 (November 2002): 1569–79, http://www. sciencemag.org/content/298/5598/1569.short.

❺ 以下這段話摘自本書作者與泰瑞‧葛洛斯曼（Terry Grossman）合著的書 *Transcend: Nine Steps to Living Well Forever,* by Ray Kurzweil and Terry Grossman (New York: Rodale, 2009), 為清醒夢的技巧做出更詳盡的說明。

　　我發現一個邊睡覺邊解決問題的高明做法。過去數十年來，我已經把這個方法精益求精，也學會一些巧妙方法，讓這個做法的效果更好。

　　起初，我上床睡覺時，會交代自己一個問題，什麼問題都行，可能是數學問題，跟我的發明有關的問題，或是商業策略問題，就連人際關係的問題也可以拿來想想。

　　我會先花幾分鐘把問題思考一下，但盡量先別解決它，因為那會阻礙我以創意解決問題。我努力想想對於這個問題，自己知道什麼？可能採取什麼形式的解決方案？然後，我就開始睡覺，這種做法就能讓我的潛意識開始工作，為我解決問題。

葛洛斯曼：佛洛伊德指出，我們做夢時，大腦中的許多潛意識壓抑力減輕了，所以我們可能夢到有關社會、文化、甚至性方面的禁忌。另外，我們也可能夢到白天不能想的怪異事物，這就是夢很奇怪的原因之一。

庫茲威爾：其實有些專業限制也阻礙人們創意思考，其中有許多限制來自於專業訓練，比方說「你不能用那種方式解決信號處理問題」或「這些規則在語言學上不適用」等心理障礙。這些心理假設也在做夢時得到解放，所以我可以在不受到白天這類束縛的情況下，夢到解決問題的新做法。

葛洛斯曼：我們做夢時，大腦的另一個部分也無法運作，那就是評估構想是否合理的理性思考能力。這就是夢中會出現稀奇古怪事物的另一個原因。在夢裏，我們看到大象穿牆而過，我們不會訝異大象究竟怎麼做到的。我們只會跟自己說：「好啊，大象穿牆而過，沒什麼大不了。」其實，如果我半夜醒來，我常發現自己已經在夢裏用一種迂迴離奇的方式，思考我睡前交代自己解決的問題。

庫茲威爾：接下來的步驟發生在早上半夢半醒時，這段時間通常被稱為清醒夢（lucid dreaming）。在這種狀態下，我還是會有來自夢境的感覺和想像，但同時也恢復理性思考的能力。舉例來說，我知道自己躺在床上，我也可以進行理性思考告訴自己，我有很多事要做，最好趕快起床。但是，那樣想可能是錯的。所以，我會盡量賴床，繼續保持在這種清醒夢的狀態，因為那是發揮創意解決問題的關鍵所在。順便提醒大家，這時如果鬧鐘響了，清醒夢就被打擾而失去效果。

讀者：聽起來，清醒夢似乎是結合現實與夢境的兩全其美做法。

庫茲威爾：正是如此。在半夢半醒時，我還可以知道該怎麼解決睡前交代要處理的問題。等到完全清醒了，我就會用理性去評估晚上做夢時想到的那些創意解決方式，我會判斷哪些方式是合理的。大概經過二十分鐘，我就會對這個問題有全新的看法。

我用這種方式想出許多發明（剩下的時間則是拿來填寫專利申請），搞懂寫書時如何編排資料，還為各式各樣的問題找出實用的構想。每當我要做出關鍵決定，我總會善用這種邊做夢邊解決問題的過程，之後我就更可能對自己的決定有十足的把握。

這個過程的關鍵就是，讓你的思維自由發揮，不要去評斷，也不要擔心你想到的方法效果如何。這跟心智訓練的做法恰恰相反。你要做的只是在睡前先想想要解決什麼問題，然後在睡覺時就任由思緒奔馳，讓想法湧現。等到早上時，你回想夢裏浮現的奇妙構想時，就再放任讓思緒自由想像。我發現這個方法實在太寶貴了，這樣做我就能充分利用夢境本身的創造力。

讀者：對於我們這些工作狂來說，這真是一個好消息，現在我們連在夢裏都能工作了。不知道我的另一半聽到這消息，會不會心懷感激呢。

庫茲威爾：其實，換個角度想就是，讓夢境幫你工作啊。

第4章：生物的大腦新皮質

❶ Steven Pinker, *How the Mind Works* (New York: Norton, 1997), 152–53.

❷ D. O. Hebb, *The Organization of Behavior* (New York: John Wiley & Sons, 1949).

❸ Henry Markram and Rodrigo Perrin, "Innate Neural Assemblies for

Lego Memory," *Frontiers in Neural Circuits* 5, no. 6 (2011).

❹ 作者於2012年2月19日與Henry Markram的電郵溝通。

❺ Van J. Wedeen et al., "The Geometric Structure of the Brain Fiber Pathways," *Science* 335, no. 6076 (March 30, 2012).

❻ Tai Sing Lee, "Computations in the Early Visual Cortex," *Journal of Physiology—Paris* 97 (2003): 121–39.

❼ 相關論文清單參見 http://cbcl.mit.edu/people/poggio/tpcv_short_pubs.pdf.

❽ Daniel J. Felleman and David C. Van Essen, "Distributed Hierarchical Processing in the Primate Cerebral Cortex," *Cerebral Cortex* 1, no. 1 (January/February 1991): 1–47. 利用貝氏數學運用對新皮質由上往下和由下往上的溝通做出精闢分析，這部分資料摘自 Tai Sing Lee in "Hierarchical Bayesian Inference in the Visual Cortex," *Journal of the Optical Society of America* 20, no. 7 (July 2003): 1434–48.

❾ Uri Hasson et al., "A Hierarchy of Temporal Receptive Windows in Human Cortex," *Journal of Neuroscience* 28, no. 10 (March 5, 2008): 2539–50.

❿ Marina Bedny et al., "Language Processing in the Occipital Cortex of Congenitally Blind Adults," *Proceedings of the National Academy of Sciences* 108, no. 11 (March 15, 2011): 4429–34.

⓫ Daniel E. Feldman, "Synaptic Mechanisms for Plasticity in Neocortex," *Annual Review of Neuroscience* 32 (2009): 33–55.

⓬ Aaron C. Koralek et al., "Corticostriatal Plasticity Is Necessary for Learning Intentional Neuroprosthetic Skills," *Nature* 483 (March 15, 2012): 331–35.

⓭ 作者於2012年1月與Randal Koene的電郵溝通。

⓮ Min Fu, Xinzhu Yu, Ju Lu, and Yi Zuo, "Repetitive Motor Learning Induces Coordinated Formation of Clustered Dendritic Spines *in Vivo*," *Nature* 483 (March 1, 2012): 92–95.

❶ Dario Bonanomi et al., "Ret Is a Multifunctional Coreceptor That Integrates Diffusible- and Contact-Axon Guidance Signals," *Cell* 148, no. 3 (February 2012): 568–82.

❶ 參見第11章注釋7.

第5章：舊腦

❶ Vernon B. Mountcastle, "The View from Within: Pathways to the Study of Perception," *Johns Hopkins Medical Journal* 136 (1975): 109–31.

❷ B. Roska and F. Werblin, "Vertical Interactions Across Ten Parallel, Stacked Representations in the Mammalian Retina," *Nature* 410, no. 6828 (March 29, 2001): 583–87; "Eye Strips Images of All but Bare Essentials Before Sending Visual Information to Brain, UC Berkeley Research Shows," University of California at Berkeley news release, March 28, 2001, www.berkeley.edu/news/media/releases/2001/03/28_wers1.html.

❸ Lloyd Watts, "Reverse-Engineering the Human Auditory Pathway," in J. Liu et al., eds., *WCCI 2012* (Berlin: Springer-Verlag, 2012), 47–59. Lloyd Watts, "Real-Time, High-Resolution Simulation of the Auditory Pathway, with Application to Cell-Phone Noise Reduction," *ISCAS* (June 2, 2010): 3821–24. For other papers see http://www.lloydwatts.com/publications.html.

❹ See Sandra Blakeslee, "Humanity? Maybe It's All in the Wiring," *New York Times,* December 11, 2003, http://www.nytimes.com/2003/12/09/science/09BRAI.html.

❺ T. E. J. Behrens et al., "Non-Invasive Mapping of Connections between Human Thalamus and Cortex Using Diffusion Imaging," *Nature Neuroscience* 6, no. 7 (July 2003): 750–57.

❻ Timothy J. Buschman et al., "Neural Substrates of Cognitive Capacity

Limitations," *Proceedings of the National Academy of Sciences* 108, no. 27 (July 5, 2011): 11252–55, http://www.pnas.org/content/108/27/11252.long.

❼ Theodore W. Berger et al., "A Cortical Neural Prosthesis for Restoring and Enhancing Memory," *Journal of Neural Engineering* 8, no. 4 (August 2011).

❽ 基函數是一種非線性函數，它可以透過將幾個加權基函數線性相加，來逼近（近似）其他的非線性函數。A. Pouget and L. H. Snyder, "Computational Approaches to Sensorimotor Transformations," *Nature Neuroscience* 3, no. 11 Supplement (November 2000): 1192–98.

❾ J. R. Bloedel, "Functional Heterogeneity with Structural Homogeneity: How Does the Cerebellum Operate?" *Behavioral and Brain Sciences* 15, no. 4 (1992): 666–78.

❿ S. Grossberg and R. W. Paine, "A Neural Model of Cortico-Cerebellar Interactions during Attentive Imitation and Predictive Learning of Sequential Handwriting Movements," *Neural Networks* 13, no. 8–9 (October–November 2000): 999–1046.

⓫ Javier F. Medina and Michael D. Mauk, "Computer Simulation of Cerebellar Information Processing," *Nature Neuroscience* 3 (November 2000): 1205–11.

⓬ James Olds, "Pleasure Centers in the Brain," *Scientific American* (October 1956): 105–16. Aryeh Routtenberg, "The Reward System of the Brain," *Scientific American* 239 (November 1978): 154–64. K. C. Berridge and M. L. Kringelbach, "Affective Neuroscience of Pleasure: Reward in Humans and Other Animals," *Psychopharmacology* 199 (2008): 457–80. Morten L. Kringelbach, *The Pleasure Center: Trust Your Animal Instincts* (New York: Oxford University Press, 2009). Michael R. Liebowitz, *The Chemistry of Love* (Boston: Little, Brown, 1983). W. L. Witters and P. Jones-Witters, *Human Sexuality: A*

Biological Perspective (New York: Van Nostrand, 1980).

第6章：新皮質的卓越能力

❶ Michael Nielsen, *Reinventing Discovery: The New Era of Networked Science* (Princeton, NJ: Princeton University Press, 2012), 1–3. T. Gowers and M. Nielsen, "Massively Collaborative Mathematics," *Nature* 461, no. 7266 (2009): 879–81. "A Combinatorial Approach to Density Hales-Jewett," *Gowers's Weblog,* http://gowers.wordpress. com/2009/02/01/a-combinatorial-approach-to-density-hales-jewett/. Michael Nielsen, "The Polymath Project: Scope of Participation," March 20, 2009, http://michaelnielsen.org/blog/?p=584. Julie Rehmeyer, "SIAM: Massively Collaborative Mathematics," Society for Industrial and Applied Mathematics, April 1, 2010, http://www. siam.org/news/news.php?id=1731.

❷ P. Dayan and Q. J. M. Huys, "Serotonin, Inhibition, and Negative Mood," *PLoS Computational Biology* 4, no. 1 (2008).

第7章：建構數位新皮質

❶ Gary Cziko, *Without Miracles: Universal Selection Theory and the Second Darwinian Revolution* (Cambridge, MA: MIT Press, 1955).

❷ 1999年，達里波（David Dalrymple）那年才八歲，我從那時候起就一直指導他到現在。你可以從下列網頁了解他的背景資料：http://esp.mit.edu/learn/teachers/davidad/bio.html.

❸ Jonathan Fildes, "Artificial Brain '10 Years Away,' " BBC News, July 22, 2009, http://news.bbc.co.uk/2/hi/8164060.stm. See also the video "Henry Markram on Simulating the Brain: The Next Decisive Years," http://www.kurzweilai.net/henry-markram-simulating-the-brain-next-decisive-years. Henry Markram於2009年在TED的演講「亨利馬

克拉姆在超級電腦中創造大腦」（中文字幕）：http://www.ted.
com/talks/henry_markram_supercomputing_the_brain_s_
secrets?language=zh-tw#t-112524

❹ M. Mitchell Waldrop, "Computer Modelling: Brain in a Box," *Nature News*, February 22, 2012, http://www.nature.com/news/computer-modelling-brain-in-a-box-1.10066.

❺ Jonah Lehrer, "Can a Thinking, Remembering, Decision-Making Biologically Accurate Brain Be Built from a Supercomputer?" *Seed,* http://seedmagazine.com/content/article/out_of_the_blue/.

❻ Fildes, "Artificial Brain '10 Years Away.' "

❼ See http://www.humanconnectomeproject.org/.

❽ Anders Sandberg and Nick Bostrom, *Whole Brain Emulation: A Roadmap,* Technical Report #2008–3 (2008), Future of Humanity Institute, Oxford University, www.fhi.ox.ac.uk/reports/2008 3.pdf.

❾ 這裏說明的是神經網路演算法的基本架構。這類基本架構可能有許多不同版本，系統設計者需要提供某些關鍵參數和方法，詳細說明如下。

針對問題設計一個神經網路解決方案，包含下列步驟：

定義輸入。

定義神經網路的拓樸結構（即神經元層級和神經元之間的連結）。

利用問題範例訓練神經網路。

執行經訓練過的神經網路以解決新的問題範例。

讓你的神經網路公司成為上市公司。

以上步驟（除了最後一項）詳述如下：

定義輸入

輸入到神經網路中的問題由一系列數字所組成。這種輸入可能是：

在一個視覺性的模式辨識系統中，一個二維數字陣列代表一個圖像的像素；

或是在聽覺（例如：語音）辨識系統中，一個二維陣列代表聲音，其中第一維代表聲音的某個參數（例如頻率組成），第二維代表不同的時間點；

或是在任意的模式辨識系統中，一個 n 維數字陣列代表這個輸入模式。

定義拓樸結構

要設定神經網路，每個神經元的結構包含：

多個輸入，其中每個輸入「連結」到另一個神經元的輸出，或是輸入數字的其中之一。

在一般情況下，單一輸出連結到另一個神經元的輸入（通常位於較高層級），或是連結到最終輸出。

建立第0層神經元

在第0層建立 N_0 神經元。對每一個這類神經元，將神經元的多個輸入，各自連結到問題輸入「點」（也就是：數字）。這些連結可以隨機決定或利用遺傳演算法決定（見注11）。

為每個連結指定一個初始「突觸強度」（synaptic strength），這些權重的初始值可以相同，也可以隨機指定，或是由另一種方式決定（見下文）。

建立神經元的其他層級

建立共有M層的神經元，每一層都要設定該層的神經元。

第i層：

在第i層建立N_i神經元，這些神經元每個都連結到第i-1層神經元的各個輸出（不同做法詳見下文）。

每個連結指派一個初始「突觸強度」，這些權重的初始值可以相同，也可以隨機指定，或是由另一種方式決定（見下文）。

第M層神經元的輸出，就是神經網路的輸出（不同做法見下文）。

辨識測試

每個神經元如何運作

當神經元被設定好，辨識測試就依下列步驟：

每個神經元的輸入會透過連結的突觸強度，跟另一個神經元的輸出做連結，因此只要將相應神經元的輸出（或初始輸入）跟連結的突觸強度相乘，就能計算出神經元的每個加權輸入。

將神經元的所有加權輸入加總。

如果總和大於可激發該神經元的閾值（threshold），就表示該神經元會被激發且輸出值為1。否則，輸出值就為0（不同做法見下文）。

每個辨識測試均執行下列步驟：

從第0層到第M層，每一層：
該層的每個神經元：

將加權輸入加總（各加權輸入＝相應神經元的輸出〔或初

始輸入〕乘以連結的突觸強度）。

如果加權輸入總和大於激發該神經元的閥值，就將該神經元的輸出值設為1，否則就設為0。

訓練神經網路

針對樣本問題執行重複的辨識測試。

在每次測試後，調整神經元之間的所有突觸強度，以改善神經網路的測試績效（做法詳見後續說明）。

繼續這項訓練直到神經網路的準確率無法再有任何改善（也就是：達到漸近線）。

關鍵的設計決定

在上述簡單模式中，神經網路演算法的設計者必須在一開始就決定：

輸入的數字代表什麼。

神經元的層數。

每層的神經元數目（每層的神經元數目未必要一樣）。

每層的每個神經元的輸入數量。這個輸入數量（也就是神經元之間的連結）也可以因為不同神經元、不同層級而有所不同。

實際連結。每一層的每個神經元是由其他神經元所組成，而這些神經元的輸出跟該神經元的輸入相連結。這是設計的一個關鍵部分，有一些可行方式：

(1) 以隨機方式連結這個神經網路；或
(2) 利用遺傳演算法（見注11）決定一個最適連結；或
(3) 利用系統設計者的最佳判斷來決定連結。

每個連結的突觸強度（權重）初始值。可利用下列這些可能做法進行：

(1) 將突觸強度設為同一數值；或
(2) 將突觸強度設為不同的隨機數值；或
(3) 利用遺傳演算法決定一組最適合的初始值；或
(4) 利用系統設計者的最佳判斷來決定初始值。

每個神經元的激發閾值。

決定輸出是什麼。輸出可能是：

(1) 第M層神經元的輸出；或
(2) 單一輸出神經元的輸出，其輸入就是第M層神經元的輸出；或
(3) 第M層神經元的輸出的一個函數（例如：總和）；或
(4) 多層神經元的輸出的一個函數。

決定在訓練這個神經網路期間，所有連結的突觸強度如何調整。這是一項關鍵設計決定，也是被大量研究和討論的主題。有一些可行方式：

(1) 對於每次辨識測試，依據一個固定數量（通常很小）將突觸強度遞增或遞減，以使神經網路的輸出更加符合正確答案。做到此事的一個方法是，嘗試遞增和遞減這兩種情況，觀察哪種情況的效果比較理想。這樣做可能很花時間，所以針對每個突觸強度是要遞增或遞減還有其他方法。
(2) 有一些統計方法可以在每次辨識測試後調整突觸強度，以使所測試神經網路的績效更符合正確答案。

要注意的是，就算訓練測試的答案未必全都正確，神經網路的訓練還是有效。所以，即使所使用的真實世界的訓練數據可能存在誤差也無妨。訓練所使用的數據量，是神經網路辨識系統

得以成功的一個關鍵。通常，神經網路需要大量的訓練數據，才能取得令人滿意的結果。跟人類一樣，神經網路在學習時所花的時間，就是決定本身績效的一項關鍵因素。

不同做法

還有一些不同的做法是可行的，例如：

有不同做法可決定拓樸結構，尤其是神經元間的連結可以隨機設定，或利用遺傳演算法設定。

有不同做法來設定突觸強度的初始值：

第i層神經元的輸入未必來自第i-1層神經元的輸出。另外，每一層神經元的輸入，可以來自較低層或任一層。

有不同做法可以決定最終輸出：

上述方法產生的是一種非線性，也就是「是或否（1或0）」的激發模式。還有其他非線性函數可以使用。通常，使用的函數在0到1之間，並以一種快速但漸進的辨識方式。而且，這類輸出可以是0和1以外的數字。

在訓練中調整突觸強度的不同做法：

以上主要說明了一個「同步」神經網路，其中每個辨識測試計算每一層的輸出，從第0層開始進行到第M層。在一個真正平行的系統中，每個神經元獨立運作，神經元可以「不同步」（即獨立）運作。在不同步運作的做法中，每個神經元持續掃描輸入信號，當加權輸入總和大於本身閾值（或任何輸出函數指定值）時，神經元就被激發。

（編按：關於神經網路的基本原理，也可參考《改變世界的九大演算法》第6章「模式辨識」）

❿ Robert Mannell, "Acoustic Representations of Speech," 2008, http://clas.mq.edu.au/acoustics/frequency/acoustic_speech.html.

⓫ 以下是對遺傳演算法的基本概述。遺傳演算法還有許多不同版本，系統設計者必須提供特定的關鍵參數和方法，詳述如下。

遺傳演算法

設計N個解決問題的「生物」，每個都具備：

遺傳代碼：描述可能的解決方案特徵的數字序列。數字可代表關鍵參數、解決方案的步驟、規則等。

對於演化的每一代進行下列事項：

針對N個解決問題生物進行下列事項：

將這個生物提供的解決方案（以遺傳代碼表示）應用到問題或模擬環境，並評估該解決方案。

挑選評等最高的L個生物做為存活下來的下一代生物。

把其他（N−L）個不適應存活的生物刪除掉。

利用以下做法，從L個存活下來的生物中，設計（N−L）個新生物：

(1) 在L個存活生物中進行複製。在每個副本中加入少量隨機變數；或

(2) 從L個存活生物中結合一部分遺傳代碼（利用「有性」繁殖，或以其他方式結合一部分染色體），藉此創造更多生物；或

(3) 結合(1)和(2)。

決定是否繼續演化：

改良＝（這一代的最高評等）－（上一代的最高評等）

如果改良＜改良的閾值，就結束演化。

演化至最後一代具有最高評等的生物，所提供的就是最佳解決方案。接著就將其遺傳代碼所界定的解決方案，用於解決問題。

關鍵的設計決定

在上述這個簡單概述中，系統設計者必須從一開始就決定下列事項：

關鍵參數：

N

L

改良的閾值。

遺傳代碼中的數字代表什麼，以及從遺傳代碼如何運算解決方案。

設定第一代N個生物解決方案的方法。通常，解決方案只需要「適當」即可。如果第一代生物提供的解決方案相差太大，遺傳演算法可能最終很難形成一個好的解決方案。因此，讓初始生物的解決方案具有「適當的」多樣性即可，這樣可以避免在演化過程中出現只是「局部」最適解的情況。

如何評估解決方案。

決定存活下來的生物如何繼續演化。

不同做法

還有一些不同方法，比方說：

每一代存活下來的L個生物無需保持固定數量。生存規則可允

許存活下來的生物數量發生變化。

從每一代（N−L）創造的新生物不需要保持固定數量。繁殖規則可以跟每代生物數量多寡無關。繁殖可以跟生物存活相關，讓最適合存活的生物能繁殖最多數量。

關於是否要繼續演化，也可以有不同做法。不光是考慮最後一代最高評等的解決方案，也可考慮最後兩代或更多代的遺傳趨勢。

⓬ Dileep George, "How the Brain Might Work: A Hierarchical and Temporal Model for Learning and Recognition" (PhD dissertation, Stanford University, June 2008).

⓭ A. M. Turing, "Computing Machinery and Intelligence," *Mind,* October 1950.

⓮ 休・勒布納（Hugh Loebner）每年都會舉辦「勒布納獎」（Loebner Prize）這個比賽。勒布納的銀牌獎會頒給通過圖靈原始文本測試的電腦。金牌獎則頒給通過包括聽覺和視覺輸入與輸出等版本測試的電腦。依我所見，將聽覺和視覺的輸入和輸出列入測試，其實並不會讓測試難度增加。

⓯ "Cognitive Assistant That Learns and Organizes," Artificial Intelligence Center, SRI International, http://www.ai.sri.com/project/CALO.

⓰ Dragon Go! Nuance Communications, Inc., http://www.nuance.com/products/dragon-go-in-action/index.htm.

⓱ "Overcoming Artificial Stupidity," *WolframAlpha Blog,* April 17, 2012, http://blog.wolframalpha.com/author/stephenwolfram/.

第8章：電腦的思維

❶ Salomon Bochner, *A Biographical Memoir of John von Neumann* (Washington, DC: National Academy of Sciences, 1958).

❷ A. M. Turing, "On Computable Numbers, with an Application to the

Entscheidungsproblem," *Proceedings of the London Mathematical Society* Series 2, vol. 42 (1936–37): 230–65. A. M. Turing, "On Computable Numbers, with an Application to the Entscheidungsproblem: A Correction," *Proceedings of the London Mathematical Society* 43 (1938): 544–46.

❸ John von Neumann, "First Draft of a Report on the EDVAC," Moore School of Electrical Engineering, University of Pennsylvania, June 30, 1945. Claude Shannon, "A Mathematical Theory of Communication," *Bell System Technical Journal,* July and October 1948.

❹ Jeremy Bernstein, *The Analytical Engine: Computers—Past, Present, and Future,* rev. ed. (New York: William Morrow & Co., 1981).

❺ "Japan's K Computer Tops 10 Petaflop/s to Stay Atop TOP500 List," *Top 500*, November 11, 2011, http://top500.org/lists/2011/11/press-release.

❻ Carver Mead, *Analog VLSI and Neural Systems* (Reading, MA: Addison-Wesley, 1986).

❼ "IBM Unveils Cognitive Computing Chips," IBM news release, August 18, 2011, http://www-03.ibm.com/press/us/en/pressrelease/35251.wss.

❽ "Japan's K Computer Tops 10 Petaflop/s to Stay Atop TOP500 List."

第9章：思維的思想實驗

❶ John R. Searle, "I Married a Computer," in Jay W. Richards, ed., *Are We Spiritual Machines? Ray Kurzweil vs. the Critics of Strong AI* (Seattle: Discovery Institute, 2002).

❷ Stuart Hameroff, *Ultimate Computing: Biomolecular Consciousness and Nanotechnology* (Amsterdam: Elsevier Science, 1987).

❸ P. S. Sebel et al., "The Incidence of Awareness during Anesthesia: A

Multicenter United States Study," *Anesthesia and Analgesia* 99 (2004): 833–39.

❹ Stuart Sutherland, *The International Dictionary of Psychology* (New York: Macmillan, 1990).

❺ David Cockburn, "Human Beings and Giant Squids," *Philosophy* 69, no. 268 (April 1994): 135–50.

❻ Ivan Petrovich Pavlov, from a lecture given in 1913, published in *Lectures on Conditioned Reflexes: Twenty-Five Years of Objective Study of the Higher Nervous Activity [Behavior] of Animals* (London: Martin Lawrence, 1928), 222.

❼ Roger W. Sperry, from James Arthur Lecture on the Evolution of the Human Brain, 1964, p. 2.

❽ Henry Maudsley, "The Double Brain," *Mind* 14, no. 54 (1889): 161–87.

❾ Susan Curtiss and Stella de Bode, "Language after Hemispherectomy," *Brain and Cognition* 43, nos. 1–3 (June–August 2000): 135–38.

❿ E. P. Vining et al., "Why Would You Remove Half a Brain? The Outcome of 58 Children after Hemispherectomy—the Johns Hopkins Experience: 1968 to 1996," Pediatrics 100 (August 1997): 163–71. M. B. Pulsifer et al., "The Cognitive Outcome of Hemispherectomy in 71 Children," *Epilepsia* 45, no. 3 (March 2004): 243–54.

⓫ S. McClelland III and R. E. Maxwell, "Hemispherectomy for Intractable Epilepsy in Adults: The First Reported Series," *Annals of Neurology* 61, no. 4 (April 2007): 372–76.

⓬ Lars Muckli, Marcus J. Naumerd, and Wolf Singer, "Bilateral Visual Field Maps in a Patient with Only One Hemisphere," *Proceedings of the National Academy of Sciences* 106, no. 31 (August 4, 2009), http://dx.doi.org/10.1073/pnas.0809688106.

⓭ Marvin Minsky, *The Society of Mind* (New York: Simon and Schuster, 1988)

⓮ F. Fay Evans-Martin, *The Nervous System* (New York: Chelsea House, 2005).

⓯ Benjamin Libet, *Mind Time: The Temporal Factor in Consciousness* (Cambridge, MA: Harvard University Press, 2005).

⓰ Daniel C. Dennett, *Freedom Evolves* (New York: Viking, 2003).

⓱ Michael S. Gazzaniga, *Who's in Charge? Free Will and the Science of the Brain* (New York: Ecco/HarperCollins, 2011).

⓲ David Hume, *An Enquiry Concerning Human Understanding* (1765), 2nd ed., edited by Eric Steinberg (Indianapolis: Hackett, 1993).

⓳ Arthur Schopenhauer, *The Wisdom of Life*.

⓴ Arthur Schopenhauer, *On the Freedom of the Will* (1839).

㉑ From Raymond Smullyan, *5000 B.C. and Other Philosophical Fantasies* (New York: St. Martin's Press, 1983).

㉒ 有關本體（身分）與意識的類似議題的一項有見地又有趣的檢視詳見 Martine Rothblatt, "The Terasem Mind Uploading Experiment," *International Journal of Machine Consciousness* 4, no. 1 (2012): 141–58. 在這篇論文中，羅斯布拉特利用「視訊訪談的資料庫和跟前輩有關的資訊」來模仿個人的軟體，檢視本體這個議題。在這個未來實驗中，軟體成功地模仿所欲模仿的人物。

㉓ "How Do You Persist When Your Molecules Don't?" *Science and Consciousness Review* 1, no. 1 (June 2004), http://www.sci-con.org/articles/20040601.html.

第10章：加速回報定律的威力

❶ "DNA Sequencing Costs," National Human Genome Research Institute, NIH, http://www.genome.gov/sequencingcosts/.

❷ "Genetic Sequence Data Bank, Distribution Release Notes," December 15, 2009, National Center for Biotechnology Information, National Library of Medicine, ftp://ftp.ncbi.nih.gov/genbank/gbrel.txt.

❸ "DNA Sequencing—The History of DNA Sequencing," January 2, 2012, http://www.dnasequencing.org/history-of-dna.

❹ "Cooper's Law," ArrayComm, http://www.arraycomm.com/technology/coopers-law.

❺ "The Zettabyte Era," Cisco, http://www.cisco.com/en/US/solutions/collateral/ns341/ns525/ns537/ns705/ns827/VNI_Hyperconnectivity_WP.html, and "Number of Internet Hosts," Internet Systems Consortium, http://www.isc.org/solutions/survey/history.

❻ TeleGeography © PriMetrica, Inc., 2012.

❼ Dave Kristula, "The History of the Internet" (March 1997, update August 2001), http://www.davesite.com/webstation/net-history.shtml; Robert Zakon, "Hobbes' Internet Timeline v8.0," http://www.zakon.org/robert/internet/timeline; Quest Communications, 8-K for 9/13/1998 EX-99.1; *Converge! Network Digest,* December 5, 2002, http://www.convergedigest.com/Daily/daily.asp?vn=v9n229&fecha=December%2005,%202002; Jim Duffy, "AT&T Plans Backbone Upgrade to 40G," *Computerworld,* June 7, 2006, http://www.computerworld.com/action/article.do?command=viewArticleBasic&articleId=9001032; "40G: The Fastest Connection You Can Get?" InternetNews.com, November 2, 2007, http://www.internetnews.com/infra/article.php/3708936; "Verizon First Global Service Provider to Deploy 100G on U.S. Long-Haul Network," news release, Verizon, http://newscenter.verizon.com/press-releases/verizon/2011/verizon-first-global-service.html.

❽ Facebook, "Key Facts," http://newsroom.fb.com/content/default.aspx?NewsAreaId=22.

❾ http://www.kurzweilai.net/how-my-predictions-are-faring.

❿ 每秒每1,000美元的計算量：

年度	每秒每 1,000美元 的計算量	機器	對應的 自然對數值 （每秒每1,000 美元的計算量）
1900	5.82E−06	分析機（Analytical Engine）	−12.05404
1908	1.30E−04	霍爾瑞斯製表機（Hollerith Tabulator）	−8.948746
1911	5.79E−05	門羅計算機（Monroe Calculator）	−9.757311
1919	1.06E−03	IBM製表機（IBM Tabulator）	−6.84572
1928	6.99E−04	National Ellis 3000	−7.265431
1939	8.55E−03	Zuse 2電磁式計算機（Zuse 2）	−4.762175
1940	1.43E−02	貝爾模型機1（Bell Calculator Model 1）	−4.246797
1941	4.63E−02	Zuse 3電磁式計算機（Zuse 3）	−3.072613
1943	5.31E+00	巨人電腦（Colossus）	1.6692151
1946	7.98E−01	ENIAC	−0.225521
1948	3.70E−01	IBM順序電子計算器（IBM SSEC）	−0.994793
1949	1.84E+00	二進位自動電腦（BINAC）	0.6081338
1949	1.04E+00	電子延遲儲存自動電腦（EDSAC）	0.0430595
1951	1.43E+00	通用自動電腦1號（Univac I）	0.3576744
1953	6.10E+00	Univac 1103	1.8089443
1953	1.19E+01	IBM 701	2.4748563
1954	3.67E−01	電子離散變數自動電腦（EDVAC）	−1.002666
1955	1.65E+01	旋風式電腦（Whirlwind）	2.8003255
1955	3.44E+00	IBM 704	1.2348899
1958	3.26E−01	Datamatic 1000	−1.121779
1958	9.14E−01	Univac II	−0.089487
1960	1.51E+00	IBM 1620	0.4147552
1960	1.52E+02	DEC PDP-1	5.0205856
1961	2.83E+02	DEC PDP-4	5.6436786
1962	2.94E+01	Univac III	3.3820146
1964	1.59E+02	CDC 6600	5.0663853
1965	4.83E+02	IBM 1130	6.1791882
1965	1.79E+03	DEC PDP-8	7.4910876
1966	4.97E+01	IBM 360 Model 75	3.9064073

年度	每秒每 1,000美元 的計算量	機器	對應的 自然對數值 （每秒每1,000 美元的計算量）
1968	2.14E+02	DEC PDP-10	5.3641051
1973	7.29E+02	Intellec-8	6.5911249
1973	3.40E+03	Data General Nova	8.1318248
1975	1.06E+04	Altair 8800	9.2667207
1976	7.77E+02	DEC PDP-11 Model 70	6.6554404
1977	3.72E+03	Cray 1	8.2214789
1977	2.69E+04	Apple II	10.198766
1979	1.11E+03	DEC VAX 11 Model 780	7.0157124
1980	5.62E+03	Sun-1	8.6342649
1982	1.27E+05	IBM PC	11.748788
1982	1.27E+05	康柏攜帶式個人電腦（Compaq Portable）	11.748788
1983	8.63E+04	IBM AT-80286	11.365353
1984	8.50E+04	蘋果第一代麥金塔電腦（Apple Macintosh）	11.350759
1986	5.38E+05	Compaq Deskpro 386	13.195986
1987	2.33E+05	蘋果第二代麥金塔電腦（Apple Mac II）	12.357076
1993	3.55E+06	Pentium PC	15.082176
1996	4.81E+07	Pentium PC	17.688377
1998	1.33E+08	Pentium II PC	18.708113
1999	7.03E+08	Pentium III PC	20.370867
2000	1.09E+08	IBM ASCI White	18.506858
2000	3.40E+08	Power Macintosh G4/500	19.644456
2003	2.07E+09	Power Macintosh G5 2.0	21.450814
2004	3.49E+09	Dell Dimension 8400	21.973168
2005	6.36E+09	Power Mac G5 Quad	22.573294
2008	3.50E+10	Dell XPS 630	24.278614
2008	2.07E+10	Mac Pro	23.7534
2009	1.63E+10	Intel Core i7 Desktop	23.514431
2010	5.32E+10	Intel Core i7 Desktop	24.697324

⓫ 全球500大超級電腦網站（Top 500 Supercomputer Sites）, http://top500.org/.

⓬ "Microprocessor Quick Reference Guide," Intel Research, http://www.intel.com/pressroom/kits/quickreffam.htm.

⓭ 1971–2000: VLSI Research Inc.

　　2001–2006: *The International Technology Roadmap for Semiconductors,* 2002 Update and 2004 Update, Table 7a, "Cost—Near-term Years," "DRAM cost/bit at (packaged microcents) at production."

　　2007–2008: *The International Technology Roadmap for Semiconductors,* 2007, Tables 7a and 7b, "Cost—Near-term Years," "Cost—Long-term Years," http://www.itrs.net/Links/2007ITRS/ExecSum2007.pdf.

　　2009–2022: *The International Technology Roadmap for Semiconductors,* 2009, Tables 7a and 7b, "Cost—Near-term Years," "Cost—Long-term Years," http://www.itrs.net/Links/2009ITRS/Home2009.htm.

⓮ 為了比較不同年度的電腦價格，茲將所有年度的電腦價格利用聯準會物價指數資料換算為2000年的美元同等幣值，詳見http://minneapolisfed.org/research/data/us/calc/. 舉例來說，1960年的100萬美元相當於2000年的580萬美元，2004年的100萬美元相當於2000年的91萬美元。

　　1949: http://www.cl.cam.ac.uk/UoCCL/misc/EDSAC99/statistics.html; http://www.davros.org/misc/chronology.html.

　　1951: Richard E. Matick, *Computer Storage Systems and Technology* (New York: John Wiley & Sons, 1977); http://inventors.about.com/library/weekly/aa062398.htm.

　　1955: Matick, *Computer Storage Systems and Technology;* OECD, 1968, http://members.iinet.net.au/~dgreen/timeline.html.

　　1960: http://www.dbit.com/~greeng3/pdp1/pdp1.html#

INTRODUCTION.

1962: ftp://rtfm.mit.edu/pub/usenet/alt.sys.pdp8/PDP-8_Frequently_Asked_Questions_%28posted_every_other_month%29.

1964: Matick, *Computer Storage Systems and Technology;* http://www.research.microsoft.com/users/gbell/craytalk; http://www.ddj.com/documents/s=1493/ddj0005hc/.

1965: Matick, *Computer Storage Systems and Technology;* http://www.fourmilab.ch/documents/univac/config1108.html; http://www.frobenius.com/univac.htm.

1968: Data General.

1969, 1970: http://www.eetimes.com/special/special_issues/millennium/milestones/whittier.html.

1974: Scientific Electronic Biological Computer Consulting (SCELBI).

1975–1996: *Byte* 雜誌廣告。

1997–2000: *PC Computing* 雜誌廣告。

2001: www.pricewatch.com (http://www.jc-news.com/parse.cgi?news/pricewatch/raw/pw-010702).

2002: www.pricewatch.com (http://www.jc-news.com/parse.cgi?news/pricewatch/raw/pw-020624).

2003: http://sharkyextreme.com/guides/WMPG/article.php/10706_2227191_2.

2004: http://www.pricewatch.com (11/17/04).

2008: http://www.pricewatch.com (10/02/08) ($16.61).

❶❺ Dataquest/ 英特爾（Intel）和市調機構 Pathfinder Research 的資料：

年度	美元	對數 Log ($)
1968	1.00000000	0
1969	0.85000000	−0.16252
1970	0.60000000	−0.51083

年度	美元	對數Log ($)
1971	0.30000000	−1.20397
1972	0.15000000	−1.89712
1973	0.10000000	−2.30259
1974	0.07000000	−2.65926
1975	0.02800000	−3.57555
1976	0.01500000	−4.19971
1977	0.00800000	−4.82831
1978	0.00500000	−5.29832
1979	0.00200000	−6.21461
1980	0.00130000	−6.64539
1981	0.00082000	−7.10621
1982	0.00040000	−7.82405
1983	0.00032000	−8.04719
1984	0.00032000	−8.04719
1985	0.00015000	−8.80488
1986	0.00009000	−9.31570
1987	0.00008100	−9.42106
1988	0.00006000	−9.72117
1989	0.00003500	−10.2602
1990	0.00002000	−10.8198
1991	0.00001700	−10.9823
1992	0.00001000	−11.5129
1993	0.00000900	−11.6183
1994	0.00000800	−11.7361
1995	0.00000700	−11.8696
1996	0.00000500	−12.2061
1997	0.00000300	−12.7169

年度	美元	對數Log ($)
1998	0.00000140	−13.4790
1999	0.00000095	−13.8668
2000	0.00000080	−14.0387
2001	0.00000035	−14.8653
2002	0.00000026	−15.1626
2003	0.00000017	−15.5875
2004	0.00000012	−15.9358
2005	0.000000081	−16.3288
2006	0.000000063	−16.5801
2007	0.000000024	−17.5452
2008	0.000000016	−17.9507

❶❻ 史蒂夫・庫倫（Steve Cullen），In-Stat調查，2008年9月，www. instat.com.

年度	百萬位元	位元
1971	921.6	9.216E+08
1972	3788.8	3.789E+09
1973	8294.4	8.294E+09
1974	19865.6	1.987E+10
1975	42700.8	4.270E+10
1976	130662.4	1.307E+11
1977	276070.4	2.761E+11
1978	663859.2	6.639E+11
1979	1438720.0	1.439E+12
1980	3172761.6	3.173E+12
1981	4512665.6	4.513E+12

年度	百萬位元	位元
1982	11520409.6	1.152E+13
1983	29648486.4	2.965E+13
1984	68418764.8	6.842E+13
1985	87518412.8	8.752E+13
1986	192407142.4	1.924E+14
1987	255608422.4	2.556E+14
1988	429404979.2	4.294E+14
1989	631957094.4	6.320E+14
1990	950593126.4	9.506E+14
1991	1546590618	1.547E+15
1992	2845638656	2.846E+15
1993	4177959322	4.178E+15
1994	7510805709	7.511E+15
1995	13010599936	1.301E+16
1996	23359078007	2.336E+16
1997	45653879161	4.565E+16
1998	85176878105	8.518E+16
1999	1.47327E+11	1.473E+17
2000	2.63636E+11	2.636E+17
2001	4.19672E+11	4.197E+17
2002	5.90009E+11	5.900E+17
2003	8.23015E+11	8.230E+17
2004	1.32133E+12	1.321E+18
2005	1.9946E+12	1.995E+18
2006	2.94507E+12	2.945E+18
2007	5.62814E+12	5.628E+18

⓱ "Historical Notes about the Cost of Hard Drive Storage Space," http://www.littletechshoppe.com/ns1625/winchest.html; *Byte* magazine advertisements, 1977–1998; *PC Computing* magazine advertisements, 3/1999; *Understanding Computers: Memory and Storage* (New York: Time Life, 1990); http://www.cedmagic.com/history/ibm-305-ramac.html; John C. McCallum, "Disk Drive Prices (1955–2012)," http://www.jcmit.com/diskprice.htm; IBM, "Frequently Asked Questions," http://www-03.ibm.com/ibm/history/documents/pdf/faq.pdf; IBM, "IBM 355 Disk Storage Unit," http://www-03.ibm.com/ibm/history/exhibits/storage/storage_355.html; IBM, "IBM 3380 Direct Access Storage Device," http://www.03-ibm.com/ibm/history/exhibits/storage/storage_3380.html.

⓲ "Without Driver or Map, Vans Go from Italy to China," *Sydney Morning Herald*, October 29, 2010, http://www.smh.com.au/technology/technology-news/without-driver-or-map-vans-go-from-italy-to-china-20101029-176ja.html.

⓳ KurzweilAI.net.

⓴ 此處的引用徵得兩位作者 Amiram Grinvald 及 Rina Hildesheim 的同意, "VSDI: A New Era in Functional Imaging of Cortical Dynamics," *Nature Reviews Neuroscience* 5 (November 2004): 874–85.

　　大腦造影的主要工具如這張圖所示，其能力以灰色的長方形描述。

　　空間解析度是指借助一項技術可以測量到的最小尺度。時間解析度是指造影時間或其持續時間。每項技術都是取捨之下的結果，例如：用於測量「腦波」（來自神經元的電子信號）的腦電圖（EEG）可測量（在極短的時間間隔中發生的）高速腦波，但只能感測大腦表層附近的信號。

　　相較之下，功能性磁振造影（functional magnetic resonance imaging, fMRI）利用特殊的磁振造影儀可測量通過神經元的血液

流動（顯示神經元的活動），它可以檢測大腦（和脊髓）的更深部位，且具有更高的解析度，精準度可達到數十微米。不過，跟腦電圖相比，功能性磁振造影的運作速度就緩慢許多。

這些都是非侵入性技術（無需任何手術或藥物）。腦磁圖（magnetoencephalography, MEG）是另一種非侵入性技術，它能監測神經元產生的磁場。腦磁圖和腦電圖的時間解析度最小可達到1毫秒，相較之下，功能性磁振造影的時間解析度只到幾百毫秒。腦磁圖也能針對初期聽覺、體感和運動區的輸入來源，進行精準的定位。

光學造影技術幾乎涵蓋了空間和時間解析度的所有範圍，但卻是侵入性的。電位敏感染劑（voltage-sensitive dyes, VSDI）是測量大腦活動最靈敏的方法，但僅限於動物皮質表面附近的測量。

曝露的皮質覆蓋上一個透明的密封腔室，用合適的電位敏感染劑為皮質染色後，會在光照下顯示出來，圖像序列可利用高速相機拍攝下來。實驗室中使用的其他光學技術包括：離子造影（ion imaging，通常利用鈣或鈉離子）和螢光造影系統（fluorescence imaging system，聚焦造影和多光子造影）。

實驗室中使用到的其他技術包括正子放射斷層造影術（positron emission tomography，PET，是一種核子醫學造影技術，可以產生3D圖像）、2-脫氧葡萄糖法（2DG，或稱組織分析）、損傷技術（lesions，涉及破壞動物神經元並觀察其效果）、膜片鉗技術（patch clamping，用於測量跨生物膜的離子電流），以及電子顯微鏡技術（electron microscopy，使用電子束精準檢測組織或細胞）。這些技術也可以跟光學造影技術整合使用。

❹ 磁振造影技術的空間解析度，精確到微米（μm），1980–2012：

年度	解析度（微米）	引用出處	網址
2012	125	"Characterization of Cerebral White Matter Properties Using Quantitative Magnetic Resonance Imaging Stains"	http://dx.doi.org/10.1089/brain.2011.0071
2010	200	"Study of Brain Anatomy with High-Field MRI: Recent Progress"	http://dx.doi.org/10.1016/j.mri.2010.02.007
2010	250	"High-Resolution Phased-Array MRI of the Human Brain at 7 Tesla: Initial Experience in Multiple Sclerosis Patients"	http://dx.doi.org/10.1111/j.1552-6569.2008.00338.x
1994	1,000	"Mapping Human Brain Activity in Vivo"	http://www.ncbi.nlm.nih.gov/pmc/articles/PMC1011409/
1989	1,700	"Neuroimaging in Patients with Seizures of Probable Frontal Lobe Origin"	http://dx.doi.org/10.1111/j.1528-1157.1989.tb05470.x
1985	1,700	"A Study of the Septum Pellucidum and Corpus Callosum in Schizophrenia with MR Imaging"	http://dx.doi.org/10.1111/j.1600-0447.1985.tb02634.x
1983	1,700	"Clinical Efficiency of Nuclear Magnetic Resonance Imaging"	http://radiology.rsna.org/content/146/1/123.short
1980	5,000	"In Vivo NMR Imaging in Medicine: The Aberdeen Approach, Both Physical and Biological [and Discussion]"	http://dx.doi.org/10.1098/rstb.1980.0071

❷ 破壞性造影技術的空間解析度，精準到奈米（nm），1983-2011：

年度	空間解析度 （奈米）	引用出處
2011	4	"Focused Ion Bean Milling and Scanning Electron Microscopy of Brain Tissue"
2011	4	"Volume Electron Microscopy for Neuronal Circuit Reconstruction"
2011	4	"Volume Electron Microscopy for Neuronal Circuit Reconstruction"
2004	13	"Serial Block-Face Scanning Electron Microscopy to Reconstruct Three-Dimensional Tissue Nanostructure"
2004	20	"Wet SEM: A Novel Method for Rapid Diagnosis of Brain Tumors"
1998	100	"A Depolarizing Chloride Current Contributes to Chemoelectrical Transduction in Olfactory Sensory Neurons in Situ"
1994	2000	"Enhanced Optical Imaging of Rat Gliomas and Tumor Margins"
1983	3000	"3D Imaging of X-Ray Microscopy"

網址	技術	附註
http://dx.doi.org/ 10.3791/2588	聚焦離子束／掃描 電子顯微鏡技術 （FIB/SEM）	
http://dx.doi.org/10.1016/ j.conb.2011.10.022	掃描電子顯微鏡 （SEM）	
http://dx.doi.org/10.1016/ j.conb.2011.10.022	透射電子顯微鏡 （TEM）	
http://dx.doi.org/10.1371/ journal.pbio.0020329	serial block-face 掃 描電子顯微鏡技術 （SBF-SEM）	結果引述自 http:// faculty.cs.tamu.edu/ choe/ftp/publications/ choe.hpc08-preprint. pdf, 由 Yoonsuck Choe 提供。
http://dx.doi.org/10.1080/ 01913120490515603	「濕式」掃描電子 顯微鏡技術（wet SEM）	
http://www.jneurosci.org/ content/18/17/6623.full	掃描透射電子顯微 鏡技術（STEM）	
http://journals.lww.com/ neurosurgery/ Abstract/1994/11000/ Enhanced_Optical_Image_ of_Rat_Gliomas_and_ Tumor.19.aspx	增強型光學造影術	光學圖像的空間解 析度低於 20 微米 2/pixel (22)
http://www.scipress.org/ e-library/sof2/pdf/0105.PDF	投影顯微鏡技術	見該文中的圖 7

❷❸ 用於動物的非破壞性造影技術的空間解析度，精準度到微米（μm），1985–2012：

年度 調查結果

- -

2012 解析度 0.07
　　　 引用　　 Sebastian Berning et al., "Nanoscopy in a Living Mouse Brain" *Science* 335, no. 6068 (February 3, 2012): 551.
　　　 網址　　 http://dx.doi.org/10.1126/science.1215369
　　　 技術　　 受激發射損耗（STED）螢光奈米顯微鏡技術
　　　 附註　　 目前為止測試生物體內可達到的最高解析度

2012 解析度 0.25
　　　 引用　　 Sebastian Berning et al., "Nanoscopy in a Living Mouse Brain" *Science* 335, no. 6068 (February 3, 2012): 551.
　　　 網址　　 http://dx.doi.org/10.1126/science.1215369
　　　 技術　　 多光子共聚焦顯微鏡技術

2004 解析度 50
　　　 引用　　 Amiram Grinvald and Rina Hildesheim, "VSDI: A New Era in Functional Imaging of Cortical Dynamics," *Nature Reviews Neuroscience* 5 (November 2004): 874-85.
　　　 網址　　 http://dx.doi.org/10.1038/nrn1536
　　　 技術　　 電位敏感染劑（VSDI）造影術
　　　 附註　　 「VSDI已提供高解析度染色體圖，圖像跟激發的皮質柱有關，這種技術提供低於50微米的空間解析度。」

1996 解析度 50
　　　 引用　　 Dov Malonek and Amiram Grinvald, "Interactions between Electrical Activity and Cortical Microcirculation Revealed by Imaging Spectroscopy: Implications for Functional Brain Mapping," *Science* 272, no.5261 (April 26, 1996): 551-54.
　　　 網址　　 http://dx.doi.org/10.1126/science.272.5261.551
　　　 技術　　 光譜造影技術
　　　 附註　　 「利用內隱信號為主的光學造影技術，已可進行大腦特定區域個別皮質柱之間的空間關係研究，空間解析度達到50微米。」

年度　調查結果

- -

1995　解析度　50

引用　D.H. Turnbull et al., "Ultrasound Backscatter Microscope Analysis of Early Mouse Embryonic Brain Development," *Proceedings of the National Academy of Sciences* 92, no. 6 (March 14, 1995): 2239-43.

網址　http://www.pnas.org/92/6/2239.short

技術　超音波背向散射顯微鏡技術

附註　「我們證明應用名為超音波背向散射顯微鏡技術這種即時造影法,可將老鼠初期胚胎神經管和心臟視覺化。這種方法用於研究子宮中發育9.5到11.5天的活胚胎,空間解析度接近50微米。」

1985　解析度　500

引用　H.S. Orbach, L.B. Cohen, and A. Grinvald, "Optical Mapping of Electrical Activity in Rat Somatosensory and Visual Cortex," *Journal of Neuroscience* 5, no.7 (July 1, 1985): 1886-95.

網址　http://www.jneurosci.org/content/5/7/1886.short

技術　光學方法

第11章:反對聲浪

❶ Paul G. Allen and Mark Greaves, "Paul Allen: The Singularity Isn't Near," *Technology Review,* October 12, 2011, http://www.technologyreview.com/blog/guest/27206/.

❷ ITRS, "International Technology Roadmap for Semiconductors," http://www.itrs.net/Links/2011ITRS/Home2011.htm.

❸ Ray Kurzweil, *The Singularity Is Near* (New York: Viking, 2005), chapter 2.

❹ 艾倫和格里夫斯的文章〈奇點依然遙遠〉(The Singularity Isn't Near)附註第2條寫道:「電腦能力開始達到我們進行大規模大

腦模擬所需的範圍。每秒運算一千兆次(10^{15}次)的電腦（像IBM華生系統使用的BlueGene/P）現已投入商業使用。每秒運算一百京(10^{18}次)的電腦也在規劃中，這些系統可能配置模擬大腦所有神經元激發模式所需的原始計算能力，儘管目前仍然比實際大腦的速度慢許多倍。」

❺ Kurzweil, *The Singularity Is Near*, chapter 9, section titled "The Criticism from Software" (pp. 435–42).

❻ Ibid., chapter 9.

❼ 儘管我們不可能準確測定基因組中的資訊量，因為有重複的鹼基對存在，所以實際的資訊量顯然比未經壓縮數據總量要低。以下兩種方法可估算基因組中壓縮的資訊量，兩種方法都證實3千萬到1億位元組已經是夠高的保守估計值。

（1）以未壓縮的數據來說，人類基因碼有30億個DNA雙螺旋分子，每一個編碼有2位元（因為每個DNA鹼基對有4種可能的排列組合）。因此，人類基因組在未壓縮的情況下，約有8億位元組。以往常將非編碼DNA稱為「垃圾DNA」，但現在它顯然在基因表述中扮演著重要角色。不過，這種編碼的效率很低，原因之一是有大量冗餘存在（例如，被稱為「ALU」的序列就重複了幾十萬次），這時壓縮演算法就能派上用場。

隨著最近基因數據庫的激增，基因數據壓縮引發極大的關注。近來將標準數據壓縮演算法應用到基因數據的研究指出，將數據減少90%是可行的（達成位元的最大壓縮），有關這項研究詳見：Hisahiko Sato et al., "DNA Data Compression in the Post Genome Era," *Genome Informatics* 12 (2001): 512–14, http://www.jsbi.org/journal/GIW01/GIW01P130.pdf.

因此，我們可以將基因組數據壓縮到8千萬位元組，而且資訊內容不會減損（這表示我們可以完全重建那8億位元組的未壓縮基因組數據）。

現在想想看，98%以上的基因組並不針對蛋白質進行編碼。即使經過標準數據壓縮（刪除冗餘，還能使用字典查找同樣的序

列），非編碼區的演算法內容似乎還是相當低，這表示我們將可能編碼出一種演算法，能用更少的位元執行相同的功能。然而，由於我們仍然處於基因組逆向工程的初期階段，我們無法利用功能相當的演算法，取得進一步降低數據量的可靠估計。因此，我正在使用範圍從3千萬到1億位元組的基因組壓縮資訊。這個範圍的最高值只經過數據壓縮，並未經過演算法簡化。

這些資訊中只有部分（儘管是大多數）描述大腦設計的特徵。

(2) 另一種推論方式如下。儘管人類基因組包含大約30億個鹼基，但是同前所述，其中只有一小部分針對蛋白質進行編碼。據目前的估計，編碼蛋白質的基因有26,000個。我們假設這些基因每一個平均有3,000個包含有用數據的鹼基，那就相當於有7,800萬個鹼基。DNA中一個鹼基只需要2位元，換算下來大約為2,000萬位元組（7,800萬除以4）。在一個基因的蛋白質編碼序列中，三個DNA鹼基的「字」（密碼子〔codon〕）轉換成一個氨基酸。因此，可能存在4^3(64)種可能的密碼子編碼，每一個包含三個DNA鹼基。然而，64個密碼子編碼中，只有20個氨基酸和一個終止密碼子（空氨基酸）有使用到；其他43個編碼則被當成21個有效編碼的同物異名。而編碼64種可能組合需要6位元，但其中只有21種可能性需要編碼，所以只會用到大約4.4($\log_2$ 21)位元，因此6位元中可省下1.6位元（約27%），因此總共只需要約1,500萬位元組。此外，有些以重複序列為主的標準壓縮在這裏也能派上用場，只不過DNA蛋白質編碼部分的壓縮可能比垃圾DNA的壓縮要少，因為垃圾DNA中包含大量的冗餘。所以，總數會降到將近1,200萬位元組。不過，現在我們必須替控制基因表述的DNA非編碼蛋白質部分增加資訊。雖然DNA的這個部分是基因組的主要構成，但它涵蓋的資訊量似乎很低，而且充斥著大量冗餘。據估計，這部分資訊量跟編碼蛋白質DNA約1,200萬位元組相當，因此我們得出2,400萬位元組的資料量。從這個觀點來看，3,000萬到1億位元組的估計就相對高估了。

❽ Dharmendra S. Modha et al., "Cognitive Computing," *Communications of the ACM* 54, no. 8 (2011): 62–71, http://cacm.acm.org/magazines/2011/8/114944-cognitive-computing/fulltext.

❾ Kurzweil, *The Singularity Is Near*, chapter 9, section titled "The Criticism from Ontology: Can a Computer Be Conscious?" (pp. 458–69).

❿ Michael Denton, "Organism and Machine: The Flawed Analogy," in *Are We Spiritual Machines? Ray Kurzweil vs. the Critics of Strong AI* (Seattle: Discovery Institute, 2002).

⓫ Hans Moravec, *Mind Children* (Cambridge, MA: Harvard University Press, 1988).

後記

❶ "In U.S., Optimism about Future for Youth Reaches All-Time Low," Gallup Politics, May 2, 2011, http://www.gallup.com/poll/147350/optimism-future-youth-reaches-time-low.aspx.

❷ James C. Riley, *Rising Life Expectancy: A Global History* (Cambridge: Cambridge University Press, 2001).

❸ J. Bradford DeLong, "Estimating World GDP, One Million B.C.—Present," May 24, 1998, and http://futurist.typepad.com/my_weblog/2007/07/economic-growth.html. 也可參考 Peter H. Diamandis and Steven Kotler, *Abundance: The Future Is Better Than You Think* (New York: Free Press, 2012).

❹ Martine Rothblatt, *Transgender to Transhuman* (privately printed, 2011). 她說明這種接受度的迅速發展，讓「超人」（transhumans）這種言行意識跟與人類相同的非生物（如第9章的討論）得以出現。

❺ 以下文字摘自本書作者的著作《奇點臨近》（*The Singularity Is Near*），chapter 3 (pp. 133–35), by Ray Kurzweil (New York: Viking, 2005)，根據物理定律討論計算能力的極限：

電腦的最終極限可說是高不可攀。麻省理工學院的教授塞斯‧勞伊德（Seth Lloyd）以加州大學柏克萊分校教授漢斯‧布雷默曼（Hans Bremermann）和奈米技術理論家羅伯特‧佛瑞塔斯（Robert Freitas）的研究為基礎，依據已知的物理定律，對被稱為「終極筆電」（ultimate laptop）的最大計算能力進行評估，這筆電重1公斤，體積為1公升，跟小筆電的大小差不多。

［注：Seth Lloyd, "Ultimate Physical Limits to Computation," *Nature* 406 (2000): 1047–54.

［有關計算能力限制的早期研究，請見 Hans J. Bremermann 1962年的研究結果：Hans J. Bremermann, "Optimization Through Evolution and Recombination," in M. C. Yovits, C. T. Jacobi, C. D. Goldstein, eds., *Self-Organizing Systems* (Washington, D.C.: Spartan Books, 1962), pp. 93–106.

［1984年，Robert A. Freitas Jr. 根據 Bremermann 的論文再進行研究，Robert A. Freitas Jr., "Xenopsychology," *Analog* 104 (April 1984): 41–53, http://www.rfreitas.com/Astro/Xenopsychology.htm#SentienceQuotient.］

潛在計算能力隨著可用能量的增加而上升。我們可以依據下列敘述來了解能量跟計算能力之間的關係。一定物質的能量跟每個原子（和次原子粒子）的能量有關。所以原子數目愈多，能量愈多。如同上文所述，每個原子都可用於計算。因此，原子愈多，計算能力愈強。每個原子或粒子的能量隨著本身運動頻率的升高而升高：運動愈劇烈，能量就愈多。潛在計算能力也存在同樣的關係，運動頻率愈高，每個元件（可以是一個原子）可執行的計算愈複雜。（我們可以在目前使用的晶片中看到這一點：晶片頻率愈高，運算速度愈快。）

因此，物體的能量與其執行計算的潛在能力之間存在一個直接關係。從愛因斯坦的方程式 $E=mc^2$ 可以得知，1千克物質潛在的

能量非常巨大。光速的平方是一個非常大的數字：約為 10^{17} 平方公尺／平方秒。物質的計算潛能也由一個非常小的數字決定，普朗克常數：6.6×10^{-34} 焦耳－秒（焦耳是能量單位）。這是我們將能量用於計算的最小尺度。總能量（即每個原子或粒子的平均能量，乘上粒子的數量）除以普朗克常數，我們就得到一種物質計算能力的理論極限值。

勞伊德證明了，1 千克物質的潛在計算能力等於 π 乘以能量除以普朗克常數。由於能量的數字龐大且普朗克常數極其微小，這個方程式得出一個極大數字：大約每秒 5×10^{50} 次。

［注：$\pi \times$ 最大能量（10^{17} 公斤 $\times$ 平方公尺／平方秒）／（6.6×10^{-34} 焦耳－秒）＝～5×10^{50} 次／秒。］

如果我們把這個數字跟對人類大腦運算能力的最保守估計（每秒計算 10^{19} 次，地球上有 10^{10} 個人）相比，就相當於 50 億兆個人類社會。

［注：每秒計算 5×10^{50} 次，相當於 5×10^{21}（50 億兆）個人類社會（每個人類社會每秒計算 10^{29} 次）。］

如果我們使用的是每秒計算 10^{16} 次，我相信這足以模擬人類智慧，這種終極筆電將相當於具備 5 兆兆個人類社會的大腦威力。

［注：100 億（10^{10}）人，每人每秒計算 10^{16} 次的速度，相當於人類社會的每秒計算次數為 10^{26}。因此，每秒計算 5×10^{50} 次相當於 5×10^{24}（5 兆兆）個人類社會。］

這樣一台筆電的計算能力，使其可以在萬分之一奈秒內，模擬過去一萬年人類的所有思想（也就是 100 億個人類大腦工作一萬年）。

［注：這項估計是做了一個保守假設：假設過去一萬年來，一直有 100 億人，雖然事實顯然並非如此。人類的實際數目一直在

逐漸增加，2000 年時增加到 61 億。一年有 3×10^7 秒，一萬年則有 3×10^{11} 秒。因此，估計人類社會每秒計算 10^{26} 次，那麼過去一萬年來 100 億人的思想就相當於 3×10^{37} 次計算。終極筆電一秒內執行 5×10^{50} 次計算，因此，模擬過去一萬年來 100 億人的思想只要約 10^{-13} 秒，也就是奈秒的萬分之一。]

不過，有一些警告值得注意。將我們 2.2 磅重的筆電全部轉換成能量，就相當於一次熱核爆炸。我們當然不希望筆電爆炸，而是保持著一公升的體積。因此，這至少需要一些謹慎的包裝。藉由分析這種裝置所含熵（自由程度由所有粒子的狀態代表）的最大值，勞伊德表示，這種電腦的理論記憶體容量為 10^{31} 位元。很難想像，技術將一路發展達到這些極限。但是，我們可以輕鬆想像出，這些技術成為事實是有道理的。如同奧克拉荷馬大學（University of Oklahoma）的專案顯示，我們已經證實每個原子（雖然至今只有少量原子獲得證實）能儲存至少 50 位元的資訊。因此，1 千克物質所包含的 10^{25} 個原子中，能儲存 10^{27} 位元的資訊，這種技術是可以實現的。

但是，因為每個原子有許多特質可以開發以儲存資訊——例如：精確位置、旋轉和所有粒子的量子狀態，所以我們也許可以做到超過 10^{27} 位元。神經科學家安德斯・桑德伯格（Anders Sandberg）估計，一個氫原子的潛在儲存容量約為 400 萬位元。但是這些尚未得到證實，所以我們使用比較保守的估計。

[注：Anders Sandberg, "The Physics of the Information Processing Superobjects: Daily Life Among the Jupiter Brains," *Journal of Evolution and Technology* 5 (December 22, 1999), http://www.transhumanist.com/volume5/Brains2.pdf.]

如以上所述，在不產生明顯熱能的情況下，每秒 10^{42} 次計算是可以達成的。藉由全面運用可逆計算技術，使用錯誤率低的設計和允許合理的能量損耗，我們最後應該可以讓每秒計算次數達到

10^{42} 至 10^{50} 之間。

這兩個極限之間的設計十分複雜。要探討從 10^{42} 進步到 10^{50} 會出現的技術問題已超出本章的探討範圍。然而我們應該記住，要讓這種做法可行，並非從 10^{50} 這個最高限開始往下考慮各種實際因素。相反地，技術將會繼續提升，並始終利用最新技術發展出新的技術水準。因此，當我們的技術達到每秒計算次數 10^{42} 次（每2.2磅），屆時科學家和工程師將利用廣泛使用的非生物智慧，解決如何達到每秒計算次數 10^{43} 次，然後再以超過 10^{44} 為目標。我預期，我們將會逼近最終極限。

即使每秒計算次數在 10^{42}，一個2.2磅重的「終極筆電」也能在10微秒內，計算相當於過去一萬年所有人類的思想（假設一萬年來有一百億個人類大腦）。

［注：見稍早附註。每秒計算次數 10^{42} 等於 10^{-8} 跟 10^{50} 的乘積，因此萬分之一奈秒，就變成10微秒。］

如果我們看看計算能力的指數成長圖（第2章）就會發現，估計到2080年時，只需要1,000美元就能進行這個數量的計算。

英中名詞對照

國家圖書館出版品預行編目資料

人工智慧的未來：揭露人類思維的奧祕／雷‧
庫茲威爾（Ray Kurzweil）著；陳琇玲譯．--
初版．-- 臺北市：經濟新潮社出版：家庭
傳媒城邦分公司發行, 2015.07
　　面；　公分．--（經營管理；124）
譯自：How to create a mind : the secret of
human thought revealed
　　ISBN　978-986-6031-72-4（平裝）

1. 人工智慧

312.83　　　　　　　　　　　　　104013876